基于变分法的细胞演化建模

王远弟 著

上海交通大学出版社
SHANGHAI JIAO TONG UNIVERSITY PRESS

内容提要

近些年,数学方法在生物学和生命科学的研究中获得了越来越广泛的应用.作为这方面的探索之一,本书旨在介绍变分方法在生物学,特别是在细胞生物学中的应用.内容主要由以下三部分组成:变分方法基本内容介绍、图像处理变分方法及其在细胞生长演化中的应用介绍、变分方法在绿藻细胞分裂和细胞成形过程中的应用介绍.

本书可供数学和生物学相关专业的高年级本科生和研究生以及相关行业科技工作者参考.

图书在版编目(CIP)数据

基于变分法的细胞演化建模/ 王远弟著. —上海:
上海交通大学出版社,2022.3
ISBN 978－7－313－25907－3

Ⅰ.①基… Ⅱ.①王… Ⅲ.①细胞生物学—研究
Ⅳ.①Q2

中国版本图书馆 CIP 数据核字(2021)第 278513 号

基于变分法的细胞演化建模
JIYU BIANFENFA DE XIBAO YANHUA JIANMO

著　　者:王远弟
出版发行:上海交通大学出版社　　　　　　地　　址:上海市番禺路 951 号
邮政编码:200030　　　　　　　　　　　　电　　话:021－64071208
印　　制:江苏凤凰数码印务有限公司　　　经　　销:全国新华书店
开　　本:710 mm×1000 mm　1/16　　　印　　张:17
字　　数:301 千字
版　　次:2022 年 3 月第 1 版　　　　　　印　　次:2022 年 3 月第 1 次印刷
书　　号:ISBN 978－7－313－25907－3
定　　价:68.00 元

前　言

　　在生物学和生命科学的研究中,一个重要的研究方向就是细胞生物学.这个学科重在研究细胞生命活动规律及其机制,主要在分子、细胞、组织和个体水平进行研究,探索体内环境中细胞的结构、功能、表型及其调控机制,通过各类技术和方法的使用,阐明生物体表型和功能异常产生的细胞生物学机制.

　　在 2019 年 10 月国家自然科学基金委员会以"植物发育可塑性的细胞生物学基础"为主题的双清论坛上,各类报告涉及生物学、化学、数学和物理学等多个学科.与会专家学者提出该领域亟待解决的重要基础科学问题和急需发展的先进技术,包括重点研究细胞壁等细胞发育可塑性的结构基础,着眼于从细胞的分裂和形变理解植物器官的三维形态建立,以及建立适用于植物研究的高精度细胞结构解析技术等.细胞作为生物体的构成单位,在生物体的生命周期过程中不断生长、分裂,再生长和分裂,如此循环往复,直至周期结束.生物的多样性决定了细胞生长和演化形式的多样性,通常是生命形式越复杂,其细胞的演化过程也就越复杂,这给研究细胞演化机制和机理带来困难.

　　实验研究是一种借助于各种各样的仪器对实验室或环境中的各种生命体进行研究的基本方法,也是较为直观的方法.而从实验上升而来的理论不断提升着人类对生命基本原理的理解和认识.在理论化的过程中,数学方法的引入和使用对生物学的研究起到重要作用.通常所说的生物数学包括生物学的数学模型和数学方法,涵盖统计学的概率与随机过程、微分方程(含偏微分方程)建模和分析、信息学,以及系统论和控制论等.在实验研究中使用较多的通常是与统计分析相关的理论,而微分方程建模研究一般多见于宏观层面,例如种群的发展与衰亡.而随着图像技术发展,其在生物学特别是在医学上的应用也蓬勃发展起来,诞生了诸如生物和医学图像学(即影像学)等学科.

本书的内容是作者近年来完成的一些关于生物学方面细胞分裂机理的探索性成果.为了读者阅读方便起见,本书在写作上尽量考虑了内容的完整性.除了对变分学相关理论内容介绍之外,主要还有两部分内容,一部分是基于图像方法的细胞分裂和演化机制分析,另一部分是基于生物本能性质的细胞分裂或演化机制分析.这两部分共同的理论基础就是变分原理,或者称为变分法.变分法理论在 17 世纪末出现之后迅速发展起来,它除了在数学相关学科得以广泛应用之外,在力学、物理学、经济学、信息论、控制论,以及现在迅速发展的数字图像处理技术和信息技术诸方面都获得了较为深刻的应用.

在相关领域内比较少见从图像角度来分析细胞成形和演化的结果.本书介绍了如何对图像进行预处理,包括基本的去噪声、去阴影、放大、修复;也介绍了如何由图像生成演化视频——不仅是简单地将图像拼接起来,而且要在原有图像之间插入若干帧图像以保证视频的清晰度.在预处理的基础上,如何进一步处理这些需要插入的图像正是本书所要探讨的.这部分内容集中在第 3 章,其中的图像处理(含预处理)都是基于变分原理进行的.

从第 4 章起,主要以两种绿藻细胞[即鞘毛藻(Coleochaete)和盘星藻(Pediastrum)]为例,分析细胞生长演化机理,在数据分析时也用到了四星藻(Tetrastrum)的细胞数据.区别于第 3 章基于图像建模讨论演化机理,这里是从细胞膜的张力与黏性分析角度出发的.基于鞘毛藻和盘星藻本身的特性,这部分内容采用在二维空间上的几何问题来进行建模分析.

本书提及了几何中两个较为经典的问题.一是隔栏问题,它探讨的是如何用一条最短曲线将一个平面区域分成面积相等或者面积成固定比例的两个区域,这条分割线就是"隔栏".二是泡泡问题,它探讨的是如何将一条定长曲线围成指定数目的平面图形,要求图形面积尽可能大且总体边长是固定值.当然,这两个问题(特别是第二个问题)实际上是三维空间问题,因为泡泡本身是三维的,但是考虑到问题的难度和可实现性,在一定条件下可将其简化为二维平面问题.这两个问题在某种程度上都可以与经典的等周问题(也称为等周不等式)联系起来,即便其中的差别还是较为明显的.本书将上述两类绿藻细胞生长演化过程与这些经典数学问题联系起来,从另一个角度也可以理解为绿藻细胞"先天"就满足一些数学和自然规律.再者,这里的方法对于讨论其他类型的细胞问题也有一定借鉴作用.

本书中细胞的长度基本度量单位是微米(μm),但是这里关心的是形状和形态的变化,所以各处提到的长度物理量的量纲都为一.在方程迭代过程中,扩散对应的时间变量的量纲为秒(s),离散后以次数来代替,所以也就是量纲为一.特此说明.

由于本书内容属于探索性研究,加之本人水平有限,书中若存在错漏之处,敬请专家和读者指正.

本人主要的研究兴趣在于如何通过数学方法的引入,从数学角度分析一些较为"简单"的植物细胞生长演化机理.研究期间,上海海洋大学的周志刚教授提供了不少细胞图像素材,也多次到上海大学进行理论指导,在此特地向周志刚教授表达感谢.

感谢在本书的前期准备和撰写期间上海大学李健教授在实验上给予的支持.同时也感谢本人近年的研究生黄玉、卢惠丽、陈培迎、李毅、周长亮、刘青、胡金杰、李思沂、许斌、石本磊、童春、李肖霞、窦明雅、颜南军、丛金宇、张俊顶、曾凯、闻清梅、李炎芮在计算、实验方面的工作,徐仲强、魏霞和刘亚楠在文字组织等方面的帮助.本书获得了上海大学研究生教材建设项目的支持.感谢上海大学,特别是研究生院、理学院和数学系的支持,使本书得以顺利完成和出版.感谢上海交通大学出版社周颖老师和黄韵迪老师对本书出版工作的支持.

感谢本人夫人和孩子一直以来的支持.

王远弟

2021 年 4 月

于上海大学图书馆

目 录

第1章
参数方程

在一般的微积分教材中,曲线是主要的研究课题之一,内容主要包括分析曲线形状、讨论曲线弧长.

曲线的本质可以通过一个参数(即单参数)来描述.在实际生活中,一根线或者一条细绳就是典型的曲线原型,这根线如果被拉直就为直线,而直线显然是可以用单参数来描述的.由于函数曲线本身具有复杂性,除了按照连续性对曲线进行分类外,还可以进一步将曲线分为光滑曲线和非光滑曲线.实际上,还存在处处不可微,即处处不光滑的连续曲线,如魏尔斯特拉斯(Weierstrass)函数曲线,如图1-1所示,其表达式为

$$f(x) = \sum_{n=0}^{\infty} a^n \cos(b^n \pi x)$$

式中, $a = \dfrac{1}{2}$, $b = 7$.

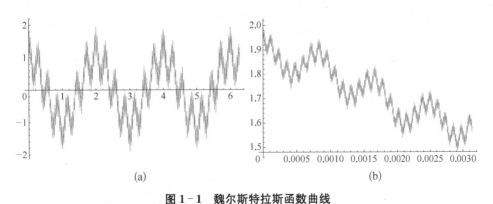

(a)   (b)

图1-1 魏尔斯特拉斯函数曲线

(a) 一个周期内的曲线, $x \in [0, 2\pi]$;(b) $x \in [0, \pi/1\,000]$的曲线

本书讨论的曲线都是单参数光滑曲线或者分段光滑曲线.所谓"光滑曲线",是指处处有连续导数(也就是有切线)的曲线.基于该讨论范围,本书的曲

线指的是平面曲线(即二维曲线)和空间曲线(即三维曲线),曲面则只是三维空间曲面.

1.1　曲面和曲线的参数方程表示

曲面和曲线都是大学数学的基本研究内容,在是工程类专业的学科基础知识,特别是机械、计算机和信息化等相关专业.

1.1.1　曲面

作为三维空间的基本几何概念,曲面是重点研究的内容之一.常见的简单曲面有球面、柱面,特别是圆柱面、锥面、椭球面、抛物面、双曲面,或者一般的旋转面,以及莫比乌斯(Möbius)环面和克莱因(Klein)瓶等颇具代表性的曲面.还有更为一般的曲面,包括光滑和非光滑曲面,如极小曲面、大自然中的各类物体,甚至植物的外表面等.

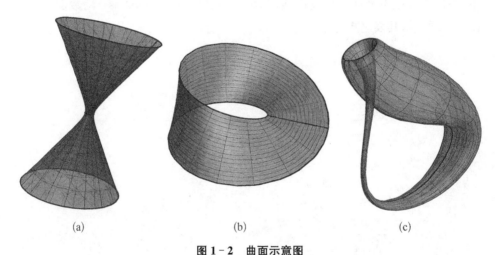

(a)　　　　　　　　　　(b)　　　　　　　　　　(c)

图 1-2　曲面示意图

(a) 单叶双曲面;(b) 莫比乌斯环面;(c) 克莱因瓶

曲面在连续的情况下可以由直角坐标显式方程、参数方程以及一般方程进行描述,球坐标和柱坐标也是直角坐标显式方程中比较常用的表示方法.具体参见如下的例子:

(1) 直角坐标显式表达式:

$$z = f(x, y)$$

例如，$z=\sqrt{1-(x^2+y^2)}$ 表示单位球面的上半部分.

（2）参数方程：

$$\{x,y,z\}=\{\varphi(u,v),\psi(u,v),\eta(u,v)\},\ (u,v)\in\Omega \qquad (1-1)$$

例如，对于固定常数 r，方程组

$$\{x,y,z\}=\{r\cos u\sin v,r\sin u\sin v,r\cos v\}$$

表示半径为 r 的球面，式中 $(u,v)\in[0,2\pi]\times[0,\pi]$.

（3）一般方程：

$$F(x,y,z)=0$$

例如，$x^2+y^2+z^2-2x=0$ 表示一个偏心单位球面，其球心在点 $(1,0,0)$.

注意，这里表示三维曲面的最终变量都是两个，可以简单地将一般方程理解为能够用其中的两个变量表示另外一个变量的方程.也就是说，实际上，三维空间的曲面应该是二维的.当然，这里讲的曲面都是光滑或者分片光滑的.所谓"**曲面是光滑的**"（或称"**光滑曲面**"）是指其上每一点都有一个，也是唯一的一个切平面，在该点与曲面本身相切.通俗来理解，曲面就是"柔性"平面弯曲成的，其字面意思就是"弯曲的面".可以用饺子皮来直观地理解：摊开的饺子皮是平面，包成饺子以后就变成了空间曲面.

1）曲面的切平面

切平面的概念在前面已经提到.下面以二元函数 $w=f(x,y)$ 为例，回顾一下函数的可微性.函数 w 在点 (x_0,y_0) 处**可微**是指存在与该点有关的两个常数 A_1 和 A_2，使得在该点附近满足

$$w-w_0=A_1(x-x_0)+A_2(y-y_0)+o(\rho)$$

式中，$w=f(x,y)$，$w_0=f(x_0,y_0)$，$\rho=\sqrt{(x-x_0)^2+(y-y_0)^2}$.实际上，这里的常数 A_1 和 A_2 分别是函数 $w=f(x,y)$ 在点 (x_0,y_0) 处的两个偏导数，即

$$A_1=f_x(x_0,y_0),\quad A_2=f_y(x_0,y_0)$$

曲面 Σ 是光滑的，意味着曲面上的每一点都有切平面，这个概念通常与函数的可微性联系在一起.

以显式表达为例.可微函数 $z=f(x,y)$ 在点 $P(x,y,z)$ 处的切平面记为 π_P，其方程满足

$$\pi_P:Z-z=f_x(x,y)(X-x)+f_y(x,y)(Y-y) \qquad (1-2)$$

其中,点 $Q(X,Y,Z) \in \pi_P$. 该切平面 π_P 的法向量

$$\boldsymbol{n} = \pm\{f_x, f_y, -1\}$$

或者取

$$\boldsymbol{n} \mathbin{/\!/} \{f_x, f_y, -1\}$$

式中,$/\!/$ 表示两条向量平行.

对于由一般方程表示的光滑曲面

$$\Sigma: F(x,y,z)=0 \tag{1-3}$$

不妨假设在曲面上某点 $P(x,y,z)$ 附近有局部显式方程 $z=z(x,y)$,此时偏导数 $F_z|_P \neq 0$,则代入方程(1-3)后得到

$$F[x,y,z(x,y)]=0 \tag{1-4}$$

两边分别对 x、y 求偏导数得出

$$F_x + F_z \cdot z_x = 0, \quad F_y + F_z \cdot z_y = 0 \tag{1-5}$$

对照显式方程的切平面,即式(1-2),将式(1-5)的偏导数代入后化简得到切平面

$$\pi_P: F_x(X-x) + F_y(Y-y) + F_z(Z-z) = 0 \tag{1-6}$$

这里的 $Q(X,Y,Z) \in \pi_P$,而法向量 $\boldsymbol{n} \mathbin{/\!/} \{F_x, F_y, F_z\}|_P$,即

$$\boldsymbol{n} \cdot \overrightarrow{PQ} = 0 \tag{1-7}$$

其中,$P(x,y,z) \in \Sigma$,切平面上的点 $Q(X,Y,Z) \in \pi_p$,取 $\boldsymbol{n}$ 为曲面 Σ 在点 $P(x,y,z)$ 处切平面的法向量.在图 1-3 中,曲面 Σ 的切平面 π_{p_0} 的法向量 $\boldsymbol{n}$ 取向为向上.如图 1-3(a)所示的参数方程下经线 $u=C(C$ 为常数) 和纬线 $v=C$ 在点 P_0 处的切向量垂直于向上的法向量 $\boldsymbol{n}$. 如图 1-3(b)所示为将曲面参数方程表示的切平面方程应用到一般方程表示的曲面.

2) 切平面的参数方程

相对于曲面的参数方程而言,平面的参数方程形式更简单.

我们知道,直线可以理解为过一点且沿着一条固定向量方向无限延伸(正反方向都延伸),一个平面可以通过两条过同一点的直线来张成.这样,决定一个曲面的关键因素即为一个点和两条向量.

假设平面 π 过点 $P_0(x_0,y_0,z_0)$ 并且由过该点的两条不平行向量(或者直

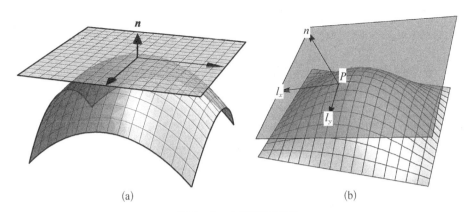

(a)　　　　　　　　　　　　(b)

图 1-3　曲面和切平面

(a) 经、纬线方向切向量和法向量；(b) 一般方程表示的曲面切平面示意图

线) $\boldsymbol{a}=P_0Q_1$ 和 $\boldsymbol{b}=P_0Q_2$ 张成，即

$$\pi: \overrightarrow{P_0P}=\lambda_1\overrightarrow{P_0Q_1}+\lambda_2\overrightarrow{P_0Q_2},\ \lambda_1,\lambda_2\in(-\infty,+\infty) \qquad (1-8)$$

这里的 $P_0\in\pi$，$P\in\pi$. 如图 1-4 所示，平面由两个向量 $\boldsymbol{a}$ 和 $\boldsymbol{b}$ 张成，而平面上的任意一条向量 $\overrightarrow{P_0P}$ 都垂直于平面的法向量 $\boldsymbol{n}$. 具体地，若有平面 π 上的点 $P(x,y,z)$ 和两条不平行的向量

$$\overrightarrow{P_0Q_k}=\{x_k,y_k,z_k\},\ k=1,2$$

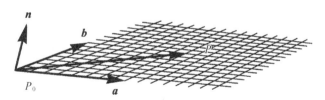

图 1-4　由两条向量张成的平面

则此时参数方程(1-8)表现为如下形式：

$$\pi: \{x-x_0,y-y_0,z-z_0\}=\lambda_1\{x_1,y_1,z_1\}+\lambda_2\{x_2,y_2,z_2\},$$
$$\lambda_1,\lambda_2\in(-\infty,+\infty) \qquad (1-9)$$

其中，矩阵 $\begin{bmatrix}x_1 & y_1 & z_1\\ x_2 & y_2 & z_2\end{bmatrix}$ 是满秩.

当然，平面还可以改写成由法向量表示的形式.

假设向量 $\boldsymbol{n}$ 是平面 π 的法向量，已知平面 π 过一个固定点 $P_0(x_0,y_0,z_0)$，

那么平面 π 可以用法向量表示为

$$\pi: \boldsymbol{n} \cdot \overrightarrow{P_0 P} = 0, \ P(x, y, z) \in \pi \tag{1-10}$$

注意,这里的法向量 $\boldsymbol{n}$ 平行于向量 $\boldsymbol{a} \times \boldsymbol{b}$,即向量 $\boldsymbol{a}$ 和 $\boldsymbol{b}$ 的叉积或向量积.也就是说

$$\boldsymbol{n} \ /\!/ \ \boldsymbol{a} \times \boldsymbol{b} = \overrightarrow{P_0 Q_1} \times \overrightarrow{P_0 Q_2} = \begin{vmatrix} \boldsymbol{i} & \boldsymbol{j} & \boldsymbol{k} \\ x_1 & y_1 & z_1 \\ x_2 & y_2 & z_2 \end{vmatrix}$$

式中,向量 $\boldsymbol{i}$、$\boldsymbol{j}$、$\boldsymbol{k}$ 分别是 x 轴、y 轴和 z 轴方向的单位定向向量.

对于参数方程(1-1)表示的曲面 Σ,考虑在 P_0 点处的经线 $u = C$ 和纬线 $v = C$,此处经、纬线的切向量 $\{\varphi_v, \psi_v, \eta_v\}$ 和 $\{\varphi_u, \psi_u, \eta_u\}$ 同时垂直于法向量 $\boldsymbol{n}$,如图1-3取的是向上的法向量.这样,可以取法向量 $\boldsymbol{n}$ 平行于经、纬线的公垂向量,即同时垂直于这两条经、纬线的切向量

$$\boldsymbol{n} \ /\!/ \ (\{\varphi_v, \psi_v, \eta_v\} \times \{\varphi_u, \psi_u, \eta_u\}) \tag{1-11}$$

这样,同样可以得到切平面方程(1-7).当然,也可以用参数方程来表达切平面,即

$$\overrightarrow{P_0 Q} = \lambda \{\varphi_v, \psi_v, \eta_v\} + \mu \{\varphi_u, \psi_u, \eta_u\}$$

式中,λ、μ 都是参数.

考虑一般方程表示的曲面 $\Sigma: F(x, y, z) = 0$.显式方程 $z = f(x, y)$ 可以转化成 $f(x, y) - z = 0$,即可写成一般方程的形式.对曲面方程两边计算全微分

$$F_x \mathrm{d}x + F_y \mathrm{d}y + F_z \mathrm{d}z = \{F_x, F_y, F_z\}\big|_{P_0(x_0, y_0, z_0)} \cdot \{\mathrm{d}x, \mathrm{d}y, \mathrm{d}z\} = 0$$

这里的向量 $\{\mathrm{d}x, \mathrm{d}y, \mathrm{d}z\}$ 对应曲面 Σ 在点 $P_0(x_0, y_0, z_0)$ 处的切平面 π_{P_0} 上的向量 $\overrightarrow{P_0 Q}[Q(X, Y, Z) \in \pi_{P_0}]$.需要注意的是,$\mathrm{d}z$ 是可以通过 $\mathrm{d}x$ 和 $\mathrm{d}y$ 表示的.

换言之,对一般方程表示的曲面 Σ 分别固定变量 x 和 y 得到经线和纬线两条平面曲线,其切线的定向矢量分别为 $\{0, 1, z_y\}$ 和 $\{1, 0, z_x\}$,其中,$z_x = -\dfrac{F_x}{F_z}$,$z_y = -\dfrac{F_y}{F_z}$.

或者可以取切平面 π_{p_0} 的两个定向矢量为上述向量的平行向量(分别平行于经、纬线的切线),即

$$l_x = \{0, -F_z, F_y\}, \; l_y = \{-F_z, 0, F_x\} \tag{1-12}$$

得出曲面 Σ 在点 $P_0(x_0, y_0, z_0)$ 处的切平面 π_{p_0} 的方程[见图 1-3(b)]

$$\overrightarrow{P_0Q} = \lambda l_x + \mu l_y, \; Q(X, Y, Z) \in \pi_{P_0} \tag{1-13}$$

式中,参数 $(\lambda, \mu) \in \mathbf{R}^2$. 也就是说,切平面 π_{P_0} 上的向量 $\overrightarrow{P_0Q}$ 是通过经、纬线的切线 l_x 和 l_y 线性表示的.

3) 曲面面积的计算

这里讨论的可计算面积的曲面是指光滑或者分片光滑曲面.所谓光滑曲面是指曲面上每一点都有唯一的切平面.曲面面积的计算是基于切平面方法的,如图 1-5 所示.基本思想是将定义域使用相互垂直的经、纬线分割成一些小片定义域 $d\sigma$,直角坐标系下 $d\sigma = dx\, dy$. $d\sigma$ 在不混淆的情况下也表示该小片的面积,它们对应小曲面片 dS 和相应切平面上的小平面片 $d\Sigma$. 在曲面函数可微的条件下,每一点都有切平面,这时的小曲面片(仍记为 dS)面积近似等于相应切平面

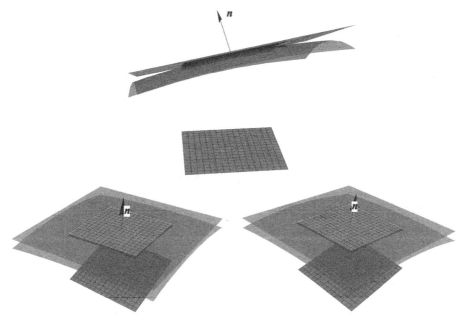

图 1-5　从不同的视角看小曲面片、小切平面的面积以及
最下层的坐标面上的投影示意图

上的小平面片面积(仍记为 dΣ),这个面积在数值上与 dσ 相差一个倍数 $|\sec\gamma|$,这里的 γ 表示与 dσ 平行的坐标面的法向量与 dS(或者 dΣ)的法向 $\boldsymbol{n}$ 夹角,$\gamma\in[0,\pi/2)$

$$dS\approx d\Sigma=|\sec\gamma|\,d\sigma \tag{1-14}$$

如图 1-5 所示,小切平面面积近似等于对应的小曲面片面积,其中切面上和曲面上阴影部分在坐标面的投影即最下层的平面.

这样,在三种表示形式下,曲面的面积计算方法如下:

(1) 在直角坐标显式方程 $z=f(x,y)$ 下,γ 就是切面法向量 $\boldsymbol{n}$ 与 z 轴正向之间的锐角夹角.曲面面积

$$S=\iint_{\Sigma}dS=\iint_{\Sigma}d\Sigma=\iint_{\Omega}\sec\gamma\,d\sigma=\iint_{\Omega}\sqrt{1+f_x^2+f_y^2}\,dx\,dy$$

这里的 Ω 是曲面 Σ 在 xOy 坐标面上的定义域.注意,这里要求曲面 Σ[函数 $z=f(z,y)$]上的点与该点在 xOy 坐标面上的投影具有单值性.

(2) 在参数方程 $\boldsymbol{r}=\{x,y,z\}=\{\varphi(u,v),\psi(u,v),\eta(u,v)\}$ $[(u,v)\in\Omega]$ 表示下,不妨选取切平面的法向量

$$\boldsymbol{n}=\{\varphi_u,\psi_u,\eta_u\}\times\{\varphi_v,\psi_v,\eta_v\}=\begin{vmatrix} \boldsymbol{i} & \boldsymbol{j} & \boldsymbol{k} \\ \varphi_u & \psi_u & \eta_u \\ \varphi_v & \psi_v & \eta_v \end{vmatrix} \tag{1-15}$$

式中,$\boldsymbol{i}$、$\boldsymbol{j}$、$\boldsymbol{k}$ 分别为 x 轴、y 轴和 z 轴正向的单位向量.注意,选取时应使 $\boldsymbol{n}$ 与 z 轴正方向夹角为锐角.

$$\cos\gamma=\cos\langle\boldsymbol{n},\boldsymbol{k}\rangle=\frac{\boldsymbol{n}}{|\boldsymbol{n}|}\cdot\boldsymbol{k}=\frac{1}{\sqrt{EG-F^2}}\begin{vmatrix} \varphi_u & \psi_u \\ \varphi_v & \psi_v \end{vmatrix} \tag{1-16}$$

式中,$\sqrt{EG-F^2}=|\boldsymbol{n}|$,而 E、G 和 F 为曲面第一基本形式系数,即

$$E=\boldsymbol{r}_u\cdot\boldsymbol{r}_u,\ G=\boldsymbol{r}_v\cdot\boldsymbol{r}_v,\ F=\boldsymbol{r}_u\cdot\boldsymbol{r}_v \tag{1-17}$$

此时的面积元

$$d\sigma(=dx\,dy)=\left\|\begin{matrix} \varphi_u & \psi_u \\ \varphi_v & \psi_v \end{matrix}\right\|du\,dv.$$

式中,行列式外面的 $|\cdot|$ 表示绝对值.实际上

$$dx\,dy=|dx\wedge dy|=|(\varphi_u\,du+\varphi_v\,dv)\wedge(\psi_u\,du+\psi_v\,dv)|=\left\|\begin{matrix} \varphi_u & \psi_u \\ \varphi_v & \psi_v \end{matrix}\right\|du\,dv$$

这里用到了外形式 $\mathrm{d}x \wedge \mathrm{d}y$. 从而,此时的曲面面积计算式为

$$S = \iint_{\Sigma} \mathrm{d}S = \iint_{\Sigma} \mathrm{d}\Sigma = \iint_{\Omega_{xy}} \frac{\mathrm{d}\sigma}{|\cos \gamma|} = \iint_{\Omega} \sqrt{EG - F^2} \, \mathrm{d}u \, \mathrm{d}v$$

（3）在一般方程 $F(x, y, z) = 0$ 表示下,视情况考虑将曲面投影到三个坐标面之一.这里不妨假设将曲面 Σ 投影到 xOy 面,得到没有重叠的平面区域 Ω_{xy},那就可以参照前面显式方程表达的面积计算公式,只要注意

$$\boldsymbol{n} = \{F_x, F_y, F_z\}$$

$$\cos \gamma = \frac{F_z}{\sqrt{F_x^2 + F_y^2 + F_z^2}}$$

这样,有曲面面积公式

$$S = \iint_{\Sigma} \mathrm{d}S = \iint_{\Sigma} \mathrm{d}\Sigma = \iint_{\Omega_{xy}} \frac{\mathrm{d}\sigma}{|\cos \gamma|} = \iint_{\Omega_{xy}} \frac{\sqrt{F_x^2 + F_y^2 + F_z^2}}{|F_z|} \mathrm{d}x \, \mathrm{d}y$$

1.1.2　曲线

无论是平面曲线还是空间曲线,都可以视为空间曲面的交线.特别地,平面曲线可以视为空间曲面与平面的交线.例如,曲面

$$x^2 + y^2 = z \tag{1-18}$$

与平面 $z = 4$ 相交,表示一条在 $z = 4$ 平面上的曲线 $x^2 + y^2 = 2^2$ 即半径为 2 的圆周,其圆心在点 $(0, 0, 4)$,如图 1-6(a)所示.

再如,球面和柱面的交线通常被称为**维维亚尼(Viviani)曲线**,如图 1-6(b)所示,其表达式为

$$\begin{cases} x^2 + y^2 + z^2 = 4 \\ (x-1)^2 + y^2 = 1 \end{cases} \tag{1-19}$$

曲线的描述或者作图可以依据其定义域、导数分析以及其他性质分析来实现.参数方程表示的曲线同样也可以进行类似分析和作图,只是需要注意参数的变化引起的变量 (x, y) 或者 (x, y, z) 的变化.同样,也可以以其中之一的变量为参数(例如,令变量 y 相对于变量 x 的变化而变化),构成参数方程.关于曲线参数方程的介绍,可以参见一些文献,例如刘世伟[1]、黄力民[2]、陈泰伦与彭卫丽[3]等人的研究工作.另一方面,王远弟与盛万成[4]还深入讨论了二维曲线在参

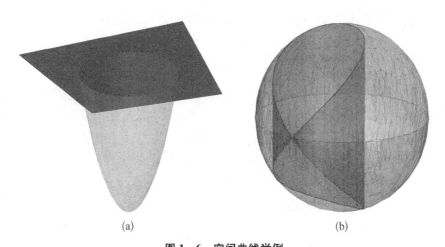

(a) (b)

图 1 - 6 空间曲线举例

(a) 抛物面和平面的交线——圆周；(b) 维维亚尼曲线

数方程表示下的一些具体应用,例如外摆线、二维定常流特征线、闭曲线围成图形面积计算,以及椭圆参数方程的参数与弧长间的差别等.

曲线可以视为空间曲面的交线,当然,平面曲线可以视为曲面与平面,特别是与坐标面的交线.

平面曲线即平面光滑曲线,是指表达式具有连续导数的曲线.平面曲线也有三种基本表示形式,即显式方程、参数方程(包括极坐标形式)和一般方程形式.

(1) 显式方程形式为 $y = f(x)$. 例如,正弦曲线 $y = \sin x$.

(2) 参数方程形式为 $\{x, y\} = \{\varphi(t), \psi(t)\}$. 例如,椭圆周 $\{x, y\} = \{a\cos t, b\sin t\}$ $(t \in [0, 2\pi])$.

(3) 一般方程形式为 $F(x, y) = 0$. 例如,椭圆周 $\dfrac{x^2}{a^2} + \dfrac{y^2}{b^2} - 1 = 0$.

设 $Q(X, Y)$ 为过曲线上一点 $P(x, y)$ 的切线 l_p 上的点,即 $Q(X, Y) \in l_p$,则三种表示形式下的切线方程分别如下所示:

显式方程表示为

$$(Y - y) = f'(x)(X - x) \tag{1-20}$$

参数方程表示为

$$(Y - y) = \frac{\varphi'(t)}{\psi'(t)}(X - x) \tag{1-21}$$

一般方程表示为

$$(Y - y) = \frac{-F_x(x, y)}{F_y(x, y)}(X - x) \tag{1-22}$$

式(1-22)中,若 $F_y(x,y)=0$,则以 F_x 为分母.

平面曲线长度即曲线弧长.三种表示形式下,平面光滑曲线对应的长度(即曲线弧长)计算式如下:

(1) 显式方程 $y=f(x)$ 下,弧长 $l=\int_a^b\sqrt{1+f'^2(x)}\,dx$,这里的区间 $[a,b]$ 是曲线的定义域.

(2) 参数方程 $x=\varphi(t)$,$y=\psi(t)$ 下,弧长 $l=\int_\alpha^\beta\sqrt{\varphi'^2(t)+\psi'^2(t)}\,dt$,这里的区间 $[\alpha,\beta]$ 是曲线的定义域.

(3) 一般方程 $F(x,y)=0$ 下,可以转化成显式方程或者参数方程计算.

空间曲线有三种基本表示形式,即显式方程、参数方程和一般方程形式.

(1) 显式方程形式为 $\{y,z\}=\{f(x),g(x)\}$,$x\in[a,b]$.

(2) 参数方程形式为 $\{x,y,z\}=\{\varphi(t),\psi(t),\zeta(t)\}$,$t\in[\alpha,\beta]$.例如,螺旋线 $\{x,y,z\}=\{a\cos t,b\sin t,t\}$($t\in[0,4\pi]$).

(3) 一般方程形式为 $\begin{cases}F(x,y,z)=0\\G(x,y,z)=0\end{cases}$,这是两个曲面的交线(见图1-7).

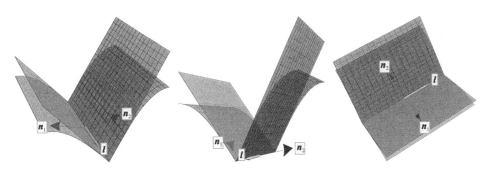

图 1-7　曲面交线示意图

两个曲面(见图1-7)的切平面交线为 L,其定向矢量 $\boldsymbol{l}$ 垂直于这两个切平面的法向量 $\boldsymbol{n}_1$ 和 $\boldsymbol{n}_2$,即 $\boldsymbol{l}$ 与 $\boldsymbol{n}_1$ 和 $\boldsymbol{n}_2$ 的公垂线平行.

一般方程表示下,曲线(即两个曲面的交线)

$$\Gamma:\begin{cases}\Sigma_1:F(x,y,z)=0\\\Sigma_2:G(x,y,z)=0\end{cases}$$

在点 $P(x,y,z)\in\Gamma=\Sigma_1\bigcap\Sigma_2$ 处的切向量 $\boldsymbol{l}$ 可以取为切平面的法向量 $\boldsymbol{n}_1$ 和 $\boldsymbol{n}_2$ 的向量积,即

$$l = \boldsymbol{n}_1 \times \boldsymbol{n}_2 = \begin{vmatrix} \boldsymbol{i} & \boldsymbol{j} & \boldsymbol{k} \\ F_x & F_y & F_z \\ G_x & G_y & G_z \end{vmatrix} = \{l_x, l_y, l_z\}$$

那么,交线 Γ 的切线 L 的方程为

$$L: \overrightarrow{PQ} /\!/ \boldsymbol{l}, Q(X, Y, Z) \in L$$

具体地

$$L: \begin{cases} X - x = t l_x = t(F_y G_z - G_y F_z) \\ Y - y = t l_y = t(F_z G_x - G_z F_x), \ t \in \mathbf{R} \\ Z - z = t l_z = t(F_x G_y - G_x F_y) \end{cases}$$

这里的 $\mathbf{R} = (-\infty, +\infty)$ 表示整个实数轴,即实数全体.

在参数方程表示下,曲线 $\Gamma: \{x, y, z\} = \{\varphi(\tau), \psi(\tau), \zeta(\tau)\}$ $(\tau \in [\alpha, \beta])$ 在点 $P(x, y, z) = P[\varphi(\tau), \psi(\tau), \zeta(\tau)]$ 处的切线 L 的方程为

$$L: \begin{cases} X - x = X - \varphi(\tau) = t\varphi'(\tau) \\ Y - y = Y - \psi(\tau) = t\psi'(\tau), \ t \in \mathbf{R} \\ Z - z = Z - \zeta(\tau) = t\zeta'(\tau) \end{cases}$$

这里的 $Q(X, Y, Z) \in L$.

对于光滑曲线,即其表达式为关于最终自变量具有连续导数的曲线,其弧长计算公式都可以转化为参数方程来计算.所以,这里只给出参数方程形式下弧长的计算式

$$l = \int_{\alpha}^{\beta} \sqrt{\varphi'^2(\tau) + \psi'^2(\tau) + \zeta'^2(\tau)} \, \mathrm{d}\tau$$

这里,曲线的定义域为 $[\alpha, \beta]$.

用参数方程表示的曲面 $\Sigma: \boldsymbol{r} = \boldsymbol{r}(u, v)$ 上的一条曲线 $C: u = u(t), v = v(t), t \in [\alpha, \beta]$,其弧长为

$$L = \int_{\alpha}^{\beta} |\mathrm{d}\boldsymbol{r}| = \int_{\alpha}^{\beta} |\boldsymbol{r}'[u(t), v(t)]| \, \mathrm{d}t = \int_{\alpha}^{\beta} \left(\sqrt{Eu'^2 + 2Fu'v' + Gv'^2} \right)(t) \mathrm{d}t$$

其中的第一基本形式系数见式(1-17).

具体的计算例子可以参见一般的微积分、数学分析以及微分几何书籍,这里不再给出详细例子.

1.2　函数极值问题

以一元函数为例,对于定义在区间 $[a, b]$ 上的一元函数 $y=f(x)$,若称一个内点 $x_0 \in (a, b)$ 是函数 $f(x)$ 的**极值点**,则 x_0 是一个极小(或者极大)点.函数 $f(x)$ **极小点**的定义为存在点 x_0 使得

$$f(x) > f(x_0), \ \forall x \in O_\delta(x_0) \setminus \{x_0\}$$

式中,$O_\delta(x_0) \setminus \{x_0\} = (x_0-\delta, x_0) \bigcup (x_0, x_0+\delta)$,即 x_0 的去心邻域.同样,定义**极大点**,只要将极小点定义中的"$<$"换成"$>$"即可.

如果函数 $y=f(x)$ 充分光滑,或者说具有足够阶的导数,比如二阶或二阶以上的导数,那么此时就可以通过如下定理判别极值点:

定理 1.1(费马定理)　如果可微函数 $y=f(x)$ 在 x_0 处达到极小值(或者极大值),则该点处的导数值必为 0,即 $f'(x_0)=0$.

若函数 $y=f(x)$ 存在一点 ξ,在该点处函数的导数为 0,即满足 $f'(\xi)=0$,则该点称为函数 $y=f(x)$ 的一个**驻点**.

进一步地,如果函数 $y=f(x)$ 有二阶导数,则可以依据二阶导数的符号来判定该函数在驻点处取极大值还是极小值.

定理 1.2　对于二阶可导函数 $y=f(x)$,可根据其二阶导数的符号来判定函数在驻点 x_0 处的极值属性.

(1) 当 $f''(x_0) > 0$ 时,函数 $y=f(x)$ 在驻点 x_0 处达到极小值.

(2) 当 $f''(x_0) < 0$ 时,函数 $y=f(x)$ 在驻点 x_0 处达到极大值.

实际上,利用函数在驻点 x_0 附近的二阶**泰勒展开式**

$$f(x) = f(x_0) + 0 + \frac{1}{2} f''(x_0)(x-x_0)^2 + o(|x-x_0|^2)$$

就可以通过 $f''(x_0)$ 的符号判定驻点 x_0 的极值属性.当然,如果二阶导数 $f''(x_0)=0$,则需要进一步判别.

多元函数也有相应的判别法.以二元函数为例,函数 $w=f(x, y)$ 在驻点 $P_0(x_0, y_0)$(即偏导数 $f_x|_{P_0}=f_y|_{P_0}=0$ 的点)附近存在二阶连续偏导数,则该函数可以进行泰勒展开

$$w = f(x, y) = f(x_0, y_0) + 0 + \frac{1}{2}\big[f_{xx}|_{P_0}(x-x_0)^2$$
$$+ 2f_{xy}|_{P_0}(x-x_0)(y-y_0) + f_{yy}|_{P_0}(y-y_0)^2 \big] + o(\rho^2)$$

式中，$\rho = \sqrt{(x-x_0)^2 + (y-y_0)^2}$. 这样，驻点处是否取极值就取决于二阶偏导数构成的对称矩阵 $\begin{bmatrix} f_{xx} & f_{xy} \\ f_{xy} & f_{yy} \end{bmatrix}\big|_{P_0} =: A(P_0)$ 的正定性质，也就是取决于其系数矩阵 $A(P_0)$ 的正定性质.

定理 1.3　对于二阶连续可导的函数 $w = f(x, y)$，可根据其在驻点 P_0 处的二阶偏导数系数矩阵来判定函数在驻点处的极值属性.

(1) 若 $A(P_0)$ 是正定的，则函数 $w = f(x, y)$ 在 P_0 点处达到极小值.

(2) 若 $A(P_0)$ 是负定的，则函数 $w = f(x, y)$ 在 P_0 点处达到极大值.

(3) 若 $A(P_0)$ 是不定的，则函数 $w = f(x, y)$ 在 P_0 点处不达到极值.

所谓矩阵 $A(P_0)$ 是**不定**的，是指其同时包含正和负的特征值.对于矩阵 $A(P_0)$ 是退化（即奇异矩阵）的情况，需要进一步判别该点是否为极值点.

1.3　一些辅助命题介绍

几何上，对于一条向量，例如三维空间的向量 a 在各个方向上的投影都为 0，即

$$a \cdot x = 0$$

对任意的向量 x 都成立，则它一定是 $\mathbf{0}$ 向量，也就是 $a = \mathbf{0}$. 上式的 · 表示两个向量的内积，或称数量积.也就是说，如果向量 a 和任何向量都垂直（正交），则该向量一定是 $\mathbf{0}$ 向量.实际上，还有如下一些更为简单的结论：

命题 1.4　对于三维空间的向量 a，若存在三个线性无关的向量 e_1、e_2 和 e_3 都满足：

$$a \cdot e_k = 0, \ \forall k = 1, 2, 3$$

则向量 $a = \mathbf{0}$.

所谓向量组 e_1、e_2 和 e_3 **线性无关**，是指方程组

$$\sum_{k=1}^{3} \lambda_k e_k = \mathbf{0}$$

只有 0 解 $(\lambda_1, \lambda_2, \lambda_3) = (0, 0, 0)$.

命题 1.4 中的三个线性无关的向量 $\{e_k, k = 1, 2, 3\}$ 可以张成整个三维欧氏空间，也就是三维空间中任意一个向量 x 都可以唯一表示成这三个向量的线性组合

$$x = \sum_{k=1}^{3} \alpha_k \boldsymbol{e}_k$$

式中,系数 α_1、α_2、α_3 是唯一的.因此,若一个给定向量 $\boldsymbol{a}$ 与这三个向量内积为 0,即正交或垂直,就意味着该给定向量正交于三维空间的所有向量,所以它只能是 **0** 向量.

函数也存在**内积**的概念,函数内积即两个函数乘积的积分.例如

(1) 在区间 $[a,b]$ 上的一元函数 $f(x)$ 和 $g(x)$ 的内积为 $\langle f,g\rangle = \int_a^b f(x)g(x)\mathrm{d}x$.

(2) 在区域 Ω 上的二元函数 $f(x,y)$ 和 $g(x,y)$ 的内积为

$$\langle f,g\rangle = \iint_\Omega f(x,y)g(x,y)\mathrm{d}\sigma$$

这里的积分可以是黎曼(Riemann)积分,也可以是勒贝格(Lebesgue)积分或者其他形式的积分.本书中若无特别说明,则积分指的都是黎曼积分.

同样,函数也存在**正交**的概念,函数正交是指它们的内积为 0.

定理 1.4 对于 $[a,b]$ 区间上连续的函数 $f(x)$,如果

$$\langle f,\eta\rangle = \int_a^b f(x)\eta(x)\mathrm{d}x = 0, \ \forall \eta \in C_0^1([a,b])$$

成立,则 $f(x) \equiv 0$.

这里的记号 $C_0^1([a,b])$ 表示区间 $[a,b]$ 上连续可微的函数集合,其元素 η 在两个端点处为 0,即 $\eta(a) = \eta(b) = 0$.注意,定理 1.5 中 $f(x)$ 是连续函数,积分是把它向空间 $C_0^1([a,b])$ 上投影.这里尽管将 $C_0^1([a,b])$ 称作空间,但并没有给出它的范数结构,实际上可以通过函数和其导数两者平方的积分来定义,本书没有就此展开,读者可以参考一般的泛函分析书籍,如吉田耕作的著作[5].函数 $f(x)$ 投影的空间并不是连续函数空间本身,而是相对较小的空间.

定理 1.4 中的检验函数空间[如上述的 $C_0^1([a,b])$]可以再"小"一些,如 $\eta \in C_0^k([a,b])$,这里的 k 是任意正整数.也就是说,定理 1.5 告诉我们,如果一个连续函数向某些较"小"的空间上投影为 0,则这个函数本身也恒等于 0.但是,这个"小"空间是有讲究的,不是一般意义上的"小".例如,三维空间向量 $\{0,0,1\}$ 在由向量 $\{1,0,0\}$ 和 $\{0,1,0\}$ 张成的二维平面上的投影都是 0,但是它本身不是 **0** 向量.

这是一个有趣的现象,读者可以自行探究.定理 1.5 也告诉了我们类似的

结果.

定理 1.5   对于有界闭区域 Ω 上的连续函数 $f(x, y)$，如果

$$\langle f, \eta \rangle = \iint_\Omega f(x, y)\eta(x, y)\mathrm{d}\sigma = 0, \ \forall \eta \in C_0^1(\Omega)$$

成立，则 $f(x, y) \equiv 0$.

这里的有界闭区域 Ω 指其是一个有界开集与其边界 $\partial\Omega$ 的并集. 记号 $C_0^1(\Omega)$ 表示 Ω 上连续可微的函数集合，其元素 η 在边界上为 0，即 $\eta\mid_{\partial\Omega} = 0$.

第 2 章
变分原理介绍

在微积分或者数学分析等课程内容中,讨论函数时会介绍向量函数,或者称为向量值函数.向量函数的值域所在的集合由向量构成,如 n 维欧氏空间,或称欧几里得空间.通常,我们熟悉的有二维欧氏空间和三维欧氏空间.前文介绍的平面曲线或者空间曲线也可以视为**向量函数**.以下记一维欧氏空间为 $\boldsymbol{R}$, n 维欧氏空间为 $\boldsymbol{R}^n(n=2, 3, \cdots)$.

二维曲线 $\{x, y\}=\{\phi(t), \psi(t)\}$ 对应向量函数为

$$t(\in \boldsymbol{R}) \xrightarrow{f} \{x, y\}=\{\varphi(t), \psi(t)\}\ (\in \boldsymbol{R}^2).\ \text{记为}\ f(t)=\{x, y\}$$

三维曲线 $\{x, y, z\} = \{\phi(t), \psi(t), \zeta(t)\}$ 对应向量函数为 $t \xrightarrow{f} \{x, y, z\}^{\mathrm{T}}=\{\varphi(t), \psi(t), \zeta(t)\}^{\mathrm{T}}(\in \boldsymbol{R}^3)$. 这里的 $\{x, y, z\}^{\mathrm{T}}$ 是指向量的转置.

向量函数是对函数概念的进一步推广.经典的函数概念是实数集到实数集的一种对应关系,如 $y=f(x)$ 这样的函数(几何上可以理解成平面曲线).在此基础上,可将函数定义域推广到二维、三维或者 n 维欧氏空间的集合,例如,表示空间曲面的二元函数 $z=f(x, y)$.这样就在定义域和值域这两种不同结构的集合之间,用多元函数建立起了对应关系.但是,这种推广不能实现像一元函数那样在两种不同的结构之间保持完全的对应关系.对一元函数 $y=f(x)$,可以讨论其单调性,即定义域与值域之间的某种保序性.但是,这对二元函数 $z=f(x, y)$ 而言就无法实现,因为此时函数的定义域内无法定义对应的“序关系”,也就不会有保序性.

函数的极值问题是讨论函数性质的基本问题,这样的问题在更为一般性的实际问题中也有表现形式,但是需要通过更为复杂的理论来理解,比如泛函分析理论.

2.1 变分问题经典实例

2.1.1 最速下降线

在 17 世纪末期,有一个重要的数学问题——最速下降线问题.它由数学家约翰·伯努利提出,探究的是如何求出一条曲线,使得一个质点在重力作用下沿着这条曲线从较高的位置下降到较低的位置所用的时间最短.形象地说,如图 2 - 1 所示,质点在重力作用下,从点 $A(0, 0)$ 沿着何种曲线 $y = f(x)$ 运动到点 $B(X, y(X))$,才能使运动过程耗费的时间最短.

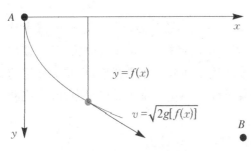

图 2 - 1 最速下降线问题示意

建立如图 2 - 1 所示的坐标系,假设运动轨迹为 $y = f(x)$,从原点 $A(0, 0)$ 出发的曲线长度为 l. $l = l[x(t)]$,t 为时间变量.

整个过程中只考虑重力作用,或者说只考虑重力的因素.质点从点 A 开始下滑,高度下降 y 之后的速度

$$v = \frac{\mathrm{d}l}{\mathrm{d}t} = \sqrt{1 + \left(\frac{\mathrm{d}y}{\mathrm{d}x}\right)^2}\, \frac{\mathrm{d}x}{\mathrm{d}t} \tag{2-1}$$

这里的 $\mathrm{d}l$ 是曲线长度的微分,即弧微分(见 1.1.2 节).另一方面,通过能量守恒定律可以推导出速度

$$v = \sqrt{2gy(x)} \tag{2-2}$$

式中,g 为重力加速度.联列式(2-1)和式(2-2)得到质点从点 A 到点 B 的总耗时

$$T = \int_0^X \frac{\sqrt{1 + \left[\dfrac{\mathrm{d}y(x)}{\mathrm{d}x}\right]^2}}{\sqrt{2gy(x)}}\, \mathrm{d}x \tag{2-3}$$

这样,问题就归结到如何找到函数曲线 $y = f(x)$,使得式(2-3)中的总时间 T 最短.如果把这个积分看成一个泛函的话,就是寻找这个泛函的极小值

"点" $y = f(x)$，从而计算出极小值 T. 注意，这里的泛函

$$T = \mathcal{L}y = \int_0^X \frac{\sqrt{1 + y'^2(x)}}{\sqrt{2gy}} \, \mathrm{d}x \qquad (2-4)$$

是非负的，$\mathcal{L}y \geqslant 0$，实际上是正的.那么，它的最小值也应该是非负的，从实际问题看，最小值应该是正的.这里，还需要将边界条件纳入考虑：

$$y(0) = 0, \ y(X) = Y \text{（两个端点坐标都是固定的）} \qquad (2-5)$$

2.1.2　等周问题

等周问题可以简单理解为，给定一条固定长度的曲线，如何在平面上将其围成一个面积尽量大的区域.这个问题有时候也称为**"等周不等式"**.传说古代北非城邦迦太基城的建立也和这个命题有关.

采用参数方程形式，可以假设所要求的曲线方程为

$$L: x = \varphi(t), \ y = \psi(t), \ t \in [0, \ T]$$

这里起始点和终点重合，形成一条闭曲线 L，围成平面区域 Ω［见图 $2-2$(a)］.曲线围成的区域 Ω 的面积

$$S = \frac{1}{2} \oint_L x \, \mathrm{d}y - y \, \mathrm{d}x = \frac{1}{2} \oint_L \varphi(t) \mathrm{d}\psi(t) - \psi(t) \mathrm{d}\varphi(t) \qquad (2-6)$$

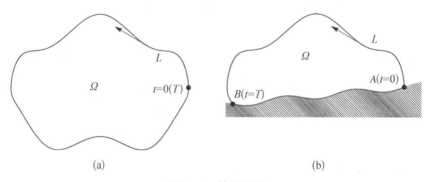

(a)　　　　　　　　　　　　　(b)

图 2 - 2　等周问题

(a) 无依靠边界的等周问题；(b) 有可以依靠边界的等周问题

这里以曲线的长度 t 为参数，而总长度 T 是固定值.这是一个带有约束条件的泛函极小问题.引入拉格朗日（Lagrange）函数，联列面积公式和约束条件获得新的变分问题

$$\mathcal{L}(L) = \frac{1}{2} \oint_L [\varphi(t)\psi'(t) - \psi(t)\varphi'(t)]dt + \lambda \left[\oint_L \sqrt{\varphi'^2(t) + \psi'^2(t)}\,dt - T\right]$$

$$(2-7)$$

在具体实际中,等周问题还有可能会考虑利用已有边界围成区域面积最大的问题,这样就还面临固定长度的曲线在已有边界上选点的问题.如图 2-2(b)所示,曲线 L 与已有边界(即图中带阴影的一边)的交点 $A(t=0)$ 和 $B(t=T)$ 亦即起点和终点的选取问题.此外,可能还涉及如何相交的问题.

简单展开一下,这个问题的解,也就是曲线围成的面积最大的区域,一定是一个向外凸的区域.如图 2-3 所示,显然向外凸的区域面积大.其中,图 2-3(a)为向外凸的,图 2-3(b)有一部分不是向外凸的.这样,这两个图像的面积就相差图 2-3(b)的阴影部分.当然,这只是几何上的直观分析,详细的还需要理论证明.

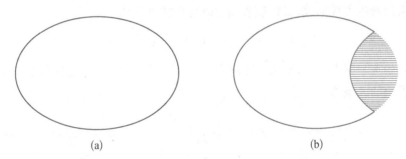

(a)   (b)

图 2-3 等周问题:凸区域和非凸区域的面积比较
(a) 凸区域;(b) 非凸区域

等周问题还可以进一步延伸,如果一条定长曲线围成的不只是一块平面区域的面积,而是两块甚至多块等面积平面区域,还可能是多块指定面积比的平面区域等.这样问题就演化为二维泡泡问题,这也是一个经典问题,可以参见参考文献[6].

另一个问题与等周问题相对,不是围成区域,而是将已知面积的平面图形均分或者按固定面积比例分割成两块或者多块区域,其要求或者条件是"分割线长度最短".这是与本书密切相关的问题.

2.1.3 极小曲面问题

假设在一个平面有界区域 Ω 上定义一个二元函数 $w=f(P)=f(x,y)$,函数在区域的边界 $\partial\Omega$ 上取固定值 $w|_{\partial\Omega}=\phi(P)$,即函数满足一定边界条件.极小

曲面问题是在给定的边界条件下寻找面积最小的曲面 Σ，当然，这里的边界条件可能依据实际问题的不同而不同.

直角坐标表示下，曲面面积计算公式为

$$S = \iint_{\Omega} \sqrt{1 + f_x^2(P) + f_y^2(P)}\, \mathrm{d}\sigma \qquad (2-8)$$

极小曲面问题也是一个带有约束条件的问题.以固定边界条件为例，需要寻找一个曲面 $\Sigma: w = f(P)$，$P \in \Omega$ 使得面积最小而且满足

$$w\,|_{P \in \partial\Omega} = \phi(P),\ (P, f(P)) \in \Gamma \qquad (2-9)$$

这里的 Γ 是曲面 Σ 的边界，它对应的是平面区域 Ω 的边界 $\partial\Omega$ 上的函数值(见图 2-4).

前面所列举的三种典型的寻找函数问题，从泛函的角度看，可以视要找的函数为一个"点".注意，这个"点"是函数，它和欧氏空间的点不一样.这些所要寻找的函数实际上还可能是一个函数向量.

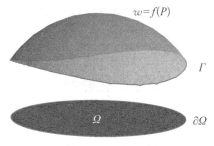

图 2-4　固定边界的极小曲面问题示意图

"泛函"从字面上理解就是更为广泛的函数，这里讲的实际上是定义在一个函数集合上的"函数".这种"函数"的值域是实数，定义域是函数空间.例如，将区间 $[a, b]$ 上可积的函数 $f(x)$ 构成的集合记为 $\Re([a, b])$，其定积分也就是黎曼积分

$$\mathcal{L}: \Re([a, b]) \to \mathbf{R},\ \mathcal{L}f = \int_a^b f(x)\, \mathrm{d}x$$

即定义了一个泛函.

同样，在这个函数集合上定义内积 $\langle \cdot, \cdot \rangle$ 如下：

$$\langle f_1, f_2 \rangle = \int_a^b f_1(x) f_2(x)\, \mathrm{d}x \qquad (2-10)$$

这个内积也是一种"投影"(见 1.3 节).

实际上，除了定义内积之外，所讨论的函数集合还具有一些代数结构和由内积生成的几何结构.代数结构方面，指的是函数本身可以进行相互代数运算；几何方面，由内积可以诱导出函数(即集合元素)的**范数**，也称"模"

$$\| f \|_{\mathcal{L}[a, b]} = \left[\int_a^b f^2(x)\, \mathrm{d}x \right]^{1/2} \qquad (2-11)$$

这里的模指的是在区间 $[a, b]$ 上勒贝格可积的函数集合,即勒贝格可积函数空间上的模,而这里的可积性和积分都是在勒贝格积分意义下的.

基于式(2-10)定义的内积和范数[见式(2-11)],区间 $[a, b]$ 上的勒贝格可积函数空间构成一个希尔伯特(Hilbert)空间.所谓**希尔伯特空间**是一个完备的内积空间,即这个内积空间的任何一个柯西(Cauchy)列都是收敛子列.如果一个函数列 $\{\zeta_n(x)\}_{n=1}^{\infty} \subset \mathcal{L}[a, b]$ 是**柯西列**,则对于 $\forall \varepsilon > 0$,总存在正整数 N 使得当 $n > N$ 时,有

$$\| \zeta_n - \zeta_{n+k} \|_{\mathcal{L}[a, b]} < \varepsilon, \ \forall k = 1, 2, \cdots$$

注意,定义希尔伯特空间的内积可以多种多样,这里的内积只是其中一种.这方面的内容可以参见吉田耕作的《泛函分析》[5].

2.2　变分思想介绍

完整的变分法理论可以参见专门的书籍,例如老大中[7]、钱伟长[8]等人的专著,这里仅介绍一下变分法思想.

对于一个泛函(通常是正泛函)$\mathcal{F}: \mathcal{D}_{\mathcal{F}} \to \mathbf{R}^{+}$,即定义在函数空间 $D_{\mathcal{F}}$ 到非负实数集合上的泛函,在一定条件下,如果函数 f 是泛函 $\mathcal{F}$ 的极小点,即

$$\mathcal{F}(f) \leqslant \mathcal{F}(g), \ \forall g \in D_{\mathcal{F}}$$

并且等式只在 $g = f$ 时成立.

如何寻找泛函的极小点 f,从思路上可以借助微积分中关于函数导数的性质.但是,由于函数空间中的元素也就是函数太多,如何通过引入泛函 $\mathcal{F}$ 的导数及其驻点(也称"临界点")来讨论极小点满足的条件是问题的关键.

为此,引入任意的增量函数(即摄动函数)φ 和辅助变量参数 ε.而摄动函数具备的性质与极小点的性质相当,但是不完全相同,需要保证利用辅助变量参数 ε 线性表示之后能够与极小点所在空间的全部函数一致.也就是保证

$$g = f + \varepsilon\varphi \in D_{\mathcal{F}} \tag{2-12}$$

换言之,函数 g 和极小点 f 满足的边界条件相等,那就意味着摄动函数 φ 需要满足齐次边界条件.例如,定理1.5和定理1.6中的函数 η 与 f 在边界条件上的值有差别.注意,ε 是参数,那么

$$g \mid_{\text{边界条件}} - f \mid_{\text{边界条件}} = \varepsilon\varphi \mid_{\text{齐次边界条件}}, \ \forall g \in D_{\mathcal{F}}$$

但从光滑性或者可微性上,摄动函数 φ 与 $D_{\mathscr{F}}$ 的元素要求是一致的,差别在于边界条件的不同.当然,如果函数空间,也就是泛函 $\mathscr{F}$ 的定义域 $D_{\mathscr{F}}$ 本身对边界的要求就是齐次,那摄动函数 φ 的条件当然就一致.

这样,对泛函 $\mathscr{F}$ 做摄动分析也就等同于讨论驻点 f [即式(2-12)中参数 $\varepsilon=0$ 时]是泛函 $\mathscr{F}$ 的极小点.原来寻找泛函 $\mathscr{F}$ 在 f 处取得极小点的问题,转化成泛函在 $\varepsilon=0$ 这个单参数处取得极小点.形式上转化成通常的微积分中讨论极小点满足的必要条件,即

$$\frac{\mathrm{d}}{\mathrm{d}\varepsilon}\mathscr{F}(f+\varepsilon\varphi)\Big|_{\varepsilon=0}=0 \qquad (2-13)$$

理论上,在通过式(2-13)求出极小点 f 满足的必要条件之后,还需要进一步判别在这个极小点处是否确实取到极小值.例如,可以通过展开式

$$\mathscr{F}(f+\varepsilon\varphi)=\mathscr{F}(f)+\frac{\mathrm{d}\mathscr{F}}{\mathrm{d}\varepsilon}\Big|_{\varepsilon=0}\varepsilon\varphi+\frac{\mathrm{d}^2\mathscr{F}}{\mathrm{d}\varepsilon^2}\Big|_{\varepsilon=0}\varepsilon^2\varphi^2+o(\varepsilon^2\varphi^2)$$

$$=\mathscr{F}(f)+0+\frac{\mathrm{d}^2\mathscr{F}}{\mathrm{d}\varepsilon^2}\Big|_{\varepsilon=0}\varepsilon^2\varphi^2+o(\varepsilon^2\varphi^2)$$

来分析.

这里介绍的思想偏重于实用性,而不做过多深入的理论分析,特别是关于变分法的思想介绍.后文使用的仍然是表达形式较为经典的变分方法,对基于算子理论的变分学理论就不做深入介绍.

2.3　平面曲线变分问题举例

现在分别在直角坐标显式表达下和参数方程表示下讨论变分问题的例子,具体探究如何讨论泛函极值点满足的条件.

2.3.1　直角坐标显式表达举例

以较为一般的泛函为例,其定义在一元函数所在的空间上.函数 $y=y_*(x)$ 是所要寻求的"极小点",它是泛函

$$\mathscr{L}y=\int_a^b F(x,y(x),y'(x))\mathrm{d}x \qquad (2-14)$$

的"极小点".其中的函数 F 关于变量有足够的可微性,如连续可微.泛函定义在如下连续可导函数集合上:

$$D_{\mathscr{F}} = \{y \in C^1[a, b], y(a) = A, y(b) = B\}$$

对于任意的函数 $y(x)$，泛函值 $\mathscr{L}y \geqslant \mathscr{L}y_*$. 这里引入摄动函数

$$h(x) := y(x) - y_*(x)$$

满足
$$h(a) = h(b) = 0$$

在此基础上，看泛函值的变化

$$\mathscr{L}(y_* + \varepsilon h) - \mathscr{L}y_*$$

$$= \int_a^b [F(x, y_*(x)\varepsilon h(x), y'_*(x) + \varepsilon h'(x)) - F(x, y_*(x), y'_*(x))] \mathrm{d}x$$

$$= \varepsilon \int_a^b [F_y(x, y_*(x), y'_*(x))h(x) + F_{y'}(x, y_*(x), y'_*(x))h'(x)] \mathrm{d}x + O(\varepsilon^2)$$

$$= \varepsilon \int_a^b \left[F_y(x, y_*(x), y'_*(x)) - \frac{\mathrm{d}}{\mathrm{d}x} F_{y'}(x, y_*(x), y'_*(x)) \right] h(x) \mathrm{d}x + O(\varepsilon^2)$$

上面最后一个等号用到了分部积分和摄动函数的齐次边界条件 $h(a) = h(b) = 0$.

根据极值点，也就是驻点的必要条件

$$\frac{\mathrm{d}}{\mathrm{d}\varepsilon} \mathscr{L}(y_* + \varepsilon h) \mid_{\varepsilon=0} = 0$$

即

$$\int_a^b \left[F_y(x, y_*(x), y'_*(x)) - \frac{\mathrm{d}}{\mathrm{d}x} F_{y'}(x, y_*(x), y'_*(x)) \right] h(x) \mathrm{d}x + \frac{\mathrm{d}}{\mathrm{d}\varepsilon} O(\varepsilon^2) \bigg|_{\varepsilon=0} = 0$$

再利用定理 1.5，同时注意摄动函数 $h(x)$ 的任意性，可以得出

$$F_y(x, y_*(x), y'_*(x)) - \frac{\mathrm{d}}{\mathrm{d}x} F_{y'}(x, y_*(x), y'_*(x)) = 0 \quad (2-15)$$

此即"极小点" $y = y_*(x)$ 满足的必要条件，通常称为**欧拉-拉格朗日(Euler - Lagrange)方程.**

将式(2-15)用于前文的最速下降线问题.

例 2.1 最速下降线问题的解(即质点下降的曲线)满足

$$x = r(t - \sin t), \quad y = r(1 - \cos t) \quad (2-16)$$

解 回顾最速下降线所满足的泛函式(2-4)及其边界条件式(2-5)，有

$$F = F(y, y') = \frac{\sqrt{1 + y'^2(x)}}{\sqrt{2gy}} \quad (\text{注意,这里不含变量 } x)$$

得到欧拉-拉格朗日方程

$$F_y(y, y') - \frac{\mathrm{d}}{\mathrm{d}x} F_{y'}(y, y') = 0$$

具体讨论求解. 两边乘以函数导数 y' 得出

$$0 = y' \cdot F_y(y, y') - y' \cdot \frac{\mathrm{d}}{\mathrm{d}x} F_{y'}(y, y') = \frac{\mathrm{d}}{\mathrm{d}x}[F(y, y') - y' F_{y'}(y, y')]$$

得到首次积分

$$F(y, y') - y' F_{y'}(y, y') = \frac{\sqrt{1 + y'^2(x)}}{\sqrt{2gy}} - \frac{y'^2(x)}{\sqrt{2gy[\sqrt{1 + y'^2(x)}]}} = C_1$$

通分之后, 令 $C = 1/(2gC_1^2)$ 得到

$$y(x)[1 + y'^2(x)] = C \tag{2-17}$$

根据微积分知识, 可以将导数 y' 理解成曲线切线的斜率, 所以记 $y' = \tan\theta$, 这里的 θ 就是曲线切线与 x 轴正向夹角. 从式(2-17)得出

$$y = \frac{C}{1 + y'^2} = \frac{C}{1 + \tan^2\theta} = C\cos^2\theta = \frac{C}{2}(1 + \cos 2\theta) \tag{2-18}$$

代入 $y' = \tan\theta$, 就有

$$\mathrm{d}x = \frac{\mathrm{d}y}{\tan\theta} = -\frac{C\sin(2\theta)\mathrm{d}\theta}{\tan\theta} = -2C\cos^2\theta\,\mathrm{d}\theta = -C[1 + \cos(2\theta)]\mathrm{d}\theta$$

积分后得出

$$x = -C\left[\theta + \frac{1}{2}\sin(2\theta)\right] + C_2 = -\frac{C}{2}[2\theta + \sin(2\theta)] + C_2 \tag{2-19}$$

式中, C_2 为积分常数. 引入变量 $\pi - t$ 替换 2θ, 化简式(2-18)和式(2-19), 并结合 $y(0) = 0$ 的边界条件

$$\begin{cases} x = -C\left[\theta + \dfrac{1}{2}\sin(2\theta)\right] + C_2 = \dfrac{C}{2}(t - \sin t) \\[3mm] y = C\cos^2\theta = \dfrac{C}{2}(1 - \cos t) \end{cases} \tag{2-20}$$

最后可以通过条件 $y(X)=Y$ 确定式(2-20),这里略去.或者记 $r=C/2$ 即可得到式(2-16).式(2-16)或者式(2-20)就是最速下降线满足的曲线方程,如图 2-1 所示.

2.3.2 参数方程表达举例

现在讨论参数方程表示下平面曲线的变分问题.

假设光滑的平面曲线的参数方程表示如下:

$$L: \{x, y\} = \{\varphi(t), \psi(t)\}, t \in [\alpha, \beta] \tag{2-21}$$

这条曲线 L 是泛函

$$\mathcal{L}(L) = \int_\alpha^\beta F[t, \varphi(t), \psi(t), \varphi'(t), \psi'(t)]\mathrm{d}t \tag{2-22}$$

的"极小点".为讨论方便起见,假设泛函定义在连续可导函数集合 $(C^1[\alpha, \beta])^2 = (C^1[\alpha, \beta]) \times (C^1[\alpha, \beta])$ 上,集合的元素满足边界条件

$$\{\varphi(t), \psi(t)\} |_{t=\alpha} = \{x_0, y_0\}, \{\varphi(t), \psi(t)\} |_{t=\beta} = \{x_1, y_1\}$$

与直角坐标形式下类似,选取齐次边界条件的摄动函数(组)

$$L_1: \{\varphi_1, \psi_1\} \in (C^1[\alpha, \beta])^2, \{\varphi_1(t), \psi_1(t)\} |_{t=\alpha} = \{\varphi_1(t), \psi_1(t)\} |_{t=\beta} = \{0, 0\}$$

假设 L 就是极小值函数曲线,那么摄动后的展开式如下:

$$F(t, \varphi + \varepsilon\varphi_1, \psi + \varepsilon\psi_1, \varphi' + \varepsilon\varphi_1', \psi' + \varepsilon\psi_1')$$
$$= F(t, \varphi, \psi, \varphi', \psi') + \varepsilon[\varphi_1 F_\varphi(t, \varphi, \psi, \varphi', \psi') + \psi_1 F_\psi(t, \varphi, \psi, \varphi', \psi') + \varphi_1' F_{\varphi'}(t, \varphi, \psi, \varphi', \psi') + \psi_1' F_{\psi'}(t, \varphi, \psi, \varphi', \psi')] + O(\varepsilon^2)$$

得到泛函

$$\mathcal{L}(L + \varepsilon L_1) = \int_\alpha^\beta F(t, \varphi + \varepsilon\varphi_1, \psi + \varepsilon\psi_1, \varphi' + \varepsilon\varphi_1', \psi' + \varepsilon\psi_1')\mathrm{d}t$$

当 $\varepsilon = 0$ 时极小点也是驻点,曲线 L 满足泛函

$$\frac{\mathrm{d}}{\mathrm{d}\varepsilon}\mathcal{L}(L + \varepsilon L_1) |_{\varepsilon=0} = \frac{\mathrm{d}}{\mathrm{d}\varepsilon}\int_\alpha^\beta F(t, \varphi + \varepsilon\varphi_1, \psi + \varepsilon\psi_1, \varphi' + \varepsilon\varphi_1', \psi' + \varepsilon\psi_1')\mathrm{d}t |_{\varepsilon=0}$$

$$= \int_\alpha^\beta (\varphi_1 F_\varphi + \psi_1 F_\psi + \varphi_1' F_{\varphi'} + \psi_1' F_{\psi'})\mathrm{d}t$$

$$= \int_\alpha^\beta \left[\varphi_1\left(F_\varphi - \frac{\mathrm{d}}{\mathrm{d}t}F_{\varphi'}\right) + \psi_1\left(F_\psi - \frac{\mathrm{d}}{\mathrm{d}t}F_{\psi'}\right)\right]\mathrm{d}t$$

$$= 0$$

这里利用了摄动向量 $\{\varphi_1,\psi_1\}$ 的齐次边界条件. 再利用摄动向量的任意性和定理 1.5 即可得到泛函式 (2-22) 的驻点的必要条件

$$\begin{cases} F_\varphi(t,\varphi,\psi,\varphi',\psi') - \dfrac{\mathrm{d}}{\mathrm{d}t} F_{\varphi'}(t,\varphi,\psi,\varphi',\psi') = 0 \\[2mm] F_\psi(t,\varphi,\psi,\varphi',\psi') - \dfrac{\mathrm{d}}{\mathrm{d}t} F_{\psi'}(t,\varphi,\psi,\varphi',\psi') = 0 \end{cases} \qquad (2-23)$$

这正是曲线在参数方程表示下泛函式 (2-22) 对应的**欧拉-拉格朗日方程**.

　　例 2.2　等周问题的解满足

$$L: (x-x^*)^2 + (y-y^*)^2 = r^2 \qquad (2-24)$$

　　解　回看等周问题的带有约束的泛函式 (2-7)

$$\mathcal{L}(L) = \oint_L \left[\frac{1}{2}\varphi(t)\psi'(t) - \psi(t)\varphi'(t) + \lambda \sqrt{\varphi'^2(t) + \psi'^2(t)} \right] \mathrm{d}t - \lambda T \qquad (2-25)$$

这里的

$$F(t,\varphi,\psi,\varphi',\psi') = \frac{1}{2}\left[\varphi(t)\psi'(t) - \psi(t)\varphi'(t) \right] + \lambda \sqrt{\varphi'^2(t) + \psi'^2(t)}$$

其相应的欧拉-拉格朗日方程变成

$$\frac{1}{2}\psi'(t) - \frac{\mathrm{d}}{\mathrm{d}t}\left[-\frac{1}{2}\psi(t) + \frac{\lambda\varphi'(t)}{\sqrt{\varphi'^2(t) + \psi'^2(t)}} \right] = \psi'(t) - \frac{\mathrm{d}}{\mathrm{d}t}\frac{\lambda\varphi'(t)}{\sqrt{\varphi'^2(t) + \psi'^2(t)}} = 0$$

和

$$\varphi'(t) + \frac{\mathrm{d}}{\mathrm{d}t}\frac{\lambda\psi'(t)}{\sqrt{\varphi'^2(t) + \psi'^2(t)}} = 0$$

对两个方程进行首次积分得到

$$\varphi(t) + \frac{\lambda\psi'(t)}{\sqrt{\varphi'^2(t) + \psi'^2(t)}} = C_1$$

$$\psi(t) - \frac{\lambda\varphi'(t)}{\sqrt{\varphi'^2(t) + \psi'^2(t)}} = C_2$$

分别将上面两式乘以 φ' 和 ψ'，再相加得到

$$\varphi\varphi' - C_1\varphi' + \psi\psi' - C_2\psi = 0$$

再次积分得到

$$\left[\varphi(t)-C_1\right]^2+(\psi-C_2)^2=(x-C_1)^2+(y-C_2)^2=C^2 \quad (2-26)$$

因此,可得出等周问题的必要解是圆周,也就是式(2-24).式(2-26)中的常数 C_1、C_2 和 C 可以依据边界条件和围成区域的曲线长度确定,这里略去讨论.

2.3.3　与曲面相关的变分问题举例

这一节转向讨论空间的最优曲面的变分问题.

对于直角坐标表示下的光滑曲面

$$\Sigma: z=f(x, y), (x, y)\in\Omega \quad (2-27)$$

其中的定义域 Ω 是一个有界闭区域,其边界为光滑曲线 $\partial\Omega$. 考虑曲面满足如下固定边界条件:

$$z\mid_{\partial\Omega}=\phi(x, y), (x, y)\in\partial\Omega \quad (2-28)$$

对应于 Σ 的边界曲线为

$$\Gamma: (x, y, \phi(x, y)), (x, y)\in\partial\Omega$$

如图 2-4 所示,其中 $w=z=f(P)$, $P(x, y)\in\Omega$.

对应这类二维问题的泛函为

$$\mathcal{L}z=\iint_\Omega F(P, z, \nabla z)\mathrm{d}\sigma \quad (2-29)$$

这里的 ∇ 是**哈密顿(Hamilton)算子**,$\nabla z=\{z_x, z_y\}$.

函数 $F(P, z, \nabla z)$ 充分光滑,可以关于函数项展开

$$F(P, z+\varepsilon z_1, \nabla z+\varepsilon z_1)$$
$$=F(P, z, \nabla z)+\varepsilon z_1 F_z(P, z, \nabla z)+\varepsilon \nabla z_1 \cdot F_{\nabla z}(P, z, \nabla z)+O(\varepsilon^2)$$

这里的摄动函数 $z_1=z_1(x, y)$ 具有连续的偏导数,而且 $z_1\mid_{\partial\Omega}=0$,这样,泛函的极值点落在 $\varepsilon=0$ 处:

$$\frac{\mathrm{d}}{\mathrm{d}\varepsilon}\mathcal{L}(z+\varepsilon z_1)\mid_{\varepsilon=0}$$

$$=\frac{\mathrm{d}}{\mathrm{d}\varepsilon}\iint_\Omega F[P, z+\varepsilon z_1, \nabla(z+\varepsilon z_1)]\mathrm{d}\sigma\mid_{\varepsilon=0}$$

$$=\frac{\mathrm{d}}{\mathrm{d}\varepsilon}\iint_\Omega [z_1 F_z(P, z, \nabla z)+\nabla z_1 F_{\nabla z}(P, z, \nabla z)]\mathrm{d}\sigma$$

$$= \iint_{\Omega} \left[z_1 F_z(P, z, \nabla z) + \nabla z_1 \cdot F_{\nabla z}(P, z, \nabla z) \right] \mathrm{d}\sigma +$$

$$\oint_{\partial\Omega} z_1 F_{\nabla z}(P, z, \nabla z) \cdot \boldsymbol{n} \, \mathrm{d}l = 0$$

式中，$\boldsymbol{n}$ 是边界 $\partial\Omega$ 的外法线单位向量，$\mathrm{d}l$ 为边界 $\partial\Omega$ 的弧微分. 且有

$$F_{\nabla z}(P, z, \nabla z) = \{F_{z_x}(P, z, \nabla z), F_{z_y}(P, z, \nabla z)\}$$

结合边界条件 $z_1|_{\partial\Omega} = 0$，再利用 z_1 的任意性和定理 1.6，从上式就可以得出

$$F_z(P, z, \nabla z) - \nabla \cdot F_{\nabla z}(P, z, \nabla z) = 0 \tag{2-30}$$

此即该问题的**欧拉-拉格朗日方程**.

例 2.3　在约束条件式(2-28)下的泛函，式(2-29)的极小问题，即

$$\min_z \mathcal{L}(z) = \min_z \iint_{\Omega} \sqrt{1 + z_x^2 + z_y^2} \, \mathrm{d}\sigma, \ z|_{\partial\Omega} = \phi(x, y) \tag{2-31}$$

的解 z 满足极小函数曲面方程

$$\nabla \cdot \frac{\nabla z}{\sqrt{1 + z_x^2 + z_y^2}} = 0 \tag{2-32}$$

解　泛函 $\mathcal{L}$ 对应式(2-29)的能量函数

$$F(P, z, \nabla z) = \sqrt{1 + z_x^2 + z_y^2}$$

这里的 F 仅依赖于 ∇z. 利用式(2-30)得出极小曲面应该满足的欧拉-拉格朗日方程

$$\nabla \cdot \{F_{z_x}, F_{z_y}\} = \nabla \cdot \frac{\{z_x, z_y\}}{\sqrt{1 + z_x^2 + z_y^2}} = 0$$

所以，极小曲面 $z = z(x, y)$ 满足

$$\nabla \cdot \frac{\nabla z}{\sqrt{1 + |\nabla z|^2}} = 0$$

和边界条件

$$z|_{\partial\Omega} = \phi(x, y) \tag{2-33}$$

这里的 $|\nabla z| = \sqrt{z_x^2 + z_y^2}$.

以上三个例子是比较典型的经典变分问题，各有特点. 通过以上详细分析，

得出了曲线或曲面所要满足的方程和定解问题,余下的工作是针对具体的条件进行定解问题求解.

2.4 二维变分原理在元器件散热方面的应用

极小曲面模型除了本身深刻的数学意义,还可以用于许多工程领域.例如,极小曲面可以用于讨论数字图像处理相关的一些重要问题,如图像放大.具体分析可以参见相关文献[9-10].

这里我们使用极小曲面模型来讨论电子元器件散热涂层的温度分布问题.

2.4.1 电子元器件散热问题的背景介绍

人们在日常生活中几乎时刻离不开电器,而电子元器件正是电器的基本构成单元.大一些的家用电器如电脑、电视,小一些的如手机等,均由不同型号的电子元器件构成.在电器工作过程中,只要通过电流,这些器件就会产生热量.如果热量长时间不散发出去,会直接导致电器温度升高,影响电器寿命,甚至导致其损毁.如果这些器件暴露在空旷的空间,运行产生的热量就可以通过空气交换被带走.大型电脑和机房都需要严格的散热保证,也要求有足够的空间让空气交换以便于散发电脑热量,从而保证其运行速度和运行安全.一般的台式电脑和一些平板电脑大多采用风扇来散热.风扇散热的好处是效率高,便于通过空气交换散热.也有的是通过水冷散热的,但是对电脑来说,水冷散热存在比较大的漏水漏液风险.

随着人们对于电脑便携性要求的提高,势必要求电脑越薄越好,这就导致没有足够的厚度来保证散热风扇的安装.于是许多品牌的电脑就采用了导热管这种散热设计.导热管除了可以散热外,还有一个好处就在于消除了风扇带来的噪声影响.

因此,这类散热问题受到越来越广泛的关注[11-12],特别是像微电子器件、生物芯片和微机械等器件的传热优化问题,需要对器件内部进行更加强化的导热设计[13-14].

强化传热可以通过填充具有高导热性质的材料解决散热问题,这是一种比较有效的方法.这种方法最早由 Bejan[15-16] 在 1997 年提出,称为**"体点"**问题.简单地理解,就是通过在元器件上添加或者涂抹某种高导热材料,形成一条或者多条"通路",将元件内部产生的热量导出到指定位置,如出口处,方便与外界进行热交换,从而达到散热的目的.

　　这些由高导热材料形成的导热"通路"的形状如何,是传热优化领域里的一个基本问题."通路"的形状,即高导热材料的分布形状,依赖于优化目标,也依赖于高导热材料本身的物理性质.不同的导热系数会对应不同的高导热材料分布,不同的优化目标也会决定不同形状的高导热材料分布.优化目标可以不同,包括最高温度不超过一定值、总体平均温度不超过某定值,甚至还有某些具体指定区域的温度不超过某些定值等.

　　当然,如果整个区域都涂满高导热材料的确能够达到最好的降温效果,但这样也会导致成本的增加,所以必须考虑尽量少的填充,或者说通过将一定量的高导热材料填充为特定形状以达到最佳效果,这可以通过数学优化理论来制订方案.

　　树网构形理论是高导热材料分布可借鉴的方法之一.构形理论[17-18]起始于对各种组织结构起源的探索,它建立在主次干道相互垂直的基础上,并在假设体空间为矩形、内热源均匀且高导系数材料与基体材料导热系数比值较大等情况下得到高导系数材料的最优树网填充方法.在热力学研究中,一些控制体体积固定,其内部各点都会生热,就可被视为热源,假设热量通过边界上的一些点向外散发,余下部分都是绝热的.这类问题称为体点问题[13],是以简化的体点问题为研究对象,提出树网构形理论研究导热材料分布[19-20].

　　此外,夏再忠等[21]基于生命演化原理提出了仿生优化方法,把高导系数材料看作一种"生命体",按照全场温度梯度均匀化的原则,通过模拟自然界"用则进,废则退"的自然演化过程来逐步演化得到高导系数材料的最优分布方案.

　　仿生优化方法对一些更复杂的传热条件,如不规则几何空间、非均匀内热源[22]、对流边界和非稳态具有相变[23]等问题都有较好的优化效果.但是该方法所遵循的梯度均匀化原则是在假设导热系数是传热空间内连续函数的情况下推导得到的[12-24],而实际传热区域内只有两个导热系数值,导热系数在传热空间内非连续变化.

2.4.2　基于极小曲面的高导热材料填充建模分析

　　为确定高导热材料的分布,这里考虑**以全器件平均温度最低为优化目标**来模拟高导材料的填充形状.

　　假设元器件形状为正方形,其边长记为 l,如图 2-5 所示,阴影部分为高导热材料填充区域.对这个平面元件材料的体点导热问题,假设区域内均匀分布内热源 q.其中基体材料的导热系数为 K_0,用于填充的高导热材料导热系数为 K_P.高导热材料填充量为 Ω_P,填充率 $\eta=\Omega_P/\Omega$ 通常介于 $3\%\sim15\%$[25].区域边

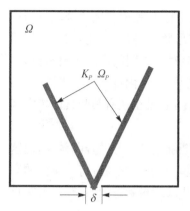

图 2 - 5 正方形元器件高导热材料填充示意图

界下端有一个开口长度为 δ 的缺口用于散热,通常情况下开口宽度 $\delta \ll l$.其余边界均是绝热的.

在实际问题中,为了讨论方便,可以假设散热口处(即底端长度为 δ 的开口段)温度保持常值 u_0.在元器件整体平均温度最低的要求下,求高导热材料的区域最优分布.

长时间运行之后,可以假设元器件整体区域温度达到平衡,即不再随着时间而改变.这也正是填充高导热材料之后的结果.假设此时的温度分布为

$$u = u(x, y)$$

平衡态下温度分布已经与时间无关.

考虑平衡态下的导热问题.设 $u = u(x, y)$ 是传热区域 Ω 上的温度分布函数,以全场平均温度最低为优化目标时,考虑温度分布函数图像所对应的空间曲面,定义如下一种**加权整体平均温度**:

$$\overline{T} = \frac{1}{|\Omega|} \iint_\Omega \sqrt{1 + u_x^2 + u_y^2}\, d\sigma \qquad (2 - 34)$$

这里的 $|\Omega|$ 是指平面区域也就是元器件整体区域 Ω 的度量,即面积.忽略运行过程中 $|\Omega|$ 的大小变化,即不考虑热胀冷缩的影响.

为讨论方便,记

$$\partial\Omega_0 = \{(\{0\} \cup \{l\}) \times [0, l]\} \cup (([0, (l-\delta)/2] \\ \cup [(l+\delta)/2, l]) \times \{0\}) \cup ([0, l] \times \{l\})$$

为区域 Ω 的绝热边界部分;余下的散热开口处的边界为

$$\partial\Omega_1 = ((l-\delta)/2, (l+\delta)/2) \times \{0\}$$

梯度模为

$$|\nabla u| = \sqrt{u_x^2 + u_y^2}$$

在 $|\Omega|$ 保持常值不变的情况下,式(2-34)表示的加权整体平均温度最低可以简化成如下形式的泛函极小问题:

$$\min \iint_\Omega \sqrt{1+|\nabla u|^2}\, d\sigma \qquad (2-35)$$

边界条件为

$$\frac{\partial u}{\partial n}=0,\ 在\ \partial\Omega_0\ 上（绝热边界）\qquad (2-36)$$

$$u=0,在\ \partial\Omega_1\ 上（热交换处开口边界）\qquad (2-37)$$

式中，$\frac{\partial u}{\partial n}=\nabla u \cdot \boldsymbol{n}$，是外法向导数，即在上下边界上 $\boldsymbol{n}$ 分别为 y 和 $-y$ 方向，左右边界上 $\boldsymbol{n}$ 则分别为 $-x$ 和 x 方向.实际上，法向量 $\boldsymbol{n}$ 可以取成单位向量

$$\boldsymbol{n}=\frac{1}{dl}\{dy,-dx\}$$

这里的弧微分 $dl=\sqrt{dx^2+dy^2}$.

另外，这里的开口小边界上的边界条件 $u=0$，实际上已经做了温度平移，因为在开口保持恒定温度 u_0 的情况下令 $v=v-u_0$，则得到平移后的新温度函数仍然满足式（2-35）～式（2-37）.

值得注意的是，这里的边界条件与 2.3.3 节中极小曲面要满足的必要条件方程有所不同，后者的边界条件[式（2-31）]完全是固定的，而这里的边界条件[式（2-36）和式（2-37）]则既有固定（在散热开口小段上），也有绝热（在上部和两侧以及下部的非散热部分），如图 2-5 所示.

2.4.3 极小曲面和优化准则

1) 极小曲面

几何上，三维空间 $\mathbf{R}^3$ 中平均曲率为零的曲面通常被称为极小曲面[26]，即满足某些约束条件下面积最小的曲面.在实际问题中，泡泡是极小曲面的典型实例，即闭曲线所张成的肥皂薄膜.由于肥皂薄膜的厚度非常小，所以可以忽略肥皂薄膜及附着在其上的液体的重量，也不考虑除肥皂薄膜表面张力以外的其他干扰因素，如外界的风力等，那么薄膜的势能在表面张力作用下便会达到最小值，从而必定使肥皂薄膜的曲面形状具有最小的面积[27].

拉格朗日最早在 1760 年开始研究极小曲面相关问题，并且给出了此类曲面所满足的偏微分方程.考虑 $\mathbf{R}^3$ 中函数 $u=u(x,y)$ 的图像，其定义域为 xy 平面上的某个区域 Ω. 2.3.3 节使用变分法原理证明了，如果某个函数图像在所有定义在区域 Ω 内，且在边界 $\partial\Omega$ 上取值相同的函数图像中面积达到最小，则该函数

必须满足偏微分方程定解问题式(2-33).对应这里 $u = z$，则

$$(1 + u_y^2)u_{xx} - 2u_x u_y u_{xy} + (1 + u_x^2)u_{yy} = 0 \qquad (2-38)$$

就是极小曲面方程.参见例 2.3 或者陈维桓的专著[26].

注意，其中边界条件存在差别，所以不能直接套用 2.3.3 节的极小曲面方程，而是需要重新做一次类似的推导.

仍然假设函数 $u = u(x, y)$ 满足极小化泛函式(2-35)和边界条件式(2-36)和式(2-37).

温度 $u(x, y)$ 用于刻画的曲面面积，但实际上带权的整体平均温度为

$$\mathcal{L}u = \iint_\Omega F(P, u, \nabla u)\mathrm{d}\sigma = \iint_\Omega \sqrt{1 + |\nabla u|^2}\mathrm{d}\sigma \qquad (2-39)$$

这里略去了对面积的平均.摄动函数为 $v = v(x, y)$，具有连续的偏导数，而且 $v|_{\partial\Omega_1} = \dfrac{\partial v}{\partial n}|_{\partial\Omega_0} = 0$.

讨论泛函的驻点 $\varepsilon = 0$ 处

$$
\begin{aligned}
\frac{\mathrm{d}}{\mathrm{d}\varepsilon}\mathcal{L}(u + \varepsilon v)\Big|_{\varepsilon=0} &= \frac{\mathrm{d}}{\mathrm{d}\varepsilon}\iint_\Omega F(P, u + \varepsilon v, \nabla(u + \varepsilon v))\mathrm{d}\sigma\Big|_{\varepsilon=0} \\
&= \iint_\Omega [vF_u(P, u, \nabla u) + \nabla v \cdot F_{\nabla u}(P, u, \nabla u)]\mathrm{d}\sigma \\
&= \iint_\Omega \{vF_u(P, u, \nabla u) + \nabla[vF_{\nabla u}(P, u, \nabla u)] - \\
&\quad v\nabla \cdot F_{\nabla u}(P, u, \nabla u)\}\mathrm{d}\sigma \\
&= \iint_\Omega [vF_u(P, u, \nabla u) - v\nabla \cdot F_{\nabla u}(P, u, \nabla u)]\mathrm{d}\sigma + \\
&\quad \oint_{\partial\Omega} vF_{\nabla u}(P, u, \nabla u) \cdot \boldsymbol{n}\mathrm{d}l \\
&= 0
\end{aligned}
$$

式中

$$\oint_{\partial\Omega} vF_{\nabla u}(P, u, \nabla u) \cdot \boldsymbol{n}\mathrm{d}l = \oint_{\partial\Omega} v\frac{\{u_x, u_y\}}{\sqrt{1 + |\nabla u|^2}} \cdot \boldsymbol{n}\mathrm{d}l = \oint_{\partial\Omega} \frac{v}{\sqrt{1 + |\nabla u|^2}} \cdot \frac{\partial u}{\partial n}\mathrm{d}l$$

结合边界条件式(2-36)和式(2-37)与函数 v 的任意性，并参照与定理 1.6 类似的结论(这里不推导)，从上式就得出与式(2-32)相同的方程

$$F_u(P, u, \nabla u) - \nabla \cdot F_{\nabla u}(P, u, \nabla u) = 0 \qquad (2-40)$$

再次代入 $F(P, u, \nabla u) = \sqrt{1 + |\nabla u|^2}$，此时欧拉-拉格朗日方程为在 Ω 内满足

$$\nabla \cdot \frac{\nabla u}{\sqrt{1 + |\nabla u|^2}} = 0 \tag{2-41}$$

简单计算之后得到和式(2-38)一致的极小曲面方程表达式，这就是加权整体平均下温度分布满足的方程.

2) 高导热材料填充模式的优化设计准则

上节的讨论引入了一个"加权整体平均温度"最低的优化目标，即泛函式(2-34)，也就是式(2-35)的极小化.本节通过理论分析得出这种加权整体平均最小化的温度分布必要满足的方程为极小曲面方程式(2-41).

这个数学问题是极小曲面方程的边值问题

$$\nabla \cdot \frac{\nabla u}{\sqrt{1 + |\nabla u|^2}} = 0, \text{在 } \Omega \text{ 内}$$

$$\frac{\partial u}{\partial n} = 0, \text{在 } \partial\Omega_0 \text{ 上}$$

$$u = 0, \text{在 } \partial\Omega_1 \text{ 上} \tag{2-42}$$

这是一个非线性椭圆型偏微分方程的边值问题.上式中的两部分边界 $\partial\Omega_0$ 是绝热边界，$\partial\Omega_1$ 是与外界有热交换的边界.

不过，这里需要解决的是高导热材料的分布问题，也就是如何将有限的高导热材料填充到元器件所在的平面上.

基本的想法是，通过改善温度高的地方的温度数值以达到整体降温的目的.如图 2-6 所示为没有添加高导热材料时元器件的温度分布，其中的每一点［即 $\forall P(x, y) \in \Omega$］都是一个点热源，而两侧和上部边界以及底部边界的绝大部分（即 $\partial\Omega_0$）都是绝热的，中间长度为 δ 的开口（即 $\partial\Omega_1$）是用于热交换的（见图 2-5）.由于没有高导热材料参与热量导出，此时的热量导出模式是一种自然导出模式.

假设底部的导热口是恒温的，即与外界有充分的热交换，那么，如何才能够将热量从内部导出到下部开口处？想法是，高导热材料从开口处不断地向内延伸.填充的过程和规则就是**以已有被填充的点为中心，比较其周围的点的温度，在温度最高的点处填充高导热材料**.如图 2-7 所示的填充方向，这种填充方法的原理是高导热材料填充到温度高的地方后，热量就会沿着高导热材料传导向散热口，从而达到降低整体平均温度的效果.

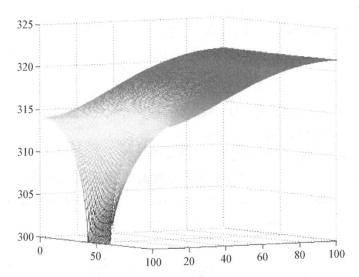

图 2 - 6　没有填充高导热材料时元器件的温度分布计算模拟

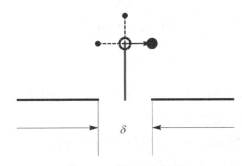

图 2 - 7　填充方向示意

　　在具体填充办法的计算上,将整体方形元器件离散化为 $n \times n$ 个点,严格地说是 $n \times n$ 个小片.这里采取的是纵横均匀网格划分.这样,原来的点的温度 $u(P) = u(x, y) \rightarrow u(i, j)$ $(i, j = 1, 2, \cdots, n)$ 通过其所在的小片转化成离散的点的温度.

　　3) 简化曲面方程和算法

　　在实际讨论的体点问题数学模型中,假设元件区域内存在均匀内热源分布,在实际数值模拟过程中取该固定产热率为 $q = 10\,000\ \text{W/m}^2$.

　　通过计算数据比较(见图 2 - 6 的数据),在不填充高导热材料的情况下,开口处保持 300 K 时,内部最高温度接近 325 K,例如,当某个网格点处温度为 319.803 5 K 时,与其相邻的上、下、左、右四个网格点上的温度分别是 319.887 3 K、319.717 3 K、319.810 8 K 和 319.796 1 K,说明在点附近的温差不超过 1 K,即

$u_x < 1$, $u_y < 1$. 这样,标准化之后的 u_x 和 u_y 就更小,则 $u_x^2 \ll 1$, $u_y^2 \ll 1$(即远小于 1). 而填充高导热材料后该温度变化量将变得更小,在这种情况下,式(2-42)或者式(2-38)表示的极小曲面方程就可以近似表示成如下调和方程:

$$u_{xx} + u_{yy} = 0 \qquad (2-43)$$

即加权整体平均温度最低时的温度分布函数可以近似使用调和函数来表示.

调和函数除了具有极值原理、解析性等性质之外,还有一个重要的性质,即平均值定理,参见参考文献[28].**平均值定理**是调和函数的一个本质特征.

定理 2.1(平均值定理) 调和函数 u,即满足式(2-43)的函数,在其定义域 Ω 内部任一点 P_0 的值,等于它在以该点为圆心且全部包含于区域 Ω 中的任意圆盘 $B_{P_0}^R = \{P \in \Omega: |PP_0| < R\}$ 上积分的平均值,也等于圆周 $\partial B_{P_0}^R = \{P \in \Omega: |PP_0| = R\}$ 上的平均值,用公式表示为

$$u(P_0) = \frac{1}{\pi R^2} \iint_{B_{P_0}^R} u(P) \mathrm{d}\sigma = \frac{1}{2\pi R} \oint_{\partial B_{P_0}^R} u(P) \mathrm{d}l \qquad (2-44)$$

如图 2-8 所示为区域 Ω 内的平均值定理.阴影部分为圆盘 $B_{P_0}^R$,它的边界为圆周 $\partial B_{P_0}^R$.实际上,式(2-44),即平均值定理,是调和函数所具备的性质,反过来,如果一个函数在区域内都满足平均值定理,它就是一个调和函数.

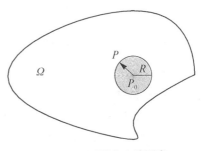

图 2-8 区域内容的圆盘

平均值定理也提供了一个方法来比较平衡态下元器件内部各点的温度分布.

在计算流程上,每一次填充之后,如图 2-7 所示,都需要模拟计算温度分布情况.在温度的计算上,对于发热的元器件,假设整个散热优化过程中传热区域内每一点都以固定的产热率 q 生热.因此,在计算模拟中需要求解的是有源稳态热传导方程

$$\nabla [K(x, y) \nabla u] + q = 0 \qquad (2-45)$$

式中,u 为区域温度分布函数,K 为导热系数.其边界条件与式(2-42)中的边界条件相同.计算上,导热系数 $K(x, y)$ 有两种取值,一是没有填充高导热材料的,二是填充高导热材料之后的.通过比较如下差值:

$$\Delta \overline{T} = \left| u(P_0) - \frac{1}{|B_{P_0}^r|} \iint_{B_{P_0}^r} u(P) \mathrm{d}\sigma \right| \qquad (2-46)$$

即根据平均值定理使温度场曲面面积(即加权平均温度)趋于极小,由此来确定新的高导热材料填充位置点.

实际上,确定高导热材料的放置点就是基于平均值定理进行的.先考虑 $\Delta \overline{T}$ 最大的位置,即中心点温度与以该点为中心的圆形邻域内平均温度之差的绝对值最大的位置.因为这些点相当于温度分布函数图像上最不"平滑"的位置点,当把高导热材料填充在这些位置点时,必然会最大限度地减少温度分布函数图像的不平滑性,其过程相当于"磨平"温度分布曲面上曲率最大位置点,从而达到使曲面的面积最大程度极小化的目的.

需要注意的一个问题是平均值定理中关于圆周或者圆盘邻域的选取.依据调和方程理论,无论圆盘或者圆周的半径取多大,只要能保证中心点周围的圆形邻域包含于函数定义域 Ω 内,平均值定理都是成立的.而通过计算发现,根据不同的半径计算所得的全场平均温度结果是不一样的,且并没有一定的规律性,而这恰好是需要放置高导热材料的原因所在.如果对不同的半径取值情况都进行模拟计算,计算量太大.在具体计算上,通过分析一些特定点的不同半径数值来确定整体区域的各点邻域半径,从而固定半径的大小.

2.4.4 数值模拟与分析

1) 数值模拟计算

回看具体问题的模拟计算.以如图 2-5 所示的均匀内热源体点导热问题为初始分布,其中基体材料导热系数为 1 且均匀分布,散热口大小占区域边长的 1/5,散热口处恒定温度为 300 K.

在数值求解中对传热区域做的是均匀正方形网格剖分,判别式(2-46),确定高导热材料的放置位置.为计算方便,采用中心点周围正方形邻域上的积分平均值来代替圆形邻域上的积分平均值.通过对实例数值的计算分析,按圆形邻域和按正方形邻域计算积分平均值时,最终计算所得的全场平均温度分别是 300.615 5 K 和 300.617 6 K,两者仅相差 0.002 1 K. 这种替换的确存在一定误差,但是对最终结果的影响不是很明显.

考虑到区域本身的对称性,可以假设高导热材料的填充也有相应的对称性.所以在具体模拟过程中,每一次选取填充位置时,把满足条件的两个位置点同时选中作为高导热材料的最优放置位置.

将填充过程进行分解,即在确定高导热材料填充位置时主要有以下过程:首先,初始时计算带热源的平衡态扩散方程式(2-45),通过边界条件计算出首次迭代数据.其次,根据平均值定理判定新的高导热材料填充位置,也就是将中心点与周围点温度平均值式(2-44)进行比较,以获取下一次的高导热材料填充点.在此基础上,以填充后的导热系数 $K(x,y)$ 分布计算新的温度场,重复上面过程.

对于均匀发热的电子元器件,数值计算采用有限容积法来实现,整个模拟计算过程具体操作步骤如下:

(1) 将传热区域进行网格剖分,以均匀分布确定初始基体材料导热系数分布.

(2) 结合边界条件,数值求解导热微分方程式(2-45),得到传热区域温度场分布.

(3) 根据定理 2.1,计算以每个微元体为中心的正方形邻域内平均温度,并计算中心微元体温度与平均温度差的绝对值,即式(2-46),得到温度差值分布场.

(4) 根据放置原则,由温度差值分布场确定高导热系数材料的最优填充位置,并改变选取位置的导热系数值.

(5) 返回步骤(2),重新计算温度场,依次进行下去,直到填充比例为 η 时所有高导热系数材料填充完毕.

现在看一个具体的算例.如图 2-9 所示为导热系数比为 4 的情况下数值模拟得到的高导热材料区域分布优化结果,其中填充率 $\eta=4\%$.

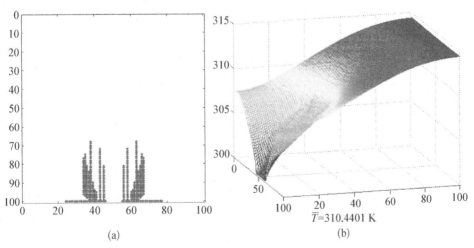

图 2-9　导热系数比为 4、填充率为 4%时的数值模拟结果
(a) 优化填充;(b) 优化温度场分布

(1) 导热系数比较大时的优化结果.当导热系数比为 300、填充率 $\eta=8\%$ 时,优化前区域内温度场分布如图 2-10(a)所示,区域内最高温度差出现在距离散热口最远的两个角点处,大小为 321.298 6 K,全场平均温度 $\overline{T} = 317.105\ 5$ K. 根据加权平均极小化原则优化后的温度场分布如图 2-10(b)所示,区域内最高温度降低到 300.892 2 K,此时全场平均温度仅为 300.617 6 K,与散热口处温度差值在 1 K 以内,平均温度较优化前显著下降.分析数值模拟结果还可以看出,优化后的温度分布曲面较优化前整体上显得更加平缓,优化前后的全场平均温度值可以说明优化后的温度场曲面面积比优化前更小.

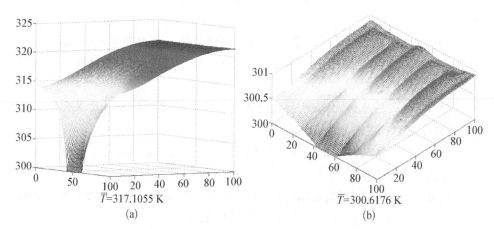

图 2-10　导热系数比为 300、填充率为 8% 时的数值模拟结果

(a) 优化前区域温度场分布;(b) 加权平均极小化方法优化温度场分布

(2) 导热系数比较小时的优化结果.如图 2-11(a)所示为导热系数比值为 4、填充率 $\eta = 8\%$ 时数值模拟得到的高导热材料区域分布优化结果,如图 2-11(b)所示为相应的温度场分布.使用加权平均方法优化后区域内最高温度为 312.344 5 K,全场平均温度 $\overline{T} = 308.712\ 0$ K,比优化前的平均温度 317.105 5 K 也有明显下降.

从以上不同导热系数比下的数值模拟结果可以看出,无论是区域内最高温度还是全场平均温度,优化后都有明显下降,说明用加权平均极小化原则来优化高导热材料的填充区域分布具有合理性.

2) 与仿生优化方法的对比分析

与仿生优化方法类似,在使用加权平均极小化原则对高导热材料的分布进行优化时,对区域内传热条件同样没有严格的要求,几何空间是否规则、内热源的均匀性和导热系数比的大小等都不影响该原则的适用性.但是作为两个不同的优化原则,数值模拟得到的优化结果还是有很大不同的.如图 2-12

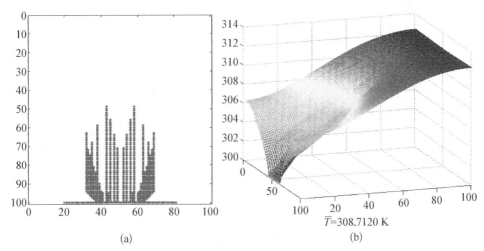

图 2 - 11　导热系数比为 4、填充率为 8%时的数值模拟结果

（a）加权平均极小化方法优化填充；（b）加权平均极小化方法优化温度场分布

所示的导热系数比分别为 300 和 4 时,用仿生优化方法模拟的高导热材料区域分布优化结果,其中 $\eta= 8\%$,相对应的全场平均温度分别是 300.689 4 K 和 308.406 9 K. 对于其他导热系数比下两种方法的模拟对比,更详细的优化填充结果见附录 1.

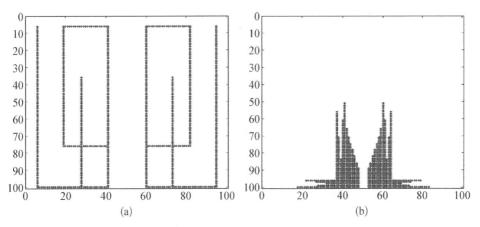

图 2 - 12　填充率为 8%时不同导热系数比下的高导热材料分布形态比较

（a）导热系数比为 300；（b）导热系数比为 4

从全场平均温度值来看,当导热系数比为 300 时,两者计算的平均温度相差 0.07 K,两种方法的优化效果非常接近;当导热系数比为 4 时,用仿生优化方法计算的平均温度比加权平均极小化方法计算结果低 0.3 K 左右,表明在该传热条件下仿生优化方法较有优势.

从高导系数材料的分布形态上来看,温度图 2-10(b)与填充图 2-12(a)对应,图 2-11(b)则与填充图 2-12(b)对应,这里介绍的两种方法的模拟结果具有很大的相似性.当导热系数比较大时,高导热材料分布于整个空间内,呈类似于矩形的几何形状;而导热系数比较小时,高导热材料主要集中在散热口附近,呈某种集聚的分布形态.因为当导热系数比较大时,高导热材料的填充能显著改变区域内的导热效果,高导热材料在整个空间内的细长分布形态必然使热量沿着高导热通道更快地流向散热口处.当导热系数比较小时,由于高导热材料的填充对区域内导热效果影响相对不太明显,高导热材料放置在热流密度最大的散热口附近能最大程度降低区域内温度.

为了更具体地对两种方法进行对比分析,这里分别对两者在不同导热系数比和不同填充率下的优化结果进行数值模拟.如图 2-13 所示为导热系数比为 2~400、填充率为 3% ~ 8% 时两者的优化结果所对应的平均温度差值曲线.其中横轴表示导热系数比,纵轴表示按加权平均极小化方法和按仿生优化方法计算得到的全局平均温度差值,**曲线在横轴下方时说明通过加权平均极小化方法计算的平均温度更低**.如图 2-14 至图 2-16 所示为分别截取了图 2-13 中的三个不同导热系数比区间进行的具体分析.其中图 2-14 中的导热系数比为 2~80,图 2-15 和图 2-16 中的导热系数比分别为 100~160 和 350~400.

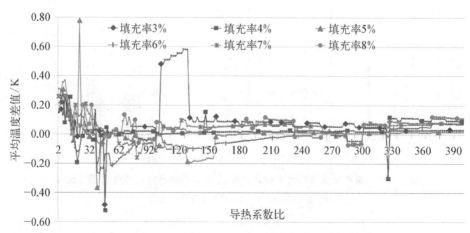

图 2-13 不同传热条件下用两种方法计算的全场平均温度
差值曲线,导热系数比为 2~400

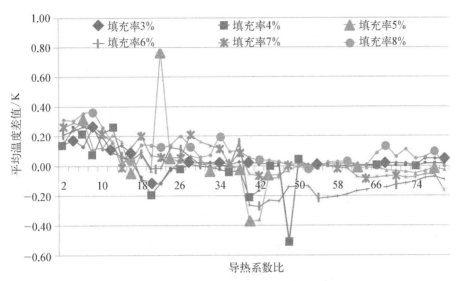

**图 2‑14 不同传热条件下用两种方法计算的全场平均温度
差值曲线,导热系数比为 2~80**

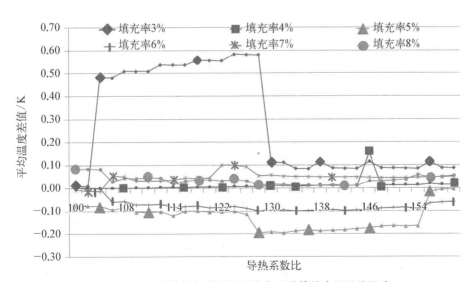

**图 2‑15 不同传热条件下用两种方法计算的全场平均温度
差值曲线,导热系数比为 100~160**

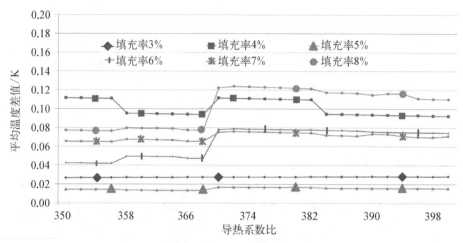

图 2 - 16　不同传热条件下用两种方法计算的平均温度差值曲线,导热系数比为 350~400

从以上四个图中的计算结果可以看出:

(1) 如图 2 - 13 所示,除去波动比较大的部分曲线外,整体上当填充率为 5% 和 6%,导热系数比为 30~300 时,本文提出的加权平均极小化方法传热优化效果较好,相应的全场平均温度值比仿生优化方法计算结果低 0.2 K 左右.

(2) 图 2 - 14 表明,当导热系数比较小(小于 40)时仿生优化方法的优化效果更好,在不同填充率下计算所得的全局平均温度值均低于采用加权平均极小化方法计算的结果.

(3) 导热系数比较大时两者的优化效果基本相同.从图 2 - 16 可以看出,导热系数比在 350 ~ 400 之间时,两者的最大全场平均温度差值在 0.13 K 以内.

本书附录 1 中列有部分填充建议图表,更为详细的填充表参见参数文献[29]和[30].数值计算模拟填充图皆由张俊顶完成.

2.4.5　基于变分法应用的高导热材料填充方式总结

对体点导热问题中高导热材料的最优区域分布问题,优化目标的不同决定了填充办法的差异.这里以全场加权平均温度最低为优化目标,利用分析方法得出一种高导热材料的优化准则,即加权平均极小化方法.数值计算结果表明,根据加权平均极小化方法确定高导热材料的最优分布可以有效解决体点导热问题,并且采用加权平均极小化方法和仿生优化方法对不同传热条件下高导热材料最优分布情况进行数值模拟,得出如下结论:

(1) 以全场平均温度最低为优化目标,平均温度最低时的温度分布函数满足极小曲面方程,此时的温度场曲面是极小曲面.

（2）体点问题中高导热材料的最优分布可通过加权平均极小化方法来确定,即高导热材料的最优区域分布要使得温度场曲面面积达到最小;加权平均极小化方法可以通过调和函数平均值定理来近似实现,从而确定使温度场曲面面积趋于极小化的最优填充位置,使全场平均温度达到最低.

（3）根据加权平均极小化原则和仿生优化方法模拟得到的高导热材料最优区域分布形态具有很大的相似性.当导热系数比较大时,高导热材料呈细长形,分布于整个空间内;当导热系数比较小时,高导热材料集中分布在散热口附近,呈集聚形状的分布形态.

（4）采用两种方法计算所得的全场平均温度整体上没有太大差别.当填充率为 5％ 和 6％,导热系数比为 $30 \sim 300$ 时,本文提出的加权平均极小化方法传热优化效果较好;当导热系数比较小时,仿生优化方法较有优势;当导热系数比较大时,两者传热优化效果基本相同.

第3章
基于图像的细胞生长演化建模

本章将介绍如何利用变分法结合图像处理技术分析细胞生长演化过程,主要以一种绿藻(即鞘毛藻)细胞的生长和分裂过程为例进行机理分析.技术上是以不同时刻细胞的形状作为分析对象,通过图像之间的比对,达到直观地展示整个分裂过程的目的.

3.1 关于图像处理的总体介绍

数字图像技术是随着计算机技术发展起来的一门学科,现在已经融入人们的日常生活和科学技术等领域.数字图像技术和传统的图像技术的差别在于图像存储媒介有了变化.传统的图像通常存储在纸张、胶片和影片等物理介质上,数字图像的存储则是利用与电子计算机相关的存储设备,如硬盘、各种存储卡等.数字图像还有一个关键的特点是图像的数字化,即图像是以数据的形式存储,然后通过各种显示设备再现出图像,包括图片和影像.

单色的数字图像是通过颜色或者灰度值的大小来显示图像内容的,例如,0 表示"黑"色,1 表示"白"色,介于 $0 \sim 1$ 之间的数值就表示颜色或灰度的深浅.特别地,如果一幅图像只有 0 和 1 两个颜色(灰度值),那它就是一幅二值图像.单色数字图像的基本表达如图 3-1 所示.

根据三原色原理,理论上所有颜色都可以通过红(R)、绿(G)、蓝(B)三种颜色合成,也就是说,通过这三种颜色不同值的组合可以产生所有的颜色.

数字化后的颜色值在 $0 \sim 1$ 之间,按照目前计算机二进制表达的设置,每种颜色用 8 个字节(bit)来记录,可以有 $2^8 = 256$ 种亮度的变化,即三原色的灰度值都是介于 $0 \sim 255$ 之间的整数.这样,三种颜色的组合就会产生 $256^3 = 16\,777\,216$ 种颜色.可以观察到户外大屏幕的每一点实际上都是由三个色点构成的一个像素点,整个屏幕就是由这些像素构成的.肉眼从远处观看的时候不易发现,当走近观察时就能够清楚地辨认每一个像素点的原色结构.

 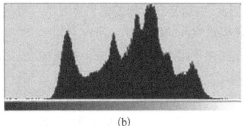 

(a) (b) (c)

图 3‑1 单色数字图像的基本表达

(a) 灰度值图像;(b) 图(a)的灰度值分布;(c) 图(a)对应的二值图像

数字图像的结构,就是将图像所在的区域(通常是矩形区域)分成若干个像素点,例如 m 行和 n 列,合计为 $m \times n$ 个像素点.对于彩色图像来说,每一个像素点又是由三个原色点构成的.如图 3‑2 所示为彩色显示屏显示机理.图 3‑2(a)为常见的户外显示屏,图 3‑2(b)为其局部单元结构,图 3‑2(c)为构成整个显示屏的显示单元,可见每一个像素点的三色基元结构.

 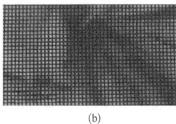 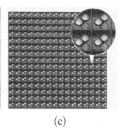

(a) (b) (c)

图 3‑2 彩色显示屏显示

(a) 常见的户外显示屏;(b) 局部单元结构;(c) 显示单元

较为完整地介绍图像处理和技术相关的图书,可以参见综合性、方法性的书籍,如章毓晋的专著[31].

数字图像处理是基于数字化图像进行处理的方法,一般包括图像增强、图像恢复、图像分割、图像校正和修补、图像去雾和投影重建等.深度的数字图像技术处理还包括 3D 图像重建、图像压缩技术等.这里只介绍与细胞生长演化过程模拟相关的一些数字图像处理方法,主要都与变分法的应用有关.

对细胞生长规律的研究是细胞生物学研究的主要内容.通过对细胞生长过程的观察和分析,以发现细胞生长规律,以及在细胞生长过程中细胞结构、功能的变化规律,进而解释生命活动规律.

一种常用的办法是通过图像记录细胞的生长过程.在这个过程中,要严格控制细胞的生长环境,还需要精密的采像装置.整个图像采集过程工作费时费力,有的用时周期很长.因此,如何提高数据图像采集效率一直是很多细胞生物学研究领域的科研人员需要攻克的问题.

细胞分裂的图像演化研究是一种探索分裂规律的直观分析方法,通常是对分裂过程录像或拍照记录,然后进行对比、判别以及机制性分析,从中发现一些规律性的结果.

这样,对分裂过程的研究就离不开相应的图像处理.例如,当细胞分裂过程缓慢而且耗时较长时,定时拍照就是一种现实可行的办法.对于具体的研究而言,适当时间拍照取样可以极大地降低研究成本.这就涉及如何通过照片来判别演化中的各种现象,如细胞边缘变化的生长与消亡等.无论是录像还是拍照,研究的目的都是揭示细胞之间的内在联系.实际上,录像也是通过拍照来实现的,所以,这种直观记录的方法本质上还是拍照.

在细胞生长过程中,顺时采集生长过程中的部分图像,通过图像变形和融合,在相邻两幅图像之间可以插入多幅模拟图像,最后重组成视频,以此来模拟细胞的生长过程.这种方法一般需要采集 20 幅图像,就能产生较好的演化效果,这和目前的视频技术的标准相近.

在介绍与后续演化过程模拟相关的方法,如噪声去除、分割、放大以及演化描述之前,先简单介绍一些和图像阴影去除、图像修复相关的内容.

1) 阴影及消除方法

在图像信息的使用过程中,还有一些其他问题需要解决,如图像阴影去除和图像修复,具体内容可以参见参考文献[32]和[33].

2) 阴影的特点及处理方法

图像的阴影有许多不同类型,大体上可以分为两类:一种是目标自身的部分位置因没有光照而产生的阴影,称为**自阴影**;另一种是光照在对象的周围产生的阴影,称为**投影阴影**.一般地,去除阴影的方法可分为基于模型的方法和无模型的方法两种.基于模型的方法是根据先验知识,对场景中的目标建立特征模型以区分阴影和目标,该方法效果较好,但建模的过程复杂耗时.应用在特定场合的无模型的方法则是从人们的视觉印象出发,利用目标和阴影的光照特性、颜色、几何特征来区别,该方法的计算量较少.

可以采取两种方法分析阴影,其中一种是光流法.光流法是把图像的形成视为光源产生的光流场对摄像机产生的作用,也可以用于分析图像,进而用于图像阴影消除.通过分析阴影的特征,可以建立关于目标图像与背景的对比帧来实现阴影的检测和消除.利用光流法技术和背景差方法,提取出运动目标,同时提取出背景帧、前景帧以及他们的对比帧,再流程化进行逐帧的阴影消除处理,具体可参见参考文献[32].

　　另一种方法是利用阴影区域的亮度均值低于相应的非阴影区域的亮度均值这一特性,使用数学方法建立全局能量泛函方程,通过优化迭代的方法反解出能量最小时的分割线,即阴影边界,参见参考文献[33].这种方法一般需要结合具体问题的特点来处理,例如,构造如下的能量泛函方程:

$$E = \iint_{\Omega_+} \left[I_s(x, y) - c_1 \right]^2 d\sigma + \iint_{\Omega_-} \left[I_s(x, y) - c_2 \right]^2 d\sigma,$$

式中, $I_s(x, y)$ 为背景分割后图像的像素值; Ω_+ 和 Ω_- 分别为图像正影和阴影; c_1 和 c_2 分别为正影和阴影的像素值(亮度)均值.然后依据能量极小原则,推导出正影和阴影的分割线以及正影和阴影区域 $\Omega_{\pm}$.

3.2　图像处理技术介绍——去噪

　　图像的噪声去除简称为去噪,是图像预处理的一种手段.扩散方程模型是一个典型的去噪模型,包括各向同性和各向异性扩散模型.各向同性扩散模型即常系数热传导方程,容易在去噪的同时模糊图像边界,所以各向异性扩散方程模型和光滑去噪模型是后续常用的办法.不过,在实际的技术应用上还不是那么简单.在扩散模型中,由于对正则空间使用的各向异性扩散方程实质上是一种图像梯度的高斯低通滤波器,这在减少了图像梯度的振荡的同时,也模糊了图像梯度的真实信息,特别是在边界区域(即大梯度区域),而且容易产生块状效果[34].

　　在去噪过程中需要保持图像本身的边界线,一些学者对这种保持图像边界的去噪算法的研究有进展.Ceccarelli 等[35]采用非线性各向异性扩散方程模型,将仅具有各向同性扩散特性的高斯光滑核替换为具有保边性能的定向扩散,使得扩散模型能够在消除噪声的同时保持边界.杨朝霞等[36]采用变正则参数方法,通过选取变动的正则参数,构造出具有变正则参数的变分模型,使得含噪图像在去噪的同时,具有一定保持边界的自适应能力.

　　中值曲率驱动(mean curvature motion,MCM)方程模型(又称 MCM 模型)也是近些年提出的一种曲线演化去噪模型.该模型在用于图像演化去噪时主要有两方面需要注意:一是在去噪的同时图像的形状渐凸,导致形状有一定失真,并且边界模糊;二是曲线演化时的拓扑自适应能力不好控制,无法有效表示特征曲线的分裂和合并等情况.针对中值曲率驱动方程模型的这些问题,可以借鉴 Segall 等[37]于 1997 年提出的思想,在原中值曲率驱动方程模型中使用形态学算子,通过改进原中值曲率驱动方程模型,使得在光滑去噪和保持边界之间取得较好的平衡,达到保边去噪的目的,可较好地用于图像预处理.Segall 等[37]和王文远[38]进一步考虑到了形态学算子对扩散过程的影响[39].

3.2.1　去噪:基于闭开运算的各向异性扩散模型

这里介绍利用中值曲率驱动方程模型与闭开算子结合的滤波方法.中值曲率驱动方程模型可以通过如下偏微分方程的初值问题[40]描述:

$$\begin{cases} \dfrac{\partial u}{\partial t} = c(t, x, y) \mid \nabla u \mid \cdot \mathrm{curv}(u), \ t > 0 \\ u(0, x, y) = u_0(x, y), \ (x, y) \in \Omega \end{cases} \tag{3-1}$$

式中,梯度 $\nabla u = \{u_x, u_y\}$;曲率 $\mathrm{curv}(u) = \mathrm{curv}[u(t, x, y)]$,为区域 Ω 上图像灰度值 u 的曲率

$$\mathrm{curv}(u) = \frac{u_y^2 u_{xx} - 2u_x u_y u_{xy} + u_x^2 u_{yy}}{\mid \nabla u \mid^3}, \ \mid \nabla u \mid = \sqrt{u_x^2 + u_y^2}$$

系数 $c = c(t, x, y)$ 为传导(导热)系数函数.当 $c = 1$ 时,式(3-1)就是通常所指的中值曲率驱动方程模型.它可以理解为在扩散速度为常数的情况下,以平均曲率沿法线方向进行的扩散.它在扩散过程中,保持沿与梯度方向垂直的方向扩散,但它的扩散速度为常数.这样当扩散进行到边界时就容易模糊边界,且在噪声点处,图像的梯度可能非常大,使得平滑系数相对较小,从而将这些噪声点保留下来,降低了去噪性能.

因闭开算子在识别边界时不去除高频信息,从而能够保留图像大部分有用的信息,而且不产生灰度尺度偏移,所以这里引入形态学算子中的闭开算子运算,它可在某种程度上保留高频数据.

基本的灰度值形态学算子可分为腐蚀算子和膨胀算子.对于 $\mathbf{R}^2$ 中一个有界参考集合 B(通常是圆盘或者方形区域),集合 $S \subset \mathbf{R}^2$ 的一个 δ-膨胀为

$$\mathcal{D}_\delta S = S + \delta B = \{x + x_1, x \in S, x_1 \in \delta B\} = \bigcup_{x_1 \in \delta B}(S + x_1) \tag{3-2}$$

一个 δ-腐蚀为

$$\mathcal{E}_\delta S = S + \delta B = \{x - x_1, x \in S, x_1 \in \delta B\} = \bigcap_{x_1 \in \delta B}(S - x_1) \tag{3-3}$$

式中，$\boldsymbol{x}=(x, y)$，$\boldsymbol{x}_1=(x_1, y_1)$，$\boldsymbol{x}-\boldsymbol{x}_1=(x-x_1, y-y_1)$，$\delta B=\{\delta\boldsymbol{x}_1:$ $\boldsymbol{x}_1\in B\}$. 这里的参考集合 B 要求是一个中点在原点的对称凸集合.

图像灰度值函数 u 的 δ-**膨胀变换**为

$$\mathcal{D}_\delta u(\boldsymbol{x})=\sup_{\boldsymbol{x}_1\in\delta B} u(\boldsymbol{x}-\boldsymbol{x}_1) \tag{3-4}$$

一个 δ-**腐蚀变换**为

$$\mathcal{E}_\delta u(\boldsymbol{x})=\inf_{\boldsymbol{x}_1\in\delta B} u(\boldsymbol{x}+\boldsymbol{x}_1) \tag{3-5}$$

这两个记号对于集合和函数的膨胀（或腐蚀）不易引起混淆，只要注意其作用的对象即可. 以下引入开、闭运算：

定义 3.1　闭运算 $Closed_\delta$：先做膨胀运算，后做腐蚀运算

$$Closed_\delta=\mathcal{D}_\delta\circ\mathcal{E}_\delta$$

开运算 $Open_\delta$：先做腐蚀运算，后做膨胀运算，即

$$Open_\delta=\mathcal{E}_\delta\circ\mathcal{D}_\delta$$

这里结合中值曲率驱动方程模型和闭开运算，以达到噪声去除的目的. 具体地，取 $c\equiv1$，并结合

$$\mathrm{curv}u(t, \boldsymbol{x})=\nabla\cdot\frac{\nabla u}{|\nabla u|}$$

则式（3-1）便成为

$$\frac{\partial u}{\partial t}=c(t, x, y)|\nabla u|\cdot\mathrm{curv}(u)=\frac{u_y^2 u_{xx}-2u_x u_y u_{xy}+u_x^2 u_{yy}}{|\nabla u|^2} \tag{3-6}$$

噪声去除流程如图 3-3 所示.

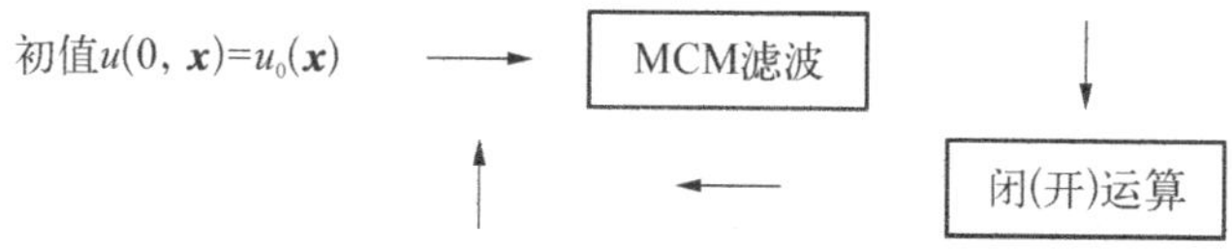

图 3-3　噪声去除流程

离散化和算例：对于矩形区域 $[0, l_1]\times[0, l_2]$，考虑时间变化 $0\to t$，引入差分运算. 取 $t=n\Delta t (n=0, 1, 2, \cdots)$，$x=ih (i=0, 1, 2, \cdots, I)$，$y=jh (i=0,$

$1, 2, \cdots, L$),(式中,I 和 L 为正整数)使得 $Ih = l_1$,$Lh = l_2$,而 h 是空间步长.
计算时采用中心差分格式,取 $h = 1$,$\Delta t = 0.1$,记

$$
\begin{cases}
(u_x^n)_{i,j} = \dfrac{u_{i+1,j}^n - u_{i-1,j}^n}{2} \\[2mm]
(u_y^n)_{i,j} = \dfrac{u_{i,j+1}^n - u_{i,j-1}^n}{2} \\[2mm]
(u_{xx}^n)_{i,j} = u_{i+1,j}^n - 2u_{i,j}^n + u_{i-1,j}^n \\[2mm]
(u_{yy}^n)_{i,j} = u_{i,j+1}^n - 2u_{i,j}^n + u_{i,j-1}^n \\[2mm]
(u_{xy}^n)_{i,j} = \dfrac{u_{i+1,j+1}^n - u_{i-1,j+1}^n - u_{i+1,j-1}^n + u_{i-1,j-1}^n}{4}
\end{cases}
\tag{3-7}
$$

将式(3-7)代入式(3-6),并记式(3-6)右端的驱动项为

$$
GK(u) = |\nabla u| \cdot \mathrm{curv}(u) \tag{3-8}
$$

得到其离散形式

$$
GK(u)_{i,j}^n = \frac{(u_{xx}^n)_{i,j}\left[(u_y^n)_{i,j}\right]^2 - 2(u_{xy}^n)_{i,j}(u_x^n)_{i,j}(u_y^n)_{i,j} + (u_{yy}^n)_{i,j}\left[(u_x^n)_{i,j}\right]^2}{\left[(u_x^n)_{i,j}\right]^2 + \left[(u_y^n)_{i,j}\right]^2}
\tag{3-9}
$$

计算迭代格式

$$
u_{i,j}^1 = u_{i,j}^0 + \Delta t \cdot GK(u)_{i,j}^0 \tag{3-10}
$$

交叉闭(开)算子运算

$$
\begin{cases}
u_{i,j}^{n+1} = \mathrm{Closed}(u_{i,j}^n) + \Delta t \cdot GK(u)_{i,j}^n \\[2mm]
u_{i,j}^{n+1} = \mathrm{Open}(u_{i,j}^n) + \Delta t \cdot GK(u)_{i,j}^n
\end{cases}
\tag{3-11}
$$

式中 $u_{i,j}^0$ 为初始迭代,即初始图像.闭(开)运算 Closed(Open) 中的运算尺度 δ 视具体图像确定,实际上就是膨胀或腐蚀所跨越的像素值大小.

如图3-4所示为具体实验算例[39],从图的梯度保存可见运算在保存特征的同时达到了噪声去除目的.如图3-4(a)所示为原图灰度等高线,如图3-4(b)所示为 MCM 结合开闭运算后的效果,如图3-4(c)所示为 MCM 结合闭开运算后的效果.

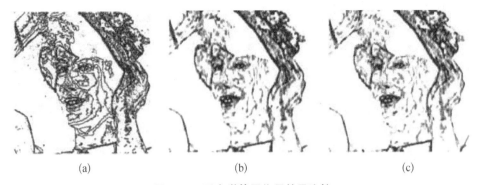

　　　(a)　　　　　　　　　　(b)　　　　　　　　　　(c)

图 3 - 4　形态学算子作用效果比较

(a) 原图灰度等高线；(b) MCM 结合开闭运算后的效果；(c) MCM 结合闭开运算后的效果

3.2.2　关于图像平滑的最优停止时间

　　在图像处理过程中,噪声去除和边缘保护一直以来都是图像平滑过程中的一对矛盾.无论是直接的傅里叶(Fourier)变换或者其他滤波变换,还是基于偏微分方程或其他几何等形式的滤波方法,去噪过程都存在数据迭代的过程,即每一次在上一次平滑的基础上继续平滑.这种迭代需要处理的一个重要问题就是**何时停止迭代**.当然,有的去噪程序或去噪模块会设计一些自适应停止,但是这种自适应算法本身也就包含对停止时间的判断,如上一节的滤波过程就需要考虑停止时间.

　　1) 判断平滑停止时间几种方法

　　这里主要介绍基于偏微分方程的图像平滑,其最优停止方法主要有两大类：一类必须知道无噪声理想图像或者图像噪声的相关信息,这一类通常用于理论分析；另一类用于解决实际问题,不必也无法知道图像噪声信息,所以实际应用性比较强.

　　首先,回顾一种基于计算相对方差的停止方法[41]

$$T = \underset{n}{\arg\min} \frac{\mathrm{var}(u_n)}{\mathrm{var}(f)} \qquad (3-12)$$

式中, f 是无噪声图像, u_n 是迭代 n 次后的滤波图像, $\mathrm{var}(u)$ 表示图像函数 u 的方差, T 是最佳迭代次数.而**最小值点函数**

$$\underset{x \in A}{\arg\min} \varphi(x) = \{x : x \in A. \ \forall y \in A : \varphi(y) \geqslant \varphi(x)\} \qquad (3-13)$$

　　其次,Weickert[41]介绍了噪声信噪比方法,提到如果噪声图像 u_0 是由无噪声图像 f 加上加性噪声 n_e 构成的,即 $u_0 = f + n_e$,那么,最佳停止次数可以利用信噪比 SNR 由下式计算：

$$T = \underset{n}{\mathrm{argmin}} \frac{1}{1 + 1/\mathrm{SNR}} \tag{3-14}$$

然后，Solo 在 2001 年[42]建议在迭代次数 k 处定义一个风险函数

$$R_k = E \parallel f - f^{(k)} \parallel^2 = E \int_0^1 [f - f^{(k)}]^2 \mathrm{d}x$$

其离散形式为

$$R_k = \frac{1}{N} \sum_{i=1}^{N} E[f(i/N) - f^{(k)}(i/N)]^2$$

式中，E 为均值，也即数学期望；k 为平滑去噪迭代次数.理论上，这里应通过 R_k 取得最小值而得出停止时间 k^* $(k^* = k)$.不过这里的困难在于 f 存在未知性.

Barcelos[43]在 2003 年提出了一种基于高斯(Gauss)分布的最佳停止时间判定方法.他在经过实验和数据分析后认为，最佳迭代次数 $N = \sigma^2/(a \cdot \Delta t)$，其中 σ 是零均值高斯分布的标准差，Δt 是离散化的时间步长，a 是高斯核

$$G_t(\boldsymbol{x}) = \frac{1}{2a\pi t} \mathrm{e}^{-|\boldsymbol{x}|^2/(2at)}$$

中的一个常数，一般取 $a = 2$ 或 100(实际上，a 只在使用热传导方程平滑时有具体的物理意义).这种方法的缺点在于，对于真实图像而言，图像噪声信息难以被获取.

这里不再一一列举更多确定停止时间的理论分析方法.

2) 平滑停止时间的计算

平滑停止时间的计算主要存在如下方法：

(1) 基于相关系数法.

Mrázek 和 Navara[44]于 2003 年建议一种基于相关系数最小时的迭代停止准则，李世飞等[45-46]在这方面有详细分析.基本思想如下：

在图像噪声为加性噪声(即噪声与图像不相关)的前提下，图像被噪声污染的过程就可以用 $f + n_e = u_0$ 表示.这里，u_0 为初始图像，f 为理想的无噪声图像，n_e 为噪声.扩散滤波过程是从 u_0 开始，依次迭代，第一次得到滤波图像 u_1，第二次得到 u_2，…，这样得出一列滤波后的图像列 $\{u_n\}$.

再设 u_t 为 t 次迭代获得的最佳图像，用 $u_0 - u_t$ 表示图像噪声，这样 $u_0 - u_t$ 和 u_t 应存在最小的相关系数，此时 t 所对应的迭代次数即为所求.最小的相关系数计算式如下：

$$T = \operatorname*{argmin}_{n} \mid \mathrm{corr}(u_0 - u_t,\, u_t) \mid \tag{3-15}$$

其中

$$\mathrm{corr}(v,\, v_1) = \frac{\mathrm{cov}(v,\, v_1)}{\sqrt{\mathrm{var}(v)\,\mathrm{cov}(v_1)}}$$

这里,协方差 $\mathrm{cov}(v,\, v_1) = E[(v - \bar{v})(v_1 - \bar{v}_1)]$,方差 $\mathrm{var}(v) = E[(v - \bar{v})^2]$,均值 $\bar{v} = \dfrac{1}{N} \sum\limits_{k=1}^{N} v_k$.

从计算上看,这里不涉及无噪声图像,因此不影响计算.

（2）基于互信息的方法.

互信息是两个随机变量共同信息量的一种度量.互信息刻画最佳迭代次数的方法被郭圣文等[47-48]提及,其基本思想同用相关系数来刻画最佳迭代次数相似,最佳迭代次数对应互信息量最小的点.互信息的计算公式如下:

$$I(u_0 - u_t,\, u_t) = \sum_x \sum_y p(x,\, y) \lg \frac{p(x,\, y)}{p(x) p(y)}$$

式中,$p(x,\, y)$ 是随机变量 $u_0 - u_t$ 和 u_t 的联合分布概率密度函数;$p(x)$ 和 $p(y)$ 分别是 $u_0 - u_t$ 和 u_t 的边际分布概率密度函数.$p(x)$ 和 $p(y)$ 可以通过计算 $p(x,\, y)$ 得到.特别地,$p(x,\, y)$ 可以通过计算的联合直方图得到.

用二维随机变量 $(X,\, Y)$ 的样本 $(x_1,\, y_1),\ (x_2,\, y_2),\ \cdots,\ (x_N,\, y_N)$ 构造估计联合概率密度的联合两维直方图[49].二维联合直方图的 X、Y 轴代表随机变量 X、Y 的取值.对于图像而言,随机变量 X、Y 是图像的灰度,二维联合直方图是 X、Y 离散的图像灰度值,取值范围为 $[0,\, 255]$,$h(x,\, y)$ 是两幅图像重叠部分的灰度值为 $(x,\, y)$ 的像素的总个数.

同利用相关系数刻画最佳迭代次数相比,互信息方法不必事先对图像或噪声的性质做先验假设.具体的数值实验可以显示,基于相关系数或互信息这两种方法均能够获得良好的滤波效果.尽管这两种方法对各种不同的噪声均适用,但是由于两种方法在具体离散数值计算时采用的算法不同（基于相关系数的方法对图像的运算操作与图像尺寸有关,图像尺寸越大则计算量越大;互信息方法由于采用联合直方图来计算,运算操作与图像灰度级有关）,在对图像进行同样扩散滤波时,互信息在较大尺寸图像计算方面用时较短.

3）数值实验

前面介绍了相关系数和基于互信息的最佳迭代停止方法,可以用于线性模型或者非线性各向异性扩散模型的平滑.这里采用通用性较强的热传导方程作为扩散模型来验证两种方法的有效性.在具体计算中,热传导方程采用中心差分格式进行离散[50].

如图 3-5 所示为一个典型的使用热传导方程平滑去噪过程.图 3-5(a)是被高斯噪声污染的图像;图 3-5(b)是利用互信息判断最佳迭代次数时输出的图像(60 次迭代);图 3-5(c)是热传导方程迭代作用于图像 100 次的图像,出现了过度的平滑与边缘消失.从图 3-5(b)直观看,互信息方法在滤除噪声的同时基本上保护了边缘不被模糊.如图 3-6 所示为另一个算例.图 3-6(a)是被椒盐噪声污染的图像;图 3-6(b)是利用互信息最小时停止迭代后输出的图像(37 次迭代);图 3-6(c)是热传导方程迭代作用于图像 100 次的图像.

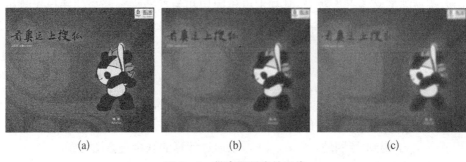

(a)   (b)   (c)

图 3-5   带高斯噪声的图像

(a) 带噪声图像;(b) 去噪后图像;(c) 过渡平滑图像

(a)   (b)   (c)

图 3-6   带椒盐噪声的图像的去噪效果比较

(a) 带噪声图像;(b) 去噪后图像(互信息最小时);(c) 过渡平滑图像

图 3-7 中的曲线表示互信息和迭代次数之间的关系,使用的是热传导方程去噪方法,经过 200 次迭代.图 3-7(a)与图 3-5(b)对应,图 3-7(b)与图 3-6(b)对应.由图 3-7 可以看出曲线显示一个互信息量最小点,此点即为所求.曲线所显示的这种变化也与图 3-5 和图 3-6 中由(a)到(c)的变化一致.

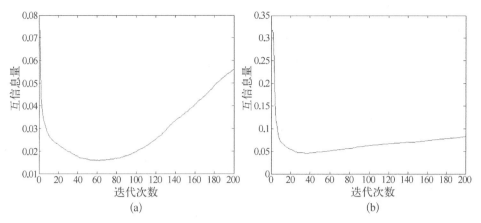

图 3 - 7　互信息方法数值变化

(a) 对应图 3 - 5(b)；(b) 对应图 3 - 6(b)

如图 3 - 8 所示为使用互信息方法与相关系数方法进行噪声去除的效果比较.图 3 - 8(a)是高斯噪声污染后的图像；图 3 - 8(b)是利用互信息方法确定的最佳滤波图像,此种方法确定的最佳迭代次数为 41 次；图 3 - 8(c)是利用相关系数方法确定的最佳滤波图像,此种方法确定最佳迭代次数为 38 次.

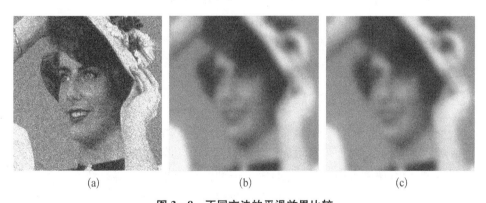

图 3 - 8　不同方法的平滑效果比较

(a) 带高斯噪声的图像；(b) 互信息方法确定的最佳滤波图像；(c) 相关系数方法确定的最佳滤波图像

如图 3 - 9 所示为互信息量数值和相关系数随着迭代次数的变化情况,整个过程经过 200 次迭代.图 3 - 9(a)对应图 3 - 8(a)在去噪过程中互信息量与迭代次数的变化情况；图 3 - 9(b)是与图 3 - 8(a)对应的相关系数与迭代次数的变化情况.从图 3 - 9 可以看出,滤波图像效果相当,最佳迭代次数基本相同,但就所用时间来说互信息方法更优.这是因为计算互信息算法中的循环迭代次数与图像 256 个灰度级有关,与图像尺寸无关；而相关系数算法中的循环迭代次数与图像尺寸有关,图像尺度越大,循环迭代次数越多.另外,从与迭代次数的关系图上看,两种方法在最佳迭代次数与图形曲线变化上也是一致的.

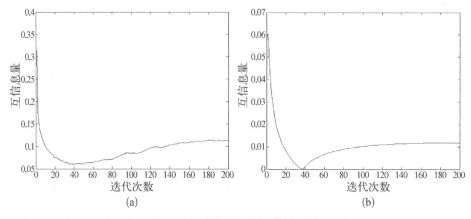

图 3-9　不同方法的迭代次数比较

(a) 互信息数值变化;(b) 相关系数变化

　　进一步对信噪比 SNR 和峰值信噪比 PSNR 的分析,以及其他分析说明,可以参见李毅等[50]的工作,这里不再——列举和深入说明.

3.3　图像分割的基本方法介绍

3.3.1　水平集的基本理论

　　一幅灰度图像在数值上可以使用曲面表示,离散情况下变为一个矩阵.正如前面对曲面的介绍,曲面除了可以使用经纬线来做参数描述,还可以使用等高线来刻画,配合着梯度方向,实际上形成了一种经纬线坐标网.等高线在数字图像处理中对应于水平集.水平集方法的基本思想是,将平面闭合曲线表达为三维连续函数曲面 $\phi(x,y)$ 的一个具有相同函数值的同值曲线,称为水平集.在图像所在区域 Ω 内,水平集

$$C=\{(x,y)\in\Omega:\phi(x,y)=\lambda\}$$

例如,$\phi=0$ 就是一个典型的 0-水平集.而 $\phi(x,y)$ 称为**水平集函数**,其数字图像的水平集函数对应的就是灰度图像的等值曲面.这样,曲线的运动就转化为对曲面形状的刻画,而每一时刻曲线的位置由曲面的水平集表征.

　　水平集方法的出现推动了几何活动轮廓线模型的发展.以隐函数的方式来

表达平面闭合曲线,避免了对闭合曲线演化过程的跟踪.通过变分方法,将曲线演化转化为求解数值偏微分方程问题,避免了几何曲线演化时对曲线的参数化过程.这一特点也是一般的基于参数的曲线变形模型所不具备的.

正是由于水平集方法所具有的优越性,它在被越来越多地研究的同时,也被广泛地应用在图像分割、图像平滑、图像复原等方面.

1) 曲线演化理论

描述曲线几何特征的两个重要参数是单位法矢(即法向量)和曲率,单位法矢描述曲线的方向,曲率则表征曲线弯曲的程度.曲线演化理论就是利用曲线的单位法矢和曲率等几何参数来研究曲线随时间的变形.

加入时间参数的曲线可表示为

$$C(p, t) = (x(p, t), y(p, t))$$

式中,p 为任意参数化变量;t 为时间变量.

曲线的演化是一个形变过程,可按照法线和切线两个方向进行分解,该过程可用如下的偏微分方程表示[51]:

$$\frac{\partial C}{\partial t} = \alpha \mathbf{T} + \beta \mathbf{N}$$

式中,α 和 β 分别为曲线切线方向 $\mathbf{T}$ 和法线方向 $\mathbf{N}$ 的速度函数.由于切线方向 $\mathbf{T}$ 的变形仅影响曲线的参数化,不改变其形状和几何属性,也可以说,任意方向运动的曲线方程总是可以通过重新参数化简化为如下的形式:

$$\frac{\partial C}{\partial t} = V(C) \mathbf{N}$$

式中,$V(C)$ 为速度函数,决定曲线 C 上每一点的演化速度.

演化曲线的参数化涉及曲线的曲率和法向量,并且需要在拓扑结构变化时对曲线重新进行参数化,因此,需要采用比较合适的方法来更加自然地描述演化曲线的各种参数,这正是水平集方法得到广泛应用的原因.

2) 水平集方法

水平集方法由 Osher 和 Sethian[52] 提出,其基本思想是将平面闭合曲线以隐函数的形式表达为连续曲面 $\phi(x, y)$ 的一个具有相同函数值的等高线曲线.

水平集方法处理平面曲线的演化问题不是试图去跟踪演化后的曲线位置,而是遵循一定的规律,在二维固定坐标系中不断更新水平集函数,从而达到演化隐函数水平集中的闭合曲线的目的.这种方式的最大特点是,即使隐函数水平集闭合曲线发生了拓扑结构变化(如合并或分裂),水平集函数仍保持为一个有效的函数.

给定平面上的一条封闭曲线,以此曲线为边界,把整个平面划分为两个区域:曲线外部和曲线内部.在平面上定义距离函数 $\phi(x,y,t)=\pm d$,其中 d 为点 (x,y) 到曲线的最短距离.符号 $\pm$ 取决于该点在曲线内部还是外部,定义曲线内部点的距离为负值. t 表示时间,在任意时刻,曲线上的点就是距离函数值为零的点,即距离函数的 0 -水平集.尽管这种转化使问题在形式上变得复杂,但给问题的求解带来很多优点.最大的优点是曲线的拓扑变化能够得到很自然的处理.

设连续函数 $\phi(x,y,t):R^2\times R^+\to R$ 是闭合曲线 $C(s,t):0\leqslant s\leqslant 1$ 在 t 时刻的隐函数表达式 $C(s,t)$ 对应于 $\phi(x,y,t)$ 的 0 -水平集,即

$$t=0:C(P,0)=\{(x,y)\mid\phi(x,y,0)=0\}$$

以及

$$C(P,t)=\{(x,y)\mid\phi(x,y,t)=0\}$$

要使水平集函数 $\phi(x,y,t)$ 在演化过程中,以 ϕ 的初值(即 0 -水平集)所对应的平面闭合曲线

$$\phi[C(t),t]=0 \tag{3-16}$$

满足曲线演化的偏微分方程

$$\frac{\partial C}{\partial t}=V(C)\boldsymbol{N} \tag{3-17}$$

对式(3-16)求全微分,得全导数

$$\frac{\mathrm{d}\phi}{\mathrm{d}t}=\frac{\partial\phi}{\partial t}+\nabla\phi\cdot\frac{\partial C}{\partial t}=0 \tag{3-18}$$

式中,梯度算子 $\nabla=\left\{\dfrac{\partial}{\partial x},\dfrac{\partial}{\partial y}\right\}$.由水平集函数的定义, ϕ 沿曲线 C 方向的变化量为零,即

$$\phi_s=0=\phi_x x_s+\phi_y y_s=\langle\nabla\phi,C_s\rangle$$

式中, $\langle\cdot,\cdot\rangle$ 为向量内积.这样, $\nabla\phi$ 就垂直于闭合曲线 C 的切线 C_s . 因此, $\nabla\phi$ 和 C 的法线同向.为了方便起见,假设

$$\text{inside}(C) = \{(x,y) \in \Omega : \phi(x,y,t) > 0\}$$
$$\text{outside}(C) = \{(x,y) \in \Omega : \phi(x,y,t) < 0\}$$

则水平集的内向单位法向量就是

$$\boldsymbol{N} = -\frac{\nabla\phi}{|\nabla\phi|} \tag{3-19}$$

由式(3-17)至(3-19)得

$$\frac{\partial\phi}{\partial t} = -\nabla\phi \cdot V(C)\boldsymbol{N} = \nabla\phi \cdot V(C)\frac{\nabla\phi}{|\nabla\phi|} = V(C)|\nabla\phi| \tag{3-20}$$

这样就用水平集表达式表示了曲线的演化过程.

为利用水平集方法实现曲线演化的应用,要采用适当的数值计算方法.数值实现的关键是如何高效率地将定义于连续空间的偏微分方程以离散形式表达出来.由于水平集函数在演化过程中始终保持为一个函数,因此,可以用离散的网格来表达水平集函数 $\phi(x,y,t)$,设离散网格的间距为 h,并设在 n 时刻,网格点 (i,j) 处的水平集为 ϕ_{ij}^n,则 $\phi_{ij}^n = \phi(ih,jh,n\Delta t)$,这里的 Δt 是时间步长,则式(3-20)为

$$\frac{\partial\phi}{\partial t} = V_{\text{ext}}|\nabla\phi|$$

离散形式为 $\qquad \dfrac{\phi_{ij}^{n+1} - \phi_{ij}^n}{\Delta t} + V_{ij}^n|\nabla_{ij}\phi_{ij}^n| = 0$

式中,V_{ext} 为扩展速度函数;V_{ij}^n 为 n 时刻扩展速度函数 V_{ext} 位于网格点 (i,j) 处的值.

3.3.2 图像分割的 Mumford - Shah 模型和 Chan - Vese 模型

图像分割的目的是将图像中的灰度同质的区域分离出来,并通过各个同质区域的边界来表达.通常基于几何活动轮廓线模型分割图像的方法仅依赖于包围待分割目标或在目标内部的轮廓线所在位置的图像局部信息,难于综合图像区域的全局信息.如果轮廓线位于边缘尖锐度较弱的平滑边缘,则可能越过边缘,出现"冒顶"现象,且不会返回到正确位置.

这里介绍用于图像分割的 Mumford - Shah 模型和 Chan - Vese 模型(简称 C - V 模型).Mumford - Shah 模型可以直接对图像进行运算,仅基于图像数据的驱动来完成分割,而不依赖于图像局部梯度信息.Mumford - Shah 模型的能

量函数包含了对图像区域、边界的描述,并且可以通过优化能量函数,一次获得图像(包括带噪声的)边界、区域以及平滑图像.

1) Mumford-Shah 模型

Mumford 和 Shah[53] 提出了一个关于图像分割的目标函数,并且通过泛函优化的方法进行图像分割.设图像 $I(x,y)$ 的定义域为 Ω,当前考察的图像边界 C 将图像 $I(x,y)$ 划分为若干近似同值(质)区域,并得到分割图像 $I_o(x,y)$. Mumford-Shah 图像分割模型就是通过寻找真正的图像边界 C_o,将图像 $I(x,y)$ 划分为若干同值区域,并且所得分割图像 I_o^{MS} 和 I 的误差比所有分割图像和原图像的误差还小,即最小化如下能量方程:

$$(C_o, I_o^{MS}) = \text{argmin } F^{MS}(I_o, C) \tag{3-21}$$

其中,

$$F^{MS}(I_o, C) = \iint_{\Omega \setminus C} |\nabla I_o|^2 \mathrm{d}\sigma + \lambda \iint_{\Omega} |I - I_o|^2 \mathrm{d}\sigma + \mu |C|$$

式中,λ 和 μ 为正权数;$\mathrm{d}\sigma = \mathrm{d}x\,\mathrm{d}y$ 为关于面积积分;$|C|$ 为曲线 C 的长度;最小点函数 argmin 参见式(3-13).当 $F^{MS}(I_o, C)$ 最小时,所得边界 C_o 将图像划分为若干个平滑区域,并且保留了尖锐的边界 C_o.

2) 简化的 Mumford-Shah 图像分割模型

对于复杂图像边界,长度 $|C|$ 难以计算,所以 Ambrosio 等[54-55] 提出了改进的能量函数,针对原模型使用各向同性线性扩散做恢复,Teboul 等[56] 提出利用非线性保边正则化的能量函数.

为方便计算,Chan 和 Vese 提出一种利用水平集方法求解简化的 Mumford-Shah 模型的图像分割方法,推动了 Mumford-Shah 模型的应用.Chan 和 Vese[57-58] 提出的简化 Mumford-Shah 模型原理如下:

假设图像中每个同值区域的灰度值都是常数,对于区域 $D_i \subset (\Omega \setminus C)$,有 $I(D_i) = c_i$,c_i 是常数,则最小化能量泛函 F^{MS} 的目的就是寻找最优化分割线(边界)C_o,使得分割图像 I_o 和原图像 I 之间的差异最小.此即为 **C-V 模型原理**.

这里首先引入泛函来理解 C-V 模型.设原图像 $I(x,y)$ 被活动轮廓线 C 划分为目标 $\Omega_o = \text{inside}(C)$ 和背景 $\Omega_b = \text{outside}(C)$ 两个区域,模型的拟合能量泛函如下:

$$F(C) = F_o(C) + F_b(C) = \iint_{\text{inside}(C)} |I - c_o|^2 \mathrm{d}\sigma + \iint_{\text{outside}(C)} |I - c_b|^2 \mathrm{d}\sigma$$

式中，C 是任意闭合活动轮廓线；c_o 和 c_b 是依赖于 C 的两个常数. 当闭合活动轮廓线 C 没有位于两个同值区域的边界 C_o 时，$F(C)$ 不能达到最小值.

据此，Chan 和 Vese 提出了如下的图像分割能量函数：

$$F(C, c_o, c_b) = \mu \mid C \mid + \lambda_o \iint_{inside(C)} \mid I - c_o \mid^2 d\sigma + \lambda_b \iint_{outside(C)} \mid I - c_b \mid^2 d\sigma$$

$$(3-22)$$

式中，$\mid C \mid$ 是闭合轮廓线 C 的长度；μ、λ_o、$\lambda_b(\mu \geqslant 0, \lambda_o > 0, \lambda_b > 0)$ 是各个能量项的权重系数；F 的首项是平滑项. 最终分割轮廓线 C 的位置以及未知数 c_o 和 c_b 经最优化式(3-22)得到，即

$$(C^o, c_o^o, c_b^o) = \inf_{C, c_o, c_b} F(C, c_o, c_b)$$

由于此模型利用了图像全图信息，因此通过最优化能量泛函，可以得到全局最优的图像分割结果.

3) 基于水平集求解 C-V 模型

C-V 模型的完整推导也需利用变分法，这里我们简化了理论推导，但其实质还是变分分析过程.

设 Φ_o 是根据初始轮廓线 C_o 构造的符号距离函数(signed distance function, SDF)，即 $\{C_o \mid \Phi_o(x, y) = 0\}$. 并设 Φ 为内正外负型的 SDF，即

$$\Phi_o[inside(C)] > 0, \quad \Phi_o[outside(C)] < 0$$

可以证明，以水平集函数表达的轮廓线 C 的长度为

$$\mid C \mid = \iint_\Omega \mid \nabla H \mid d\sigma = \iint_\Omega \delta(\phi) \mid \nabla \phi \mid d\sigma$$

上式中的 Ω 是水平集函数的定义域，赫维赛德(Heaviside)函数 $H(z)$ 表示如下：

$$H(z) = \begin{cases} 1, & 当 z \geqslant 0 \\ 0, & 当 z < 0 \end{cases}$$

$$(3-23)$$

而 $\delta(z) = \dfrac{dH(z)}{dz}$ 是狄拉克(Dirac)函数. 以水平集函数 ϕ 表达为

$$F(\phi, c_o, c_b) = \mu \iint_\Omega \delta(\phi) \mid \nabla \phi \mid d\sigma + \lambda_o \iint_\Omega \mid I - c_o \mid^2 H(\phi) d\sigma +$$

$$\lambda_b \iint_\Omega \mid I - c_b \mid^2 [1 - H(\phi)] d\sigma$$

下面关于 c_o、c_b 和 ϕ 求 $F(\phi, c_\mathrm{o}, c_\mathrm{b})$ 的极小值. 由于 $F(\phi, c_\mathrm{o}, c_\mathrm{b})$ 达到极小值时,一定是 $F(\phi, c_\mathrm{o}, c_\mathrm{b})$ 关于每一个变量的偏导数为零的时刻,因此,将 ϕ 固定,对能量函数 $F(\phi, c_\mathrm{o}, c_\mathrm{b})$ 关于 c_o 求偏导,得

$$2\iint_\Omega [I(x, y) - c_\mathrm{o}]H(\phi)\mathrm{d}\sigma = 0$$

整理得

$$\iint_\Omega I(x, y)H(\phi)\mathrm{d}\sigma = c_\mathrm{o}\iint_\Omega H(\phi)\mathrm{d}\sigma$$

即

$$c_\mathrm{o} = \frac{\iint_\Omega I(x, y)H(\phi)\mathrm{d}\sigma}{\iint_\Omega H(\phi)\mathrm{d}\sigma} \qquad (3-24)$$

同样对 $F(\phi, c_\mathrm{o}, c_\mathrm{b})$ 关于 c_b 求导数,得

$$2\iint_\Omega [I(x, y) - c_\mathrm{b}][1 - H(\phi)]\mathrm{d}\sigma = 0$$

整理得

$$\iint_\Omega I(x, y)[1 - H(\phi)]\mathrm{d}\sigma = c_\mathrm{b}\iint_\Omega [1 - H(\phi)]\mathrm{d}\sigma$$

即

$$c_\mathrm{b} = \frac{\iint_\Omega I(x, y)[1 - H(\phi)]\mathrm{d}\sigma}{\iint_\Omega [1 - H(\phi)]\mathrm{d}\sigma} \qquad (3-25)$$

现固定 c_o 和 c_b,对 $F(\phi, c_\mathrm{o}, c_\mathrm{b})$ 关于 ϕ 求导数,此时有

$$F'_{\varepsilon\phi}(c_\mathrm{o}, c_\mathrm{b}, \phi) = \lim_{h \to 0} \frac{F_\varepsilon(c_\mathrm{o}, c_\mathrm{b}, \phi + h\varphi) - F_\varepsilon(c_\mathrm{o}, c_\mathrm{b}, \phi)}{h}$$

首先考虑

$$F_\varepsilon(c_\mathrm{o}, c_\mathrm{b}, \phi + h\varphi) - F_\varepsilon(c_\mathrm{o}, c_\mathrm{b}, \phi)$$
$$= \mu\iint_\Omega \left|\nabla H_\varepsilon(\phi + h\varphi)\right|\mathrm{d}\sigma + \lambda_\mathrm{o}\iint_\Omega \left|I(x, y) - c_\mathrm{o}\right|^2 H_\varepsilon(\phi + h\varphi)\mathrm{d}\sigma +$$

$$\lambda_{\mathrm{b}}\iint_{\Omega}\left|I(x,y)-c_{\mathrm{b}}\right|^{2}[1-H_{\varepsilon}(\phi+h\varphi)]\mathrm{d}\sigma-\mu\iint_{\Omega}\left|\nabla H_{\varepsilon}(\phi)\right|\mathrm{d}\sigma-$$

$$\lambda_{\mathrm{o}}\iint_{\Omega}\left|I(x,y)-c_{\mathrm{o}}\right|^{2}H_{\varepsilon}(\phi)\mathrm{d}\sigma-\lambda_{\mathrm{b}}\iint_{\Omega}\left|I(x,y)-c_{\mathrm{b}}\right|^{2}[1-H_{\varepsilon}(\phi)]\mathrm{d}\sigma$$

$$=\mu\iint_{\Omega}\delta_{\varepsilon}(\phi+h\varphi)\left|\nabla(\phi+h\varphi)\right|\mathrm{d}\sigma+\lambda_{\mathrm{o}}\iint_{\Omega}\left|I(x,y)-c_{\mathrm{o}}\right|^{2}H_{\varepsilon}(\phi+h\varphi)\mathrm{d}\sigma+$$

$$\lambda_{\mathrm{b}}\iint_{\Omega}\left|I(x,y)-c_{\mathrm{b}}\right|^{2}[1-H_{\varepsilon}(\phi+h\varphi)]\mathrm{d}\sigma-\mu\iint_{\Omega}\delta_{\varepsilon}(\phi)\left|\nabla\phi\right|\mathrm{d}\sigma-$$

$$\lambda_{\mathrm{o}}\iint_{\Omega}\left|I(x,y)-c_{\mathrm{o}}\right|^{2}H_{\varepsilon}(\phi)\mathrm{d}\sigma-\lambda_{\mathrm{b}}\iint_{\Omega}\left|I(x,y)-c_{\mathrm{b}}\right|^{2}[1-H_{\varepsilon}(\phi)]\mathrm{d}\sigma$$

利用泰勒公式对上式进行展开,有

$$F_{\varepsilon}(c_{\mathrm{o}},c_{\mathrm{b}},\phi+h\varphi)-F_{\varepsilon}(c_{\mathrm{o}},c_{\mathrm{b}},\phi)$$

$$=\iint_{\Omega}\left\{\mu[\delta_{\varepsilon}(\phi)+h\varphi\delta_{\varepsilon}'(\phi)+o(h)]\cdot\mid\nabla\phi\mid\left[1+\frac{\nabla\phi\cdot\nabla\varphi}{\mid\nabla\phi\mid^{2}}h+o(h)\right]+\right.$$

$$\lambda_{\mathrm{o}}[I(x,y)-c_{\mathrm{o}}]^{2}[H_{\varepsilon}(\phi)+H_{\varepsilon}'(\phi)hx+o(h)]+$$

$$\left.\lambda_{\mathrm{b}}[I(x,y)-c_{\mathrm{b}}]^{2}[1-H_{\varepsilon}(\phi)-H_{\varepsilon}'(\phi)hx-o(h)]\right\}\mathrm{d}\sigma-$$

$$\iint_{\Omega}\left\{\mu\delta_{\varepsilon}(\phi)\mid\nabla\phi\mid-\lambda_{\mathrm{o}}[I(x,y)-c_{\mathrm{o}}]^{2}H_{\varepsilon}(\phi)-\lambda_{\mathrm{b}}[I(x,y)-c_{\mathrm{b}}]^{2}[1-H_{\varepsilon}(\phi)]\right\}\mathrm{d}\sigma$$

故有

$$F_{\varepsilon\phi}'(c_{\mathrm{o}},c_{\mathrm{b}},\phi)$$

$$=\iint_{\Omega}\left[\mu\delta_{\varepsilon}(\phi)\frac{\nabla\phi\cdot\nabla\varphi}{\mid\nabla\phi\mid}+\mu\varphi\delta_{\varepsilon}'(\phi)\mid\nabla\phi\mid\right]\mathrm{d}\sigma+$$

$$\iint_{\Omega}\lambda_{\mathrm{o}}[I(x,y)-c_{\mathrm{o}}]^{2}H_{\varepsilon}'(\phi)\varphi\mathrm{d}\sigma-\iint_{\Omega}\lambda_{\mathrm{b}}[I(x,y)-c_{\mathrm{b}}]^{2}H_{\varepsilon}'(\phi)\varphi\mathrm{d}\sigma$$

$$=\iint_{\Omega}\mu\frac{\nabla\phi}{\mid\nabla\phi\mid}\nabla[\delta_{\varepsilon}(\phi)\cdot\varphi]\mathrm{d}\sigma+\iint_{\Omega}\lambda_{\mathrm{o}}[I(x,y)-c_{\mathrm{o}}]^{2}\delta_{\varepsilon}(\phi)\varphi\mathrm{d}\sigma-$$

$$\iint_{\Omega}\lambda_{\mathrm{b}}[I(x,y)-c_{\mathrm{b}}]^{2}\delta_{\varepsilon}(\phi)\varphi\mathrm{d}\sigma$$

$$=\iint_{\Omega}\left\{-\mu\operatorname{div}\left(\frac{\nabla\phi}{\mid\nabla\phi\mid}\right)\delta_{\varepsilon}(\phi)-\lambda_{\mathrm{o}}[I(x,y)-c_{\mathrm{o}}]^{2}\delta_{\varepsilon}(\phi)+\right.$$

$$\left.\lambda_{\mathrm{b}}[I(x,y)-c_{\mathrm{b}}]^{2}\delta_{\varepsilon}(\phi)\right\}\varphi\mathrm{d}\sigma+\oint_{\partial\Omega}\frac{\nabla\phi}{\mid\nabla\phi\mid}\boldsymbol{n}\delta_{\varepsilon}(\phi)\cdot\varphi\mathrm{d}l$$

记 div 为向量场的散度.由 φ 的任意性可知

$$-\delta_{\varepsilon}(\phi)\left\{\mu\operatorname{div}\left(\frac{\nabla\phi}{|\nabla\phi|}\right)-\lambda_{\mathrm{o}}\left[I(x,y)-c_{\mathrm{o}}\right]^2+\lambda_{\mathrm{b}}\left[I(x,y)-c_{\mathrm{b}}\right]^2\right\}=0$$

$$(3-26)$$

$$\frac{\partial\phi}{\partial\boldsymbol{n}}\cdot\frac{\delta_{\varepsilon}(\phi)}{|\nabla\phi|}=0 \qquad (3-27)$$

为了计算式(3-17)至(3-23)的解,引入时间变量

$$\frac{\partial\phi}{\partial t}=\delta_{\varepsilon}(\phi)\left\{\mu\operatorname{div}\left(\frac{\nabla\phi}{|\nabla\phi|}\right)-\lambda_{\mathrm{o}}\left[I(x,y)-c_{\mathrm{o}}\right]^2+\lambda_{\mathrm{b}}\left[I(x,y)-c_{\mathrm{b}}\right]^2\right\}$$

$$(3-28)$$

式中,

$$c_{\mathrm{o}}(\phi)=\frac{\iint_{\Omega}I(x,y)H(\phi)\mathrm{d}x\,\mathrm{d}y}{\iint_{\Omega}H(\phi)\mathrm{d}\sigma},\ c_{\mathrm{b}}(\phi)=\frac{\iint_{\Omega}I(x,y)[1-H(\phi)]\mathrm{d}\sigma}{\iint_{\Omega}[1-H(\phi)]\mathrm{d}\sigma}$$

从式(3-28)可看出,偏微分方程右边所涉及的图像函数 $I(x,y)$ 范围是全图像,而不像测地线活动轮廓模型,仅利用轮廓线 C 所在位置的图像数据.式中的 c_{o} 和 c_{b} 也在图像定义域内,具有全局特征.因此,Chan 和 Vese 强调该方法的一个特点就是全局优化,仅使用一条初始闭合轮廓线,就可把带有内部空洞的目标的内部检测出来,不需要为检测内部空洞而另做特别处理.

4) 图像分割方法的数值解法

这里采用显式有限差分数值解法而不是 C-V 模型的隐式解法,对分割做介绍,以期式(3-28)的数值解法更好的稳定性.具体如下:

设 h 为二维网格步长,$(x_i,y_j)=(ih,jh)$,i、j $(1\leqslant i,j\leqslant M)$ 为网格坐标,则 $\phi_{i,j}^n=\phi(n\Delta t,x_i,y_j)$ 是关于 h 对 $\phi(x,y)$ 在网格上的近似,有 $n\geqslant0$,$\phi^0=\phi_0$.

引入如下差分格式记号:

$$D_{i,j}^{-x}=\phi_{i,j}-\phi_{i-1,j},\ D_{i,j}^{+x}=\phi_{i+1,j}-\phi_{i,j},\ D_{i,j}^{0x}=\frac{\phi_{i+1,j}-\phi_{i-1,j}}{2},$$

$$D_{i,j}^{-y}=\phi_{i,j}-\phi_{i,j-1},\ D_{i,j}^{+y}=\phi_{i,j+1}-\phi_{i,j},\ D_{i,j}^{0y}=\frac{\phi_{i,j+1}-\phi_{i,j-1}}{2}$$

根据 Osher 和 Sethian[52]求解水平集的"熵守恒"差分方法,得到如下数值解表达式:

$$\phi_{i,j}^{n+1} = \phi_{i,j}^n + \Delta t \{ \max(F, 0) \, \nabla^+ + \min(F, 0) \, \nabla^- + \mu K_{i,j} \, [(D_{i,j}^{0y})^2 + (D_{i,j}^{0x})^2]^{\frac{1}{2}} \}$$

其中

$$\nabla^+ = [\max(D_{i,j}^{-x}, 0)^2 + \min(D_{i,j}^{+x}, 0)^2 + \max(D_{i,j}^{-y}, 0)^2 + \min(D_{i,j}^{+y}, 0)^2]^{\frac{1}{2}}$$

$$\nabla^- = [\min(D_{i,j}^{-x}, 0)^2 + \max(D_{i,j}^{+x}, 0)^2 + \min(D_{i,j}^{-y}, 0)^2 + \max(D_{i,j}^{+y}, 0)^2]^{\frac{1}{2}}$$

$$F(x, y) = -\mu - \lambda_o [I(x, y) - c_o]^2 + \lambda_b [I(x, y) - c_b]^2$$

$K_{i,j}$ 是水平集函数在 (i, j) 处的曲率,通过下式定义:

$$K_{i,j} = \nabla \cdot \frac{\nabla \phi}{|\nabla \phi|} = \frac{\phi_{xx} \phi_y^2 - 2\phi_x \phi_y \phi_{xy} + \phi_{yy} \phi_x^2}{(\phi_x^2 + \phi_y^2)^{\frac{3}{2}}}$$

也可以由中心差分 $D_{i,j}^{0x}$ 和 $D_{i,j}^{0y}$ 近似计算出来.

在实际算法应用中,为避免不必要的迭代计算,给出了如下迭代收敛判断条件:

$$Q = \frac{1}{M} \Sigma \mid \phi_{i,j}^{n+1} - \phi_{i,j}^n \mid \leqslant h^2 \Delta t$$

式中,M 是满足 $\mid \phi_{i,j}^{n+1} \mid < h$ 的网格点数目.当 $Q < Q_r$ 时,迭代结束,Q_r 是门限.

3.3.3　最大类间方差阈值法

最大类间方差阈值分割法由大津展之(Nobuyuki Otsu)提出,具体内容可参见 Otsu[59] 和王志良等[60] 的研究工作.该法是在最小二乘法原理基础上推导出来的,其基本思想是将直方图在某一阈值处理分割成两组,当分成两组的方差为最大时,决定阈值.

这里设一幅图像的灰度值为 $1 \to m$ 级,灰度值为 i 的像素数为 n.此时得到总像素数 N 和各值的概率 p_i 为

$$N = \sum_{i=1}^{m} n_i, \ p_i = \frac{n_i}{N}$$

然后用 k 将其分成 $C_0 = 1, \cdots, k$ 和 $C_1 = k+1, \cdots, m$ 两组,由 C_0 和 C_1 产生的概率 ω_0 和 ω_1 为

$$\omega_0 = \sum_{i=1}^{k} p_i = \omega(k), \ \omega_1 = \sum_{i=k+1}^{m} p_i = 1 - \omega(k)$$

C_0 组和 C_1 组的平均值 μ_0 和 μ_1 为

$$\mu_0 = \sum_{i=1}^{k} \frac{ip_i}{\omega_0} = \frac{\mu(k)}{\omega(k)}, \ \mu_1 = \sum_{i=k+1}^{m} \frac{ip_i}{\omega_1} = \frac{\mu - \mu(k)}{1 - \omega(k)}$$

式中，μ 是整体图像的平均值，$\mu = \sum_{i=1}^{m} ip_i$；$\mu(k)$ 是阈值为 k 的平均值，$\mu(k) = \sum_{i=1}^{k} ip_i$.

因此，全部采样的灰度平均值为 $\mu = \omega_0\mu_0 + \omega_1\mu_1$，则类间方差由下式求出：

$$\sigma^2(k) = \omega_0 (\mu_0 - \mu)^2 + \omega_1 (\mu_1 - \mu)^2 = \omega_0\omega_1 (\mu_1 - \mu_0)^2 = \frac{[\mu\omega(k) - \mu(k)]^2}{\omega(k)[1 - \omega(k)]}$$

在 $1, \cdots, m$ 间改变 k，求 $\max[\sigma^2(k)]$，此时的 k 值便是所求阈值.

3.3.4　分割方法的应用：轮廓提取算法

这里以人脸为例.针对彩色图像提出一种基于肤色模型的人脸轮廓提取 (face contour extraction，FCE) 算法.关于肤色模型的介绍可参见参考文献[61] 和[62].这里的人脸轮廓提取算法是一种几何活动轮廓模型.先利用高斯模型得到原始图像的肤色图，采用最大类间方差阈值分割法，适当结合人脸形状的封闭性约束作为算子嵌入几何活动轮廓模型，快速抽取出图像中类似椭圆的目标边缘.采用变分水平集方法做数值计算，可以自然地处理曲线的拓扑变化，提取出图像中的人脸较为精确的轮廓.

1）人脸轮廓提取模型介绍

可以假设人脸是一个具有一定形变的椭圆，所以可以将人脸的基本形状用圆 C_0 进行演变[61]

$$(x - x_0)^2 + (y - y_0)^2 = r^2$$

式中，(x_0, y_0) 为圆心；r 为半径.考虑到图像中人脸的大小、位置未知，引入尺度矩阵

$$W = \begin{bmatrix} r_1 & 0 \\ 0 & r_2 \end{bmatrix}$$

式中，r_1 为在 x 方向上的伸缩比例；r_2 为在 y 方向上的伸缩比例.设人脸的水平旋转角度为 θ，则旋转矩阵 R 与 θ 的关系为

$$R = \begin{bmatrix} \cos\theta & \sin\theta \\ -\sin\theta & \cos\theta \end{bmatrix}$$

位移向量 $T = \begin{bmatrix} t_1 \\ t_2 \end{bmatrix}$.

这样,通过旋转、拉伸变换整体平移,得到人脸的形状曲线族

$$C = WRC_0 + T \tag{3-29}$$

2）改进的几何活动轮廓模型

设水平集函数 Φ 的零水平集曲线为 C_0,它与人脸的形状曲线族之间的相似程度可使用泛函表示为

$$S = \iint_{\Omega} \delta(\Phi) d^2 (WRX + T) d\sigma$$

式中,$d(WRX + T)$ 为 C_0 上的点到如式(3-29)所示的曲线族之间的距离.改进的能量泛函可表示为

$$\min_{\Phi, W, R, T} F(\Phi, c_o, c_b) + \frac{\lambda}{2} \iint_{\Omega} \delta(\Phi) d^2 (WRX + T) \mid \nabla \Phi \mid dX$$

式中,$F(\Phi, c_o, c_b)$ 的定义同上,即第一项将模型吸引到图像的边缘,第二项是模型被吸引到图像中的椭圆目标.当模型收敛于椭圆目标边缘时,能量函数取最小值. λ 为待定参数.上述能量函数的最小化问题可采用变分方法来求解,最后可得如下模型:

$$\frac{\partial \Phi}{\partial t} = \delta(\Phi) \Big\{ \operatorname{div} \Big(\Big(\mu + \frac{\lambda}{2} d^2 \Big) \frac{\nabla \Phi}{\mid \nabla \Phi \mid} \Big) - \nu - \lambda_1 \big[I(x, y) - c_1 \big]^2 +$$
$$\lambda_2 \big[I(x, y) - c_2 \big]^2 \Big\}$$

$$\frac{\partial r_k}{\partial t} = -\lambda \iint_{\Omega} \delta(\Phi) d \nabla d \frac{\partial W}{\partial r_k} RX \mid \nabla \Phi \mid d\sigma, \ k = 1, 2$$

$$\frac{\partial \theta}{\partial t} = -\lambda \iint_{\Omega} \delta(\Phi) d \nabla d W \frac{dR}{d\theta} X \mid \nabla \Phi \mid d\sigma$$

$$\frac{\partial T}{\partial t} = -\lambda \int_{\Omega} \delta(\Phi) d \nabla d \mid \nabla \Phi \mid d\sigma$$

从该模型可以看出,其不仅可以检测到图像中类似椭圆的目标函数,而且可以估计出椭圆目标在图像中的旋转角度及大小变化信息.上述方程的最终离散形式为

$$\Phi^{(n+1)} = \Phi^{(n)} + \Delta t \delta(\Phi^{(n)}) \Big\{ (\mu + \lambda/2) d^2 \nabla \cdot \frac{\nabla \Phi^{(n)}}{\mid \nabla \Phi^{(n)} \mid} - \lambda_1 \big[I(x, y) - c_1 \big]^2 +$$
$$\lambda_2 \big[I(x, y) - c_2 \big]^2 - \nu \Big\}$$

$$c_1[\Phi^{(n+1)}] = \sum_{i,j}[I(x_i, y_j)H(\Phi_{i,j}^{(n)})]/\sum_{i,j}[H(\Phi_{i,j}^{(n)})]$$

$$c_2[\Phi^{(n+1)}] = \sum_{i,j}\{I(x_i, y_j)[1 - H(\Phi_{i,j}^{(n)})]\}/\sum_{i,j}[1 - H(\Phi_{i,j}^{(n)})]$$

$$r_1^{(n+1)} = r_1^{(n)} - \sum_{i,j}S(\Phi_{i,j}^{(n)}, W^{(n)}, R^{(n)}, T^{(n)})(\partial W^{(n)}/\partial r_1)[R^{(n)}(x_i, y_j)^T]$$

$$r_2^{(n+1)} = r_2^{(n)} - \sum_{i,j}S(\Phi_{i,j}^{(n)}, W^{(n)}, R^{(n)}, T^{(n)})(\partial W^{(n)}/\partial r_2)[R^{(n)}(x_i, y_j)^T]$$

$$\theta^{(n+1)} = \theta^{(n)} - \sum_{i,j}S(\Phi_{i,j}^{(n)}, W^{(n)}, R^{(n)}, T^{(n)})W^{(n)}[(dR^{(n)}/d\theta)(x_i, y_j)^T]$$

$$T^{(n+1)} = T^{(n)} - \sum_{i,j}S(\Phi_{i,j}^{(n)}, W^{(n)}, R^{(n)}, T^{(n)})$$

式中, $S = h^2\lambda\Delta t \mid \nabla\Phi\mid_{i,j}^{(n)}\delta(\Phi_{i,j}^{(n)})d_{i,j}^{(n)}\nabla d_{i,j}^{(n)}$. 由于 δ 函数仅在 Φ 的零水平集上有定义, 为将其扩展到 Φ 的其他水平集, 可用 $\mid\nabla\Phi\mid$ 代替方程中的 $\delta(\Phi)$.

3) 实验结果

下面给出实验数据. 刘青[62]选用了 120 张测试图像, 其中 80 个单人脸样本来自 Caltech 人脸数据库, 40 个样本来自数码照相, 其中很多是复杂背景和复杂光照下的多人图像, 检查结果如表 3-1 所示. 该统计从一定程度上说明了此算法的检测性能. 部分有代表性的图像检测结果如图 3-10 至 3-12 所示.

表 3-1　对测试集的检测结果

图像种类	图像数目	人脸数目	正确检测出的人脸数目	漏检数	误检数	检测率/%	误检率/%
简单背景	80	139	133	9	22	95.7	14.2
复杂背景	40	89	81	5	13	91	13.8

如图 3-10 所示为 FCE 方法与 C-V 模型方法提取人脸轮廓的对比结果. 图中白色曲线为检测到的人脸轮廓. 从中可以看出, 直接用 C-V 模型检测到的人脸轮廓是不连续的, 特别是在刘海和下巴等区域, 而采用 FCE 方法则可以得到较平滑的轮廓曲线. 图 3-11 为采用 FCE 方法对多人脸图像的人脸轮廓进行检测的结果, 从上到下依次为原始图像、肤色图、人脸轮廓图, 图中白色曲线为检测到的人脸轮廓. 从图中可以看出, 采用 FCE 方法对多人脸图像进行检测能得到满意的结果. 从图 3-12 可以看出, 采用 FCE 方法可以将图中的类人脸区域有效地去除.

由以上实验结果可以看出, 这里的模型可以较精确地检测出复杂背景图像中的人脸轮廓. 当然, 由于自然物体的影响, 不可避免地会产生一些错误. 例如, 同肤色相近的墙壁上的一块区域被错误地认定为肤色区域, 还有形状与人脸十分相似的肤色区域被误检.

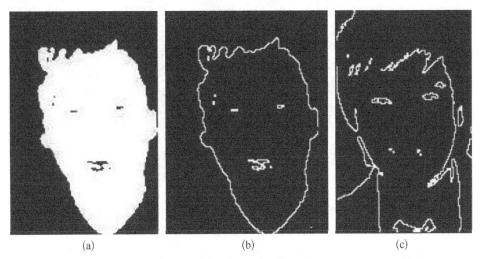

（a）　　　　　　　　　　（b）　　　　　　　　　　（c）

图 3 - 10　FCE 方法与 C - V 模型提取人脸轮廓的对比结果

（a）肤色图；（b）FCE 方法结果；（c）C - V 模型结果

图 3 - 11　基于 FCE 方法的多人脸图像人脸轮廓提取效果

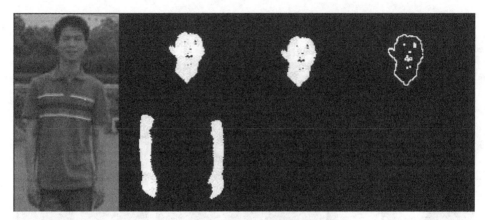

图 3 - 12　FCE方法去除类人脸区域效果

　　这里在人脸检测、图像分割等的基础上,得到了一种基于肤色模型和 C - V 模型的人脸轮廓提取算法,加入了人脸轮廓模型,提高了所提取出的人脸轮廓的准确性.与黄福珍等[61]的方法相比,该方法有较高的效率,还适用于多人脸图像.存在的不足是类人脸区域不能过多,否则误检就会较多.对此,可以通过引入人脸内的特征来修正.

　　实验结果表明该算法对彩色图像中的人脸具有较好的轮廓提取效果,对多人脸、复杂背景、不同尺寸图像有较好的适用性.尽管也存在一些手臂或腿等肤色在靠上部分有空洞区域,或肤色类似并与人脸有相似特征的区域,以及人面部可能有遮挡物等因素使得人脸轮廓提取结果存在一定的误检和漏检,但总体来说,该方法效果不错,具有一定的实用性.

　　关于本节用到的肤色模型介绍可以参见黄福珍等[61]和刘青[62]的研究,这里不详细阐述.

3.4　图像放大的扩散方程方法

　　为了使得图像显得更加清晰,方便阅览,可以对图像进行保真放大.这里介绍基于变分原理导出的图像放大模型,相关内容可以参见参考文献[10].

　　插值型图像放大方法包括像素重复、线性插值、高阶多项式插值以及一般的非线性插值.像素重复插值会出现马赛克现象,而插值本质上属于低通滤波,会使图像的高频部分和模糊图像的细节退化.高分辨率插值方法包括三次样条插值方法、三次 B 样条插值方法、牛顿-蒂勒插值方法.这些插值方法有很多优越性,用于图像插值也取得了较好的效果.它们都是用一些已知的较光滑的函数或者较好的函数结构,根据一定的光滑性要求来逼近刻画原图像.由于这种固定方式的局限性,势必会在图像放大倍数较大时形成斑点以及明暗偏移的现象[63].以双三次插值放大为例,如图 3 - 13 所示,对一幅图像放大 3 倍时,对放大前后部分,横坐标为 34～49 之间的灰度值进行比较,由图 3 - 14 可以发现,放大后对应

(a)　　　　　　　　　　　　(b)

图 3 - 13　图像放大算例

(a) 原图;(b) 放大 3 倍后的图

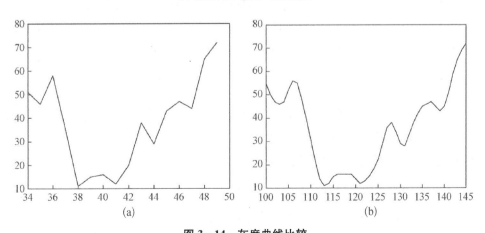

(a)　　　　　　　　　　　　(b)

图 3 - 14　灰度曲线比较

(a) 原图的灰度曲线;(b) 放大后图的灰度曲线

的灰度曲线出现了偏移,坐标值在 $126 \sim 132$ 之间,其中的波峰与波谷都平移了.这在放大图像上表现为图像的亮度发生了偏移.在 $105 \sim 107$ 之间的波峰较平滑,这在图像上表现为图像模糊.

为了克服这些不足,这里引入偏微分方程来进行图像处理.根据偏微分方程的物理背景[28],采用两种新的图像放大模型:基于各向同性和各向异性扩散放大.这两种方法主要是利用扩散原理,将图像的灰度值视为平面物体的温度,根据图像放大的要求将放大图像的灰度值看作一些定点,原图像的像素值作为边界条件.这里考虑的是扩散平衡后的稳定状态,所以与时间 t 无关.一幅图像被定义为一个平面区域上的实函数.忽略图像边界本身的影响和舍入误差,这里只以灰度图像为例,彩色图像可以进行类似处理,例如,采取 RGB 分色模式.

Belahmidi 等[64]认为高分辨率图像只是低分辨率图像的原始重构,这里也借鉴这种思想,先取定一部分的值,其他部分的值利用取定的值进行重构.

3.4.1   各向同性扩散放大模型

1) 模型的建立

设原始图像离散后为 v,其灰度值为 $v(i, j)$,$i = 1, 2, \cdots, m$,$j = 1, 2, \cdots, n$.其中 m 和 n 分别表示图像的行数和列数.设 u 为 v 的原始重构图像.空间连续性是空间属性的基本性质,空间中相近的样本点往往取相近的值,这样才符合人的视觉效果.这些数据整体也不是随机分布的,而是高值倾向于在其他高值附近分布,低值倾向于在其他低值附近分布,且值的改变可以是渐进的,也可以是突然性的,一般并不完全呈线性关系.根据这些特性,可以将偏微分方程理论用在图像处理中.基于偏微分方程所表示量的物理意义,可以把这种图像数据 $v(x, y)$ 看作平面物体的温度分布,当图像横向放大 k_1 倍、纵向放大 k_2 倍时,放大后的图像数据可以看作横向放大 k_1 倍、纵向放大 k_2 倍后平面物体的温度分布,即

$$u(x, y) : (x = 1, 2, \cdots, k_1(m-1)+1, y = 1, 2, \cdots, k_2(n-1)+1)$$

取放大倍数 k_1、k_2 为正整数,记放大图像所占的平面区域为

$$\Omega = \{(x, y) : 1 \leqslant x \leqslant k_1(m-1)+1, 1 \leqslant y \leqslant k_2(n-1)+1\}$$

根据图像放大的要求,假设放大后图像在邻域

$$O[k_1(i-1)+1, k_2(j-1)+1], i = 1, 2, \cdots, m, j = 1, 2, \cdots, n$$

上的像素值与原图像在 (i, j) 点的像素值保持一致,其中

$$\mathrm{diam}(O[k_1(i-1)+1, k_2(j-1)+1]) < 1, i = 1, 2, \cdots, m, j = 1, 2, \cdots, n$$

即

$$u_{O[k_1(i-1)+1,\ k_2(j-1)+1]}=v(i,j),\ i=1,2,\cdots,m,\ j=1,2,\cdots,n$$

其他点上的灰度值可以利用这些区域上的像素值.

　　对于如何填充这些点的像素值,除了直接使用插值方法,还可以考虑借助扩散方程.思路是假设已知点是边界,而未知也就是待定点的像素值通过扩散方程来实现"插值".为计算方便,设物体的比热、密度以及傅里叶热传导系数均为 1.因为考虑的是扩散平衡后的稳定状态,所以这里考虑的方程与时间 t 无关.当然,实际上这些系数都可以通过迭代次数也就是时间变量的拉伸或压缩来实现,不会从本质上影响数值计算结果.按照扩散方程的表示,像素值函数 $u(x,y)$ 满足

$$\Delta u(x,y)=u_{xx}(x,y)+u_{yy}(x,y)=0,\ (x,y)\in\Omega \qquad (3-30)$$

式中的区域 Ω 就是放大后的插值点需要确定像素值的区域,其边界有两部分,一部分是图像的外边界 $\partial\Omega$,另一部分是 Ω 内部那些像素值不变的点,记为 S(见图 3-15).图中两条直线连接的是图像的整体外边界,存在三种点的表达都包含于 Ω.

　　根据实际情况,假定物体在边界上满足绝热条件,即

$$\begin{cases} \partial_n u(x,y)=\dfrac{\partial u(x,y)}{\partial n}=0, \\[2mm] (x,y)\in\partial\Omega\backslash S,\ \boldsymbol{n}\ \text{为外法线向量} \\[2mm] u\mid_S=g(x,y),\ \text{原图像点} \end{cases}$$

$$(3-31)$$

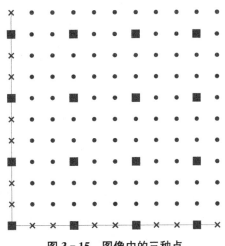

图 3-15　图像中的三种点

注:两条直线连接的是图像的整体外边界(左侧和底部),×为图像外边界需要着色的点,■为原图像点,●为需要着色的点.

又记 $S_{(i,j)}=O[k_1(i-1)+1,\ k_2(j-1)+1]$.令

$$S=\bigcup_{(i,j)}S(i,j),\ i=1,2,\cdots,m,\ j=1,2,\cdots,n$$

根据图像放大的要求,设在 S 上保持恒温(即原始像素值不变),有

$$u\mid_{S(i,j)}=u(i,j),\ i=1,2,\cdots,m,\ j=1,2,\cdots,n \qquad (3-32)$$

　　在这里还要讨论的是如何取定放大图像在 $\Omega\backslash S$ 区域上的值,若取初值为 0,即

$$u(x, y) = 0, (x, y) \in \Omega \backslash S$$

经过实验后可以发现,由于扩散均衡过度,图像边缘的保持还是不十分理想.转而利用最邻近插值法来进行叠加,虽然最邻近插值法所获得的图像有很强的"块效应",但能很好地保持图像的对比度.因此利用扩散模型对最邻近放大后的图像进行处理,并在迭代过程中加入插值条件,就能获得分片光滑的对比度较强的图像.假设图像 v 经过最邻近插值放大后的图像为 g,那么可以构造如下方程:

$$u(x, y) = g(x, y), (x, y) \in \Omega \backslash S \qquad (3-33)$$

由式(3-30)至(3-33)可以看作是对原始图像放大 $k_1 \times k_2$ 倍的重构.根据扩散原理,由 S 区域上的值作为扩散源,经过多次迭代,使其邻近区域的像素值与其接近,从而实现了图像的放大. S 区域上的像素值是图像放大的动力,因此在模型的实现过程中必须反复利用 S 区域上确定的像素值,进行几次迭代才能达到预期的目的.又因为本模型考虑的是平衡稳定状态下的图像,所以结果会比一般的热传导过程的更精确.

2) 模型的实现

拉普拉斯(Laplace)方程的混合边值问题一部分是狄利克雷(Dirichlet)边界条件,而另一部分上则是齐次的诺依曼(Neumann)边界条件,也就是问题

$$\begin{cases} \Delta u = 0, (x, y) \in \Omega \backslash S \\ \partial_n u = 0, (x, y) \in \partial\Omega, u \mid_S = u_s \end{cases} \qquad (3-34)$$

存在唯一解.由于此模型很大程度上依赖于区域 S 上的温度,也就是像素值,所以它不同于一般的椭圆形偏微分方程求数值解,必须充分利用 S 上的温度值,进行多次迭代.这里应用简单的中心差分格式来进行求解,这样更有利于模型的实现.把 $u(x_i, y_j)$ 记作放大后图像在像素点 (x_i, y_j) 的灰度值,其中

$x_i = ih, y_j = jh, i = 1, 2, \cdots, k_1(m-1)+1, j = 1, 2, \cdots, k_2(n-1)+1$

式中,h 为空间步长,通常取为 1.与式(3-7)类似,使用以下差分格式:

$$\begin{cases} (u_x)_{i,j} = \dfrac{u_{i+1,j} - u_{i-1,j}}{2} \\[2mm] (u_y)_{i,j} = \dfrac{u_{i,j+1} - u_{i,j-1}}{2} \\[2mm] (u_{xx})_{i,j} = u_{i+1,j} - 2u_{i,j} + u_{i-1,j} \\[2mm] (u_{yy})_{i,j} = u_{i,j+1} - 2u_{i,j} + u_{i,j-1} \end{cases} \qquad (3-35)$$

所以

$$\Delta u_{i,j} = (u_{xx})_{i,j} + (u_{yy})_{i,j} = u_{i+1,j} + u_{i-1,j} + u_{i,j+1} + u_{i,j-1} - 4u_{i,j}$$

利用高斯-赛德尔迭代格式[65],可以得到以下迭代格式:

$$u_{i,j} = \frac{1}{h_1^2}(u_{i+1,j} + u_{i-1,j}) + \frac{1}{h_2^2}(u_{i,j+1} + u_{i,j-1}), \quad h = h_1 = h_2$$

由诺依曼边界条件[式(3-31)]、初始迭代条件[式(3-33)]以及固定区域的灰度值条件,可以设计以下的计算方法:

$$\begin{cases} u(x,y) = g(x,y), \\ \quad \text{当}(x,y) \neq (k_1(i-1)+1, k_2(j-1)+1) \\ u(x,y) = v\left(\dfrac{x-1}{k_1}+1, \dfrac{y-1}{k_2}+1\right), \\ \quad \text{当}(x,y) = (k_1(i-1)+1, k_2(j-1)+1) \end{cases} \tag{3-36}$$

$$\begin{cases} u(x,y) = v\left(\dfrac{x-1}{k_1}+1, \dfrac{y-1}{k_2}+1\right), \\ \quad \text{当}(x,y) = (k_1(i-1)+1, k_2(j-1)+1) \\ u(x,y) = \dfrac{u_{x+1,y} + u_{x-1,y} + u_{x,y+1} + u_{y-1}}{4}, \\ \quad \text{当}(x,y) \neq (k_1(i-1)+1, k_2(j-1)+1) \end{cases} \tag{3-37}$$

其中,$i = 1, 2, \cdots, m$; $j = 1, 2, \cdots, n$.

3.4.2　各向异性扩散放大模型

1) 模型的建立

上一节各向同性的扩散放大模型能够实现图像的平滑放大.为了进一步突出放大后图像的清晰度,可以在放大的时候加强大梯度点放大特征管理.新的模型考虑各向异性扩散,模型中的基本量与各向同性扩散放大模型的规定一样,设 u 为 g 的重构图像,其灰度值为 $u(i,j)$,$i = 1, 2, \cdots, m$,$j = 1, 2, \cdots, n$,并且式(3-31)至(3-33)仍然成立.

在给出与梯度有关的能量泛函之后,讨论泛函的极小应该满足扩散模型[9,66]

$$\begin{cases} \nabla \cdot [C(|\nabla u|)\nabla u] = 0, \ (x,y) \in \Omega \backslash S \\ \partial_n u = 0, \ (x,y) \in \partial\Omega \\ u|_S = u_s \end{cases} \tag{3-38}$$

在图像处理比如噪声去除的过程中,Perona 和 Malik[67]建议选择如下扩散系数:

$$C(\eta) = \frac{1}{1 + (\eta/\kappa)^2}, \ C(\eta) = e^{-(\eta/\kappa)^2} \qquad (3-39)$$

式中,参数 κ 表示梯度膜的一个阈值.该扩散系数也用于放大过程中保持边缘.把式(3-39)代入式(3-38),即

$$C(|\nabla u|)\nabla u = \frac{\kappa^2 \nabla u}{\kappa^2 + |\nabla u|^2}$$

也就有

$$\nabla \cdot [C(|\nabla u|)\nabla u] = \frac{\kappa^2 \Delta u(\kappa^2 + |\nabla u|^2) - 2\kappa^2(u_x^2 u_{xx} + 2u_x u_y u_{xy} + u_y^2 u_{yy})}{(\kappa^2 + |\nabla u|^2)^2}$$

2) 模型的实现

参照中心差分格式进行离散化,计算结果如图 3-16 和图 3-17 所示.

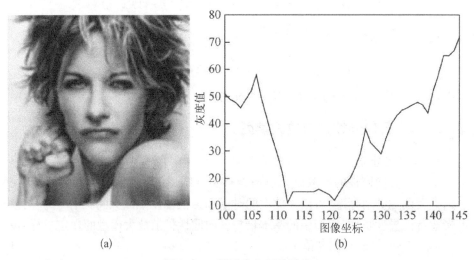

(a)　　　　　　　　　　　　　(b)

图 3-16　基于各向同性扩散

(a) 放大 3 倍的效果;(b) 灰度曲线

在实验中还是以图 3-13 为例,图 3-16 为基于各向同性扩散放大 3 倍的图像,图 3-17 为基于各向异性扩散放大 3 倍的图像.可以发现用双三次放大的图 3-13 明显比原图及后两种算法所得到的图像暗,人像脸上出现明显斑点,眼珠内的光环明显偏亮.而图 3-16 没有明显的斑点和亮暗偏移区,图 3-17 也没

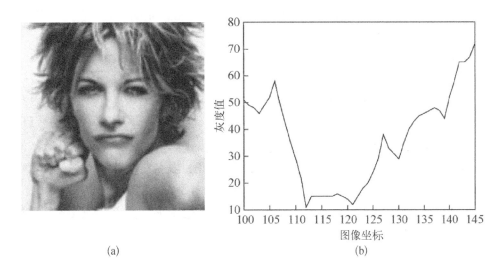

(a)   (b)

图 3-17 基于各向异性扩散

(a) 放大 3 倍的效果；(b) 对应灰度曲线

有明显的斑点和明暗偏移区，且比图 3-16 更加清晰，尤其是边界处保持良好．图 3-16(b)和图 3-17(b)分别为用基于各向同性扩散和基于各向异性扩散放大 3 倍的图像在原图横线相应处的灰度曲线图．与原曲线图相比，放大后曲线图在坐标 100~145 之间有 3 处波峰、5 处波谷，图 3-16 和图 3-17 保持了这些特点，而图 3-14 显然平滑了这些尖峰，在图像上就表现为亮度偏移或模糊．

一系列图像实验表明，这里使用的各向同性与各向异性扩散放大比传统的图像放大方法更有优势．

3.5 图像修复的变分法模型

所谓**图像修复**是对图像上信息缺损区域进行填充的过程．引起图像上局部信息缺损的因素较多，包括：

（1）对原本就有划痕或有破损的图片扫描后得到的图像．

（2）为了某种特殊目的而移走数字图像上的目标物体或文字后留下的信息空白区．

（3）在数字图像的获取、处理、压缩、传输和解压缩过程中，因信息丢失所留下的信息缺损区等．[68]

为了保证图像信息的完整性，需要对这些受损图像进行填充修复．实际的图像修复还包括对艺术品的色彩修复等，这里只讨论数字图像的修复技术．Bertalmio

等[69]于 2000 年在 SIGGRAPH 会议上发表论文 *Image inpainting*,自此开启了图像修复的新技术方法时代.

数字图像修复技术主要有两大类:一类用于修复小尺度缺损的数字图像修复技术.这种方法是利用待修补区域的边缘信息,采用一种由粗到精的方法来估计等照度线的方向,并采用传播机制将信息传播到待修补区域内,以便得到较好的修补效果.本质上,它是一种基于偏微分方程的修复算法,该类方法的主要思想是利用物理学中的热扩散方程将待修补区域周围的信息传播到修补区域中,其典型的方法包括 Bertalmio-Sapiro-Caselles-Ballester (BSCB)模型[69]和用三阶 PDE 来模拟曲率驱动扩散(curvature driven diffusions,CDD)模型[70]等.

在这类方法中,还有一种基于几何图像模型的变分修补技术,该类算法认为修补一幅缺损图片主要依赖以下两个因素:

(1) 如何观察并读懂图片的现存部分,用数学语言表达就是如何获得图像的数据模型.

(2) 原始图片属于哪类图像,用数学语言表达就是如何获得图像的先验模型,即通过建立图像的数据模型和先验模型,将修补问题转化为一个泛函求极值的变分问题.

这类算法主要包括全变分(total variation,TV)模型[70]、Euler's elastica 模型[71]、Mumford-Shah 模型[72]、Mumford-Shah-Euler 模型[73]等.这一类方法统称为基于 PDE 的图像修复算法,实质是以能量变分为基础.

另外一类是用于填充图像中大块丢失信息的图像补全技术.目前这一类技术包含以下两种方法:一种是基于图像分解的修复技术,其主要思想是将图像分解为结构部分和纹理部分,其中结构部分用图像修复算法修补,纹理部分用纹理合成方法填充.例如,Bertalmio 等[74]首先用全变分最小化将图像的结构部分提取出来,然后用一个震动函数对纹理或噪声部分建模,当把图像分解成这两个部分以后,再用 BSCB 模型来修补结构部分,同时用非参数采样纹理合成技术[75]来填充纹理部分,最后把这两部分修补的结果叠加起来,就是最终的修补图像.另一种方法是用基于块的纹理合成技术来填充丢失的信息,该算法的主要思想是,首先从待修补区域的边界上选取一个像素点,同时以该点为中心,根据图像的纹理特征,选取大小合适的纹理块,然后在待修补区域的周围寻找与之相近的纹理匹配块来代替该纹理块.详细相关内容可以参见参考文献[76].

3.5.1　图像修复的典型偏微分方程模型介绍

这里介绍基于变分和偏微分方程模型的修复方案.对于所有的模型,将描述其 PDE 形式和基于数值 PDE 方法的数字实现,且给出相应修复方案的算例.在这里关于图像修复的讨论中,修复区域为 Ω,而 $\Omega \backslash D$ 为没有丢失信息的区域,d_0 为 $\Omega \backslash D$ 上的可利用图像部分,d 为修复后的图像.

1) 基于 TV 模型的图像修复

图像被视为一个分片光滑函数,图像建模则在有界变差空间上考虑[77].由于所提出的 TV 模型能够起到延长图像边缘的作用,从而非常适合图像的修复.Chan 等[70]将该模型推广到图像修复,他们建立的 TV 图像修补模型为最小化后验能量

$$J_{TV}[d \mid d_0, D] = \iint_{\Omega} \mid \nabla d \mid \mathrm{d}\sigma + \frac{\lambda}{2} \iint_{\Omega} (d - d_0)\mathrm{d}\sigma \qquad (3-40)$$

式中,λ 为拉格朗日乘数.根据变分原理,可求得与之对应的最速下降方程:

$$\frac{\partial d}{\partial t} = \nabla \cdot \frac{\nabla d}{\mid \nabla d \mid} + \lambda_D(d_0 - d) \qquad (3-41)$$

其中

$$\lambda_D(x) = \lambda \cdot I_{\Omega \backslash D}(x) = \begin{cases} 1, & x \in \Omega \backslash D \\ 0, & x \in D \end{cases}$$

由此可见,泛函[式(3-40)]的最小值满足非线性偏微分方程[式(3-41)].沿着边界 $\partial\Omega$ 的边界条件是绝热的,即 $\frac{\partial d}{\partial \boldsymbol{n}} = 0$,其中 $\boldsymbol{n}$ 是边界的法向量.在 d 变化较大的地方,扩散系数 $\frac{1}{\mid \nabla d \mid}$ 较小,所以考虑到在变化较大的边界,扩散是各向异性扩散.第二项 $\lambda_D(d_0 - d)$ 使解充分地逼近观察到的含噪图像,可以通过扩散方程(即 TV 图像修复模型)修复区域 D,修复效果比较如图 3-18 所示.

 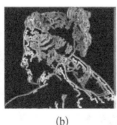  

(a)　　　　　　　(b)　　　　　　　(c)　　　　　　　(d)

图 3-18　TV 修复运用到基于解码的素描.

(a) 原图;(b) Canny's 算子探测到的边界;(c) 最初的猜测;(d) TV 修复

在具体计算时,适当考虑在 $|\nabla d|$ 很小或者接近于 0 时会出现奇性,可以通过一些正则化方法处理.与其他的修复模型相比,TV 模型有较简单且容易实现的特点.TV 模型对解决图像放大和移走纹理等局部性问题的效果比较好[70],但是对于大尺度修复问题,由于受到长度曲线能量的限制,TV 模型效果不是很好.其中最大的缺陷是 TV 模型不能实现视觉心理学上的连通性原理[78].

2)基于 Elastica 模型的图像修复

Chan 等[71]提出了改进 TV 模型,建立了 Elastica 模型

$$E[d] = \iint_\Omega (\alpha + \beta \kappa^2) \mathrm{d}\sigma, \ \kappa = \nabla \cdot \frac{\nabla d}{|\nabla d|}$$

Elastica 修复模型为最小化后验能量

$$J_E[d \mid d_0, D] = \iint_\Omega \phi(\kappa) \mathrm{d}\sigma + \frac{\lambda}{2} \iint_{\Omega \backslash D} (d - d_0) \mathrm{d}\sigma$$

其中,$\phi(s) = \alpha + \beta s^2$.

由变分法可得最速下降方程

$$\frac{\partial d}{\partial t} = \nabla \cdot \boldsymbol{V} + \lambda_D(x)(d_0 - d) \tag{3-42}$$

这里

$$\boldsymbol{V} = \phi(\kappa) \boldsymbol{n} - \frac{t}{|\nabla d|} \boldsymbol{n} \frac{\partial(\phi'(\kappa) |\nabla d|)}{\partial t} \tag{3-43}$$

式中,$\boldsymbol{n}$ 和 $\boldsymbol{t}$ 分别为单位法向量和切向量

$$\boldsymbol{n} = \frac{\nabla d}{|\nabla d|}, \ \boldsymbol{t} = \boldsymbol{n}^\perp, \ \frac{\partial}{\partial t} = \boldsymbol{t} \cdot \nabla$$

注意,式(3-43)中 $\boldsymbol{t}$ 和 $\frac{\partial}{\partial t}$ 可以保证 $\boldsymbol{t}$ 为 $\boldsymbol{n}^\perp$ 方向.沿着 $\partial \Omega$ 的边界条件为

$$\frac{\partial d}{\partial \boldsymbol{n}} = 0, \ \frac{\partial(\phi'(\kappa) |\nabla d|)}{\partial \boldsymbol{n}} = 0$$

向量域 $\boldsymbol{V}$ 为 Elastica 能量流.就微修复(即局部修复)机制来说,式(3-43)中 $\boldsymbol{V}$ 在正交标架 $(\boldsymbol{n}, \boldsymbol{t})$ 中的分解有重大意义.

具体算例可以参见参考文献[71].

3)基于 Mumford-Shah 模型的图像修复

Mumford-Shah 模型修复和插值的思想最初是由 Tsai 等[72]以及 Chan 和 Shen[70]提出的,最近,Esedoglu 和 Shen 运用 Γ-收敛理论[73]进一步研究.如下

模型是最小化后验能量：

$$J_{ms}[d, \Gamma \mid d_0, D] = \frac{\gamma}{2} \iint_{\Omega \setminus \Gamma} \mid \nabla d \mid^2 d\sigma + \alpha \, \mathrm{lenght}(\Gamma) + \frac{\lambda}{2} \iint_{\Omega \setminus D} (d - d_0) d\sigma$$

$$(3-44)$$

式中，γ、α 和 λ 是正权数.注意，若 D 是空集，即没有空间丢失信息区域.那么模型为经典的 Mumford - Shah 去噪和分割模型[53].与其他两个模型不同的是，它输出两个目标：完整清楚的图像 d 和边缘集 Γ.

对于给定的边缘集 Γ，$J_{ms}[d, \Gamma \mid d_0, D]$ 对应的欧拉-拉格朗日方程为

$$\gamma \Delta d + \lambda_D(x)(d_0 - d) = 0, \; x \in \Omega \setminus \Gamma \qquad (3-45)$$

沿边界 Γ 和 $\partial \Omega$ 的条件为绝热条件 $\frac{\partial d}{\partial \boldsymbol{n}} = 0$.

这里略去了最速下降方程和算例.

4）基于 Mumford - Shah - Euler 模型的图像修复

就如 TV 修复模型，Mumford - Shah 修复模型不适用于大尺度的图像修复.为了改进此模型，Esedoglu 和 Shen[37]提出了基于 Mumford - Shah - Euler 模型的图像修复方案.

在此模型中，最小化后验能量为

$$J_{mes}[d, \Gamma \mid d_0, D] = \frac{\gamma}{2} \iint_{\Omega \setminus \Gamma} \mid \nabla d \mid^2 d\sigma + \int_{\Gamma} (\alpha + \beta \kappa^2) ds + \frac{\lambda}{2} \iint_{\Omega \setminus D} (d - d_0) d\sigma$$

$$(3-46)$$

其中，J_{mes} 由式(3-44)中的长度能量改为由欧拉弹性能量描述.

就如在前文的修复模型中，对于给定的边缘集 Γ，$J_{mes}[d, \Gamma \mid d_0, D]$ 的欧拉-拉格朗日方程为

$$\gamma \Delta d + \lambda_D(x)(d_0 - d) = 0, \; x \in \Omega \setminus \Gamma$$

其边界条件为绝热条件 $\frac{\partial d}{\partial \boldsymbol{n}} = 0$.

对于此方程的解 d_Γ，Γ 的无穷小最速下降运动方程为

$$\frac{dx}{dt} = \alpha \kappa - \beta \left(2 \frac{d^2 \kappa}{ds^2} + \kappa^3 \right) + \left[\frac{\gamma}{2} \mid \nabla d_\Gamma \mid^2 + \frac{\lambda_D}{2} (d_\Gamma - d_0)^2 \right]_\Gamma$$

其符号意义与前相同.

具体的算法和算例可以参见参考文献[73].

3.5.2　图像修复的四阶偏微分方程模型

1) 四阶方程模型

实现四阶非线性发展方程的困难在于寻找一个对一维边缘集 Γ 的有效数值表述以及计算其几何的鲁棒方式,即曲率和其微分.

本节将介绍一种具有针对性的四阶方程模型,具体内容可以参见 Chen 等[79]的文章.

在 Chan 和 Shen[78]工作的基础上,这里提出了一种新四阶偏微分方程模型,基于此模型的修复可以实现平滑修复和保持视觉心理学上的连通性原理.如前一节所述,TV 修复模型是如下极小化问题的解:

$$J_{\mathrm{TV}}[d \mid d_0,\, D] = \iint_\Omega \mid \nabla d \mid \mathrm{d}\sigma + \frac{\lambda}{2}\iint_\Omega (d - d_0)\mathrm{d}\sigma$$

这里引入新的时间演化欧拉-拉格朗日方程

$$\frac{\partial d}{\partial t} = \nabla \cdot \frac{\nabla d}{\mid \nabla d \mid} + \lambda_D(d_0 - d)$$

其对应的是最小化总变差范数 Δd 的能量,即最小化下列能量函数:

$$\min J[d \mid d_0,\, D] = \iint_\Omega \mid \Delta d \mid \mathrm{d}\sigma + \frac{\lambda}{2}\iint_\Omega (d - d_0)\mathrm{d}\sigma \qquad (3-47)$$

式中, $d = d_0 \mid \partial\Omega$. 而拉普拉斯算子 $\Delta d = d_{xx} + d_{yy}$,对应的欧几里得范数

$$\mid \Delta d \mid = \sqrt{\mid d_{xx}\mid^2 + \mid d_{xy}\mid^2 + \mid d_{yx}\mid^2 + \mid d_{yy}\mid^2} \qquad (3-48)$$

式(3-47)的每一项都有物理意义,第一项传播图像信息,传播速度用 $\mid \Delta d \mid$ 测量,第二项是在区域 $\Omega\backslash D$ 确保 d 接近 d_0.

修复模型对应的式(3-47)的拉格朗日泛函为

$$L(d,\, \lambda) = \iint_\Omega \mid \Delta d \mid \mathrm{d}\sigma + \frac{\lambda}{2}\iint_{\Omega\backslash D}(d - d_0)\mathrm{d}\sigma \qquad (3-49)$$

为了得到相应的化欧拉-拉格朗日方程,计算拉格朗日泛函的导数 $\dfrac{\partial L}{\partial d}$,并设其值为零.由泛函导数的定义得

$$0 = \frac{\partial L}{\partial d} \cdot v = \lim_{h \to 0} \frac{L(d + hv,\, \lambda) - L(d,\, \lambda)}{h}$$

$$= \lim_{h \to 0} \frac{1}{h}\left\{\iint_\Omega \left[(\mid d_{xx} + hv_{xx}\mid^2 + \mid d_{xy} + hv_{xy}\mid^2 + \mid d_{yx} + hv_{yx}\mid^2 + \mid d_{yy} + hv_{yy}\mid^2)^{\frac{1}{2}} - \right.\right.$$

$$(|d_{xx}|^2+|d_{xy}|^2+|d_{yx}|^2+|d_{yy}|^2)^{\frac{1}{2}}]\mathrm{d}\sigma+\frac{\lambda}{2}\iint_{\Omega\backslash D}[2h(d-d_0)v+h^2v^2]\mathrm{d}\sigma\Big\}$$

式中，$v\in BV(\Omega)$. 对上式的两次微分，第一项可化为

$$\sqrt{|d_{xx}+hv_{xx}|^2+|d_{xy}+hv_{xy}|^2+|d_{yx}+hv_{yx}|^2+|d_{yy}+hv_{yy}|^2}$$
$$-\sqrt{|d_{xx}|^2+|d_{xy}|^2+|d_{yx}|^2+|d_{yy}|^2}$$
$$=(|d_{xx}+hv_{xx}|^2+|d_{xy}+hv_{xy}|^2+|d_{yx}+hv_{yx}|^2+|d_{yy}+hv_{yy}|^2)$$
$$-(|d_{xx}|^2+|d_{xy}|^2+|d_{yx}|^2+|d_{yy}|^2)\cdot[(|d_{xx}+hv_{xx}|^2+|d_{xy}+hv_{xy}|^2$$
$$+|d_{yx}+hv_{yx}|^2+|d_{yy}+hv_{yy}|^2)^{\frac{1}{2}}+(|d_{xx}|^2+|d_{xy}|^2+|d_{yx}|^2+|d_{yy}|^2)^{\frac{1}{2}}]^{-1}$$
$$=h[2d_{xx}v_{xx}+h(v_{xx})^2+2d_{xy}v_{xy}+h(v_{xy})^2+2d_{yx}v_{yx}+h(v_{yx})^2+2d_{yy}v_{yy}+h(v_{yy})^2]$$
$$\cdot[(|d_{xx}+hv_{xx}|^2+|d_{xy}+hv_{xy}|^2+|d_{yx}+hv_{yx}|^2+|d_{yy}+hv_{yy}|^2]^{\frac{1}{2}}$$
$$+[|d_{xx}|^2+|d_{xy}|^2+|d_{yx}|^2+|d_{yy}|^2)^{\frac{1}{2}}]^{-1}$$

根据控制收敛定理[5]，交换极限和积分顺序，并设 $h\to0$，有

$$\frac{\partial L}{\partial d}\cdot v=\iint_{\Omega}\lim_{h\to0}[2d_{xx}v_{xx}+h(v_{xx})^2+2d_{xy}v_{xy}+$$
$$h(v_{xy})^2+2d_{yx}v_{yx}+h(v_{yx})^2+2d_{yy}v_{yy}+h(v_{yy})^2]/$$
$$[(|d_{xx}+hv_{xx}|^2+|d_{xy}+hv_{xy}|^2+|d_{yx}+hv_{yx}|^2+|d_{yy}+hv_{yy}|^2)^{\frac{1}{2}}+$$
$$(|d_{xx}|^2+|d_{xy}|^2+|d_{yx}|^2+|d_{yy}|^2)^{\frac{1}{2}}]\mathrm{d}\sigma+$$
$$\frac{\lambda}{2}\iint_{\Omega\backslash D}\lim_{h\to0}\frac{1}{h}[2h(d-d_0)v+h^2v^2]\mathrm{d}\sigma$$
$$=\iint_{\Omega}\Big(\frac{d_{xx}v_{xx}}{|\Delta d|}+\frac{d_{xy}v_{xy}}{|\Delta d|}+\frac{d_{yx}v_{yx}}{|\Delta d|}+\frac{d_{yy}v_{yy}}{|\Delta d|}\Big)\mathrm{d}\sigma+\lambda\iint_{\Omega\backslash D}[(d-d_0)v]\mathrm{d}\sigma$$

$$(3-50)$$

对式(3-50)的前两项分部积分，最优条件意味着 d 满足如下非线性偏微分方程：

$$\Big(\frac{d_{xx}}{|\Delta d|}\Big)_{xx}+\Big(\frac{d_{xy}}{|\Delta d|}\Big)_{yx}+\Big(\frac{d_{yx}}{|\Delta d|}\Big)_{xy}+\Big(\frac{d_{yy}}{|\Delta d|}\Big)_{yy}+\lambda_D(d-d_0)=0$$

$$(3-51)$$

对应的边界条件为

$$\Big\{\Big(\frac{d_{xx}}{|\Delta d|}\Big)_x,\Big(\frac{d_{yy}}{|\Delta d|}\Big)_y\Big\}\cdot\nabla^{\perp}d=0 \qquad (3-52)$$

式中，$\nabla^{\perp}d=(-d_y, d_x)$ 是沿 $\partial\Omega$ 的外法线方向的导数.

当 $|d_{xx}|$、$|d_{yy}|$ 和 $|\Delta d|$ 为零时，式(3-41)和(3-42)将不满足正则性. 为了使方程满足正则性，采用正则性条件 $|\Delta d|=\sqrt{|\Delta d|^2+\varepsilon}$，其中 $\varepsilon>0$ 是很小的常数. 修正后的偏微分方程为

$$0=\left[\frac{d_{xx}}{\sqrt{|\Delta d|^2+\varepsilon}}\right]_{xx}+\left[\frac{d_{xy}}{\sqrt{|\Delta d|^2+\varepsilon}}\right]_{yx}+\left[\frac{d_{yx}}{\sqrt{|\Delta d|^2+\varepsilon}}\right]_{xy}+$$
$$\left[\frac{d_{yy}}{\sqrt{|\Delta d|^2+\varepsilon}}\right]_{yy}+\lambda_D(d-d_0) \tag{3-53}$$

对应的边界条件修正为

$$\left\{\left[\frac{d_{xx}}{\sqrt{|\Delta d|^2+\varepsilon}}\right]_x, \left[\frac{d_{yy}}{\sqrt{|\Delta d|^2+\varepsilon}}\right]_y\right\}\cdot\nabla^{\perp}d=0 \tag{3-54}$$

引进时间 t，利用最速下降法可得 d 为下列方程的稳定解：

$$\frac{\partial d}{\partial t}=\left[\frac{d_{xx}}{\sqrt{|\Delta d|^2+\varepsilon}}\right]_{xx}+\left[\frac{d_{xy}}{\sqrt{|\Delta d|^2+\varepsilon}}\right]_{yx}+\left[\frac{d_{yx}}{\sqrt{|\Delta d|^2+\varepsilon}}\right]_{xy}+$$
$$\left[\frac{d_{yy}}{\sqrt{|\Delta d|^2+\varepsilon}}\right]_{yy}+\lambda_D(d-d_0)=0 \tag{3-55}$$

式(3-53)是这里提出的新四阶偏微分方程，此方程修复模型能够进行平滑修复并很好地实现连通性原理.

2) 四阶方程模型的数值实现

现在讨论四阶偏微分方程式(3-55)的数值实现. 假设时间步长 Δt 和空间尺度大小 h，量化时间和空间坐标

$$t=n\Delta t, n=0, 1, 2, \cdots$$
$$x=ih, i=0, 1, 2, \cdots, I$$
$$y=jh, j=0, 1, 2, \cdots, J$$

详细的迭代方案为

$$d^{(n+1)}=d^{(n)}+\Delta t\left\{\left[\frac{d_{xx}^{(n)}}{\sqrt{|\Delta d^{(n)}|^2+\varepsilon}}\right]_{xx}+\left[\frac{d_{xy}^{(n)}}{\sqrt{|\Delta d^{(n)}|^2+\varepsilon}}\right]_{yx}+\right.$$
$$\left.\left[\frac{d_{yx}^{(n)}}{\sqrt{|\Delta d^{(n)}|^2+\varepsilon}}\right]_{xy}+\left[\frac{d_{yy}^{(n)}}{\sqrt{|\Delta d^{(n)}|^2+\varepsilon}}\right]_{yy}+\lambda_D\left[d^{(n)}-d_0\right]\right\}$$

式中，Δt 是数值时间步长；(n) 是在 $n\Delta t$ 点的第 n 次抽样. 下面详述空间离散化：

$$d_{i,j}^{(n+1)} = d_{i,j}^{(n)} + \Delta t (L_{xx}\{L[d_{i,j}^{(n)}]L_{xx}[d_{i,j}^{(n)}]\} + L_{yx}\{L[d_{i,j}^{(n)}]L_{xy}[d_{i,j}^{(n)}]\} +$$
$$L_{xy}\{L[d_{i,j}^{(n)}]L_{yx}[d_{i,j}^{(n)}]\} + L_{yy}\{L[d_{i,j}^{(n)}]L_{yy}[d_{i,j}^{(n)}]\})$$

其中

$$L_{xx}[d_{i,j}^{(n)}] = d^{(n)}(i+1,j) + d^{(n)}(i-1,j) - 2d^{(n)}(i,j)$$
$$L_{yy}[d_{i,j}^{(n)}] = d^{(n)}(i,j+1) + d^{(n)}(i,j-1) - 2d^{(n)}(i,j)$$
$$L_{xy}[d_{i,j}^{(n)}] = d^{(n)}(i+1,j) - d^{(n)}(i,j) - d^{(n)}(i+1,j-1) + d^{(n)}(i,j-1)$$
$$L_{yx}[d_{i,j}^{(n)}] = d^{(n)}(i,j+1) - d^{(n)}(i,j) - d^{(n)}(i-1,j) + d^{(n)}(i-1,j-1)$$
$$L[d_{i,j}^{(n)}] = \{| L_{xx}[d_{i,j}^{(n)}] |^2 + | L_{yx}[d_{i,j}^{(n)}] |^2 + | L_{xy}[d_{i,j}^{(n)}] |^2 + | L_{yy}[d_{i,j}^{(n)}] |^2\}^{\frac{1}{2}}$$

设

$$f(d) = \frac{L_{xx}(d)}{\sqrt{| L_{xx}(d)^2 | + \varepsilon}}, \quad g(d) = \frac{L_{yy}(d)}{\sqrt{| L_{yy}(d)^2 | + \varepsilon}}$$

为了离散化边界条件式(3-54)，采用 Osher 和 Sethian 的文献[52]中的迎风有限差分方案.

$$d_x(i,j) = \min \bmod(d_{xc}(i,j), \min \bmod(2d_{xB}(i,j), 2d_{xF}(i,j)))$$
$$d_y(i,j) = \min \bmod(d_{yc}(i,j), \min \bmod(2d_{yB}(i,j), 2d_{yF}(i,j)))$$
$$f_x(d) = \min \bmod(f_{xc}[d(i,j)], \min \bmod(2f_{xB}[d(i,j)], 2f_{xF}[d(i,j)]))$$
$$g_y(d) = \min \bmod(g_{yc}[d(i,j)], \min \bmod(2g_{yB}[d(i,j)], 2g_{yF}[d(i,j)]))$$

式中，下标 C，B 和 F 分别定义了中心差分、后项差分和前项差分，并且函数 $\min \bmod$ 满足

$$\min \bmod(a,b) = \operatorname{sign}(a) \cdot \max\{0, \min[| a |, b \cdot \operatorname{sign}(a)]\}$$

所以边界条件离散化为

$$d_x^{(n)}(i,j)g_y[d^{(n)}(i,j)] - d_y^{(n)}(i,j)f_x[d^{(n)}(i,j)] = 0$$

式中，$i=1$ 或 $i=I$；$j=1$ 或 $j=J$.

所有图像的取值在 $[0,255]$ 之间，时间步长为 0.1，并且经过几百次迭代后

就收敛,收敛速度依赖于修复区域 Ω 的大小.

图 3-19 展示了待修复图像[见图 3-19(a)]、TV 模型的修复结果[见图 3-19(b)]以及四阶方程的修复结果[见图 3-19(c)].TV 模型修复结果是直线,不能实现平滑修复,这是 TV 模型的一个缺点.但是四阶方程实现了期望的较好的结果.用本书提出的方程修复,可以实现内部区域着色及如图 3-19 所示的带有圆角的待修复区域的着色和修复.

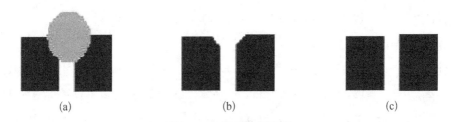

图 3-19　修复效果比较

(a) 原图;(b) TV 模型的修复结果;(c) 四阶方程的修复结果

如图 3-20(a)所示,通过修复一个被部分覆盖的长条展示了方程的强连通性保证,此处修复区域的尺度比长条的宽度还要大.图 3-20(b)则显示 TV 模型的修复结果是两个分离的短长条,结果是不连通的.如图 3-20(c)所示,用四阶方程修复的结果是一整条,尽管长条的宽度比长度小得多.

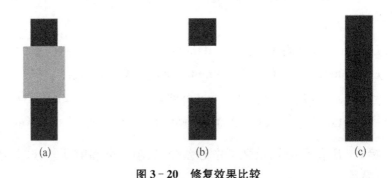

图 3-20　修复效果比较

(a) 原图;(b) TV 模型的修复结果;(c) 四阶方程的修复结果

如图 3-21 所示为用不同方法修复一个被十字架损坏的圆环.如图 3-21(b)所示,TV 模型的修复结果是四个分离的圆弧.四阶方程模型成功实现了平滑修复,得到了完整的圆环如图 3-21(c)所示.

如图 3-22 所示为分 RGB 三个渠道分别修复的蝴蝶图像,可以注意到蝴蝶翅膀处没有被很好地修复.

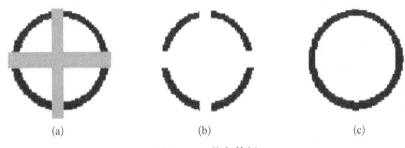

图 3 - 21　修复算例

(a) 原图；(b) TV 模型的修复结果；(c) 四阶方程的修复结果

图 3 - 22　彩色图像修复算例

(a) 原图；(b) 四阶方程的修复结果

3.5.3　图像修复的非线性偏微分方程模型

如前文介绍，一幅二维的数字图像被描述为像素值的有限集合. 在图像中，每一个像素值对应着一个具体的点 x_{ij} 及一个具体的密度值 $I(x_{ij})$. 每一个像素值有唯一的密度值，密度值的范围为从 0(黑色)到 255(白色). 彩色图像是红绿蓝三种颜色的组合，每一个像素值由 $0 \sim 255$ 中的三个整数组成.　由此可知图像是不连续函数，所以这里设图像属于 $BV(\Omega)$.

这里重温一下 BSCB 模型和 CDD 模型，然后基于分析提出新的修复模型.

BSCB 模型为

$$I_t = \nabla^{\perp} I \cdot \nabla(\Delta I), \ x \in D \tag{3-56}$$

式中，$\nabla^{\perp} I$ 是 $I(x, y)$ 的最小密度方向，即切向量的垂直方向，它仅仅说明了灰度值的变化,并不能反映 PDE 的扩散结果,也不依赖于几何特征,所以该模型不能保持图像的直线特征. $\nabla^{\perp} I$ 的绝对值数值上等于 $I(x, y)$ 的瞬时变化率,也等于方程中传播的像素值.传播仅仅依赖于等照度线的强度,而不依赖于几何特征,即曲率.所以设曲率为水平线的传播系数,用来驱动等照度线的传播方向以及图像的拉普拉斯算子 ΔI. 在图像中曲率由几何特征决定,所以修改后的模型能很好地保持线性结构.在修改后的模型中,曲率用来驱动等值线的传播扩散方向,曲线的曲率用作驱动系数.此外,曲率驱动引导形成曲线,所以此模型很稳定且不会模糊边界.修正后的模型为

$$I_t = \kappa \cdot \nabla^{\perp} I \cdot \nabla(\Delta I), \ x \in D \qquad (3-57)$$

CDD 模型的提出是为了克服不满足连通性原理的问题

$$\begin{cases} I_t = \nabla \cdot \left(\dfrac{g(|\kappa|)}{|\nabla I|} \nabla I \right), & x \in D \\ I = I_0, & x \in \partial D \end{cases} \qquad (3-58)$$

式中,$g: R \to [0, \infty)$ 为连续函数且满足 $g(0) = 0$ 和 $g(\pm \infty) = \infty$;$\kappa = \nabla \cdot \left(\dfrac{\nabla I}{|\nabla I|} \right)$ 为等高线(即等值线)的曲率.既然 $\dfrac{g(|\kappa|)}{|\nabla I|}$ 定义了扩散系数,则这个模型适合小曲率图像而不适合大曲率图像.为了克服这个缺点,这里将扩散系数 $\dfrac{g(|\kappa|)}{|\nabla I|}$ 改为 $\dfrac{g(|\kappa|)}{|\Delta I|}$. 所以修改后的 CDD 模型为

$$I_t = \nabla \cdot \left(\dfrac{g(|\kappa|)}{|\Delta I|} \nabla I \right), \ x \in D \qquad (3-59)$$

在这样的改变下,等高线的大曲率处扩散不再减弱,因为在曲率大的地方 $|\Delta I|$ 将很小.

修正后的 BSCB 模型沿着等高线平滑修复,而修正后的 CDD 模型沿着垂直于等高线的方向传播像素值,即沿着法线方向传播.所以联合两个修改后的互补模型

$$I_t = \nabla \cdot \left(\dfrac{g(|\kappa|)}{|\Delta I|} \nabla I \right) + \kappa \cdot \nabla^{\perp} I \cdot \nabla(\Delta I), \ x \in D \qquad (3-60)$$

边界条件为 $I = I_0, \ x \in \partial D$.

在这一节,选择

$$g(s) = \frac{1}{1+s^2}, \ s > 0 \qquad\qquad (3-61)$$

式(3-60)是新的高阶 PDE 修复模型[80]，可以很好地实现大曲率的连通性原理及曲率驱动扩散.

当 $|\Delta I|$ 为 0 时，式(3-60)将不满足正则性条件.为了恢复正则性，式(3-60)中的 $|\Delta I|$ 将正则化为

$$|\Delta I|_\varepsilon = \sqrt{|\Delta I|^2 + \varepsilon} \qquad\qquad (3-62)$$

则式(3-60)将正则化为

$$I_t = \nabla \cdot \left[\frac{g(|\kappa|)}{\sqrt{|\Delta I|^2 + \varepsilon}} \nabla I \right] + \kappa \cdot \nabla^\perp I \cdot \nabla(\Delta I), \ x \in D \quad (3-63)$$

基于以上新四阶模型的数值实现和算例，这里不再给出细节.有兴趣的读者可以参照上节的算法和相关文献[80].

3.6　细胞生长演化的图像模拟建模

有了前文的准备，本节将进入细胞生长过程的图像模拟.

在实际问题中，一种研究细胞规律的方法就是直观分析，通过对细胞生长过程的观察，结合物种本身的特点得出细胞生长规律，以及在细胞生长过程中细胞结构、功能的变化规律，以此解释生命活动规律.

本节将介绍基于图像技术基础上通过利用图像变形，对细胞生长过程进行数字模拟，包括建立模型和数值拟合图像演化过程.

在细胞生长过程拟合时，需要对一定时间间隔内采集获取的生长过程图像进行图像变形和融合.实际上，无论何种高速摄影，其"录像"记录也是通过拍摄一帧帧图片来进行的.技术上，在相邻两帧图像之间可以插入多帧模拟图像，最后重组成视频，以此来模拟细胞的生长过程.这种方法一般需要采集 20 幅图像，就能产生较好的演化效果.

在记录细胞分裂过程图像时，每一张图片代表一个拍摄时刻.要达到反映整个分裂过程的目的，需要构成一个较为流畅的演化视频，也就是将这些图片连续化.当然，所谓连续化也就是在两张图片之间插入若干帧过渡性图片，使得这个过程看起来更"流畅".

下面就以任意两张相邻的图像为例，在其中插入若干帧图像，使得图像从一

张顺利过渡到下一张.这里,需要一个数学模型来实现图像的插入.

在实际模拟的过程中,需要先对图像做一些预处理,这些预处理就是基于前文讨论过的去噪、分割、放大以及特征提取等,然后基于处理结果实现演化建模和模拟.

3.6.1　细胞图像预处理

在采集细胞生长过程的图像时,会有各种外界干扰,比如设备的稳定性、光线变化的影响等,所以需要先对图像做预处理.

由于前文已经介绍了噪声去除、图像修复等方面的技术,这里将使用这些办法对图像做预处理,但是略去了这些过程,直接进入两幅图像中的细胞位置的配准,也就是让图像都位于中心位置;其次是过滤掉图像轮廓边界外的非细胞区域.这样,可以保证需要的流畅化过程没有大的抖动.

先将相邻顺序的两幅细胞图像记为 U_1 和 U_2,对这两幅图像进行重心归一,即将重心归集到同一个位置.注意到这个过程是有必要的,因为细胞生长过程可能会往某一个方向偏移,甚至出现细胞死亡,这样就造成细胞图像出现重心偏移.

为了寻找两幅相邻图像各自的重心,然后以此为依据剪裁掉非细胞区域采取如下具体措施:

根据实际获取的照片大小判图,细胞本身占据的图像区域最大为 251×271 点阵,所以,后续就以此为讨论的区域.现假设原始图像为 $U_{m \times n}(m \geqslant 251, n \geqslant 271)$.计算其"物理质量" M,即图像中目标像素的面积,表示为

$$M = \sum_{j=1}^{n} \sum_{i=1}^{m} U(i, j), U = U_1, U_2, \cdots \qquad (3-64)$$

设图像的重心坐标为 $\bar{P}(\bar{x}, \bar{y})$,则可以通过相应的各阶矩表示

$$x = \frac{M_{10}}{M_{00}}, y = \frac{M_{01}}{M_{00}}, M_{kl} = \iint_{\mathbf{R}^2} x^k y^l U(x, y) \mathrm{d}\sigma \ (k, l = 0, 1) \quad (3-65)$$

式中, M_{kl} 为 $U(x, y)$ 的 $(k+l)$-阶矩.如果图像内部观测区域是规则的几何图形,则此时找到的重心恰好是内部区域的几何中心.由于区域的重心是一种全局描述符,它的坐标是根据所有属于区域内的点计算出来的,图像中任意像素点到重心的距离对于目标区域的平移变化不敏感,所以,可以以重心为中心,将原图像裁剪为预定尺寸大小的图像,完成对图像的预处理.

这里采集到的原图是彩色图像,经过去除噪声预处理后,计算出图像重心位置.

具体计算的时候可以将其转化成灰度图,找出二值图像的重心.然后以此为中心,把如图 3-23 所示的原图像裁剪和放大成尺寸为 251×271 的图[见图(3-24)].

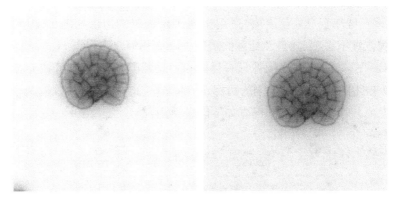

图 3-23　采集的图像

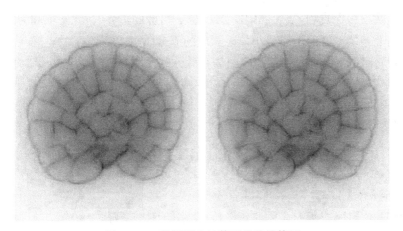

图 3-24　依据重心计算后的剪接算例

经过这样的预处理,不仅可以降低原图像噪声对后期图像演化效果的影响,还可以防止原图像非细胞区域参与细胞演化.

这里为了表达方便,将上一时刻的图像称为"初始图像",下一时刻的则称为"目标图像".

通过在初始图像中寻找图像的重心,对其进行规定尺度的分割,可以去掉大部分图像的不敏感区域,即细胞以外的图像背景.但是通过这种方法裁剪出来的图像,其细胞附近的噪声仍然无法消除,为了使这部分区域对后期的图像演化产生的影响降到最小,在寻找图像的中心之前,先对图形进行分割,只选取细胞区域,而摒弃细胞以外的背景区域.

在图像分割阶段,采用 C-V 模型[见式(3-22)]对其进行分割.3.3 节中介绍过一些图像分割方法,这里选取其中的 C-V 模型.活动轮廓模型是近年来兴起的一种图像分割方法.Chan 和 Vese 提出的 C-V 模型就是一种无边缘活动轮廓模型.该模型基于全局灰度值,适用于弱边缘或感知边缘的图像定位,具有对初始曲线位置不敏感、能自然处理曲线的拓扑变化等众多优点.

在 C-V 模型中,假设图像只有目标和背景两类光滑区域,区域为 Ω 的图像 $I(x,y)$ 被闭曲线边界 C 分割为目标 Ω_o 和背景 Ω_b 两个同质区域,两个区域的平均灰度值分别为 c_o 和 c_b,建立如下能量泛函:

$$E(C,c_o,c_b) = \lambda_o \iint_{\Omega_o} (I-c_o)^2 \mathrm{d}\sigma + \lambda_b \iint_{\Omega_b} (I-c_b)^2 \mathrm{d}\sigma + |C|$$

$$(3-66)$$

式中,$|C|$ 为轮廓闭曲线 C 的长度,此项为正则约束项,取值越小,轮廓曲线越光滑;前两项为保真项,当轮廓闭曲线 C 位于目标的边界时,此两项和为最小值.因此,当上述能量泛函取得最小值时对应的 C 就是理想情况下的轮廓.

最小化式(3-66)的主要思想是先引入水平集(即等值线)函数 φ,将轮廓线 C 用水平集函数 φ 表示为

$$E(\varphi,c_o,c_b) = \lambda \iint_{\Omega} H_\varepsilon(\varphi)(I-c_o)^2 + [1-H_\varepsilon(\varphi)](I-c_b)^2 \mathrm{d}\sigma$$
$$+ \iint_{\Omega} \delta_\varepsilon(\varphi) |\nabla\varphi| \mathrm{d}\sigma \qquad (3-67)$$

这里取定 $\lambda = \lambda_o = \lambda_b$.

根据变分法,求得对应的演化欧拉-拉格朗日方程为

$$\frac{\partial \varphi}{\partial t} = \delta_\varepsilon(\varphi)\left\{\nabla \cdot \frac{\nabla\varphi}{|\nabla\varphi|} - \lambda\left[(I-c_o)^2 - (I-c_b)^2\right]\right\} \qquad (3-68)$$

离散后计算,根据收敛后的 φ 得出分割结果.

以图 3-23 中表示的两张相邻图像为例,其分割后对应的两张相邻图像如图 3-25 所示.分割后按照重心裁剪放大图像后的图像如图 3-26 所示.

图 3-25　分割后的图像算例

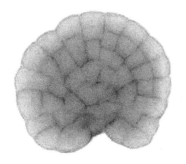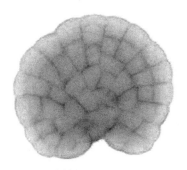

图 3 - 26　剪接后的放大图像算例

3.6.2　细胞图像变形

下一步是将相邻的两幅图像"连接"起来,即通过图像的变形从一幅图像变化到另一幅图像.实际上,这些技术在影视技术里应用很广泛.

所谓图像变形,是通过对初始图像的操作,让图像达到期望的变形图像的过程.这种变形的本质是把初始图像中的像素点移动到目标图像的对应位置.因此,只要能找到初始图像中像素点在目标图像中的位置,就能实现图像变形.图像变形的效果主要由特征一致性这一约束条件决定,针对这一约束条件,我们需要找到整个图像平面的变形函数,可以归为插值问题.

常见的图像变形方法主要有基于径向基函数变形、基于样条曲线变形、能量最小化变形算法等.基于径向基函数变形方法主要是通过选取径向基函数,得到像素偏移函数,以此来实现图像的变形,但是这种方法容易导致临近图像边界部分的扭曲.基于样条曲线变形方法在图像变形领域也具有一定的影响,这种变形方法的一般过程是在初始图像和目标图像之间指定两条样条曲线,然后在初始图像和样条曲线之间定义映射关系,首先对图像的控制点进行映射,对其余的点通过插值算法进行变形,这样也有利于减少计算量.这种方法在变形效果上略显"僵硬",变形图像不自然.能量最小化变形算法旨在构造初始图像和目标图像对应像素点的能量泛函,利用变分原理,最小化这一能量泛函,从而得到像素偏移函数.这种方法在变形效果上较前面几种方法有优势.尽管这种能量泛函方法计算量比较大,鉴于细胞图像的内部结构非常复杂,这里要注重生长演化的图像效果,所以,选取能量最小化变形算法实现细胞图像变形.

根据基于最小移动二乘的变形算法,令 p 为初始图像的控制点集合,q 为控制点经过图像变形后的点的集合.对于当前初始图像中的像素点 v,定义仿射变换 $l_v(\bar{x})$ 满足最优化问题

$$\min \sum_i \omega_i \, | \, l_v(p_i) - q_i \, |^2$$

式中，$\omega_i = \dfrac{1}{| \, p_i - v \, |^{2\alpha}}$　　　　　　　　　　　　　　　　(3-69)

通过求解式(3-69)，计算得到像素偏移函数 $l_v(\bar{x})$.

另外，仿射变换 $l_v(\bar{x})$ 可以分解为线性变换 M 和平移变换 T 的和，即

$$l_v(\bar{x}) = M\bar{x} + T \tag{3-70}$$

通过对应的数据可以解出 T 满足

$$T = q^* - Mp^* \tag{3-71}$$

这里，p^* 和 q^* 为加权质心

$$p^* = \frac{\sum_i \omega_i p_i}{\sum_i \omega_i}, \quad q^* = \frac{\sum_i \omega_i q_i}{\sum_i \omega_i} \tag{3-72}$$

将 T 代入 $l_v(\bar{x})$，则

$$l_v(\bar{x}) = M(x - p^*) + q^* \tag{3-73}$$

因此，最优化问题可以重写为

$$\sum_i \omega_i \, | \, M\hat{p}_i - \hat{q}_i \, |^2, \quad \hat{p}_i = p_i - p^*, \quad \hat{q}_i = q_i - q^* \tag{3-74}$$

得到线性变换

$$M = (\sum_i \hat{p}_i^{\,T} \omega_i \, \hat{p}_i)^{-1} \sum_j \omega_i \, \hat{p}_j^{\,T} \hat{q}_j \tag{3-75}$$

至此，可得到变形函数

$$f_a(v) = (v - p^*) (\sum_i \hat{p}_i^{\,T} \omega_i \, \hat{p}_i)^{-1} \sum_j \omega_i \, \hat{p}_j^{\,T} \hat{q}_j + q^* \tag{3-76}$$

对于初始图像中的每一个点 v_0，代入变形函数 $f_a(v)$，就可以得到对应的变形后的点的位置.

从初始图像到目标图像的变形过程如图 3-27 所示.反过来，从目标图像到初始图像的变形过程如图 3-28 所示.

图 3-27　从初始图像到目标图像的变形过程

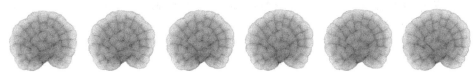

图 3 – 28 从目标图像到初始图像的变形过程

3.6.3 细胞图像融合

图像融合是以图像为主要研究内容的数据融合技术,是把多个不同模式的图像传感器获得的同一场景的多幅图像或同一传感器在不同时刻获得的同一场景的多幅图像合成为一幅图像的过程.

根据图像融合技术,可以实现图像从初始图像 u_1 到目标图像 u_2 的演变.引入时间变量 t $(0 \leqslant t \leqslant 1)$,设某个时刻 t_0 所对应的演变图像为 u_{t_0},令 $u_{t_0} = (1-t_0)u_1 + t_0 u_2$,则对于任意的时间 $t \in [0, 1]$,都能得到相应的 u_t.随着时间 t 的增加,就能得到从初始图像 u_1 到目标图像 u_2 的演变.

图像融合技术虽然能得到从初始图像到目标图像的演变,但是在演变过程中两幅图像的阴影无法避免,这也是这一研究领域一直在致力解决的难题之一.例如晁锐等[81]和蒲恬等[82]分别介绍了基于小波变换的图像融合算法和基于对比度的多分辨图像融合算法,虽然融合效果有所增强,但是阴影对融合效果的影响依然存在.可以参照 3.1 节所介绍的阴影消除办法处理.

当然,既然图像融合过程中阴影的影响不可避免,这里先降低对细胞融合技术的要求,降低这一阶段的计算量,将运算空间贡献给图像变形过程.因此,在建模过程中,改为采用通过两幅图像的线性插值实现图像融合的方法,阴影消除相关的算法不在这里列出.

3.6.4 细胞生长演化

图像变形只是移动初始图像中像素点的位置,而不改变该点的灰度值;细胞融合只是改变像素点的灰度值,而不改变像素点的位置.所以我们将图像变形和图像融合技术相结合,交叉进行,使模拟效果更逼真,具体实现如下:

设 $p_i(i=1, 2, \cdots, n)$ 为初始图像的控制点集合,$q_i(i=1, 2, \cdots, n)$ 为控制点经过图像变形后的点的集合,N 为初始图像到目标图像模拟生长过程时所需要的图像帧数,第 i $(i=1, 2, \cdots, N)$ 张插值图像用 u_i 表示,假设 p_i、$q_i(i=1, 2, \cdots, n)$ 构成匹配点对,取时间 $t_i(i=1, 2, \cdots, n)$,用 u_i 表示 t_i 时刻所产生的第 i 幅插值图像.

从初始图像 u_1 变化至目标图像 u_2 时,为了得到第 i 幅变形图像,设 p 在第 i 次变形后的位置为 q_{i_temp},且

$$q_{i\_\text{temp}} = p + \left(\frac{i}{N}\right)(q-p) \qquad (3-77)$$

利用基于最小移动二乘变形算法,可以得到控制点从 p 到 q_{i_temp} 时的变形图像 u_{i_temp1}.

从初始图像 u_2 变化至目标图像 u_1 时,为了得到第 $N-i$ 幅变形图像,设 q 在第 $N-i$ 次变形后的置为 p_{N-i_temp},且

$$p_{N-i\_\text{temp}} = q - \left(1-\frac{i}{N}\right)(q-p) \qquad (3-78)$$

利用基于最小移动二乘变形算法,可以得到控制点从 q 到 q_{N-i_temp} 时的变形图像 u_{i_temp2}.

得到变形图像后,通过图像融合算法,把同一位置的两幅图像融合.为了减小图像融合时阴影对图像演化的影响,把图像经过傅里叶变换从空间域变换到频率域上,再做融合.融合之后,再用傅里叶逆变换,将融合后的图像从频率域变换回空间域,得到第 i 幅插值图像 u_i,即

$$u_i = \text{FFT}^{-1}\left[\left(1-\frac{i}{N}\right)\cdot\text{FFT}(u_{i\_\text{temp1}}) + \frac{i}{N}\cdot\text{FFT}(u_{i\_\text{temp2}})\right] \qquad (3-79)$$

式中,FFT 和 FFT^{-1} 分别是傅里叶变换和逆变换.对于式(3-79),i 从 1 到 N 做遍历,就可以得到一系列插值图像,从而实现从初始细胞图像到目标图像的均匀过渡.细胞演化实验效果如图 3-29 所示.

图 3-29　演化图像

本节通过对细胞生长过程进行数学建模模拟细胞的生长过程,模拟的生长效果比较形象.在前期对图像做基本的处理之后,采用基于最小移动二乘变形方法.这种方法在计算每一个点变形后的位置时,都需要重新计算权值,因此运算量比较大.并且,选取的控制点越多,运算复杂度越高,相应的,所得到的演化效

果越好.

因此,控制点的选取至关重要,实际模拟过程中可以摒弃不必要的控制点的选取,提高实验效率.在控制点的选取方面,鉴于细胞内部结构的复杂性,可以选取一些细胞内部丝状网络的节点和一些像素变化比较大的点作为特征点.这里提到的模型运算量比较大,所以,可以先尝试选几个细胞边缘点作为特征点,看看内部演化是否匹配,如果发现特征未配准区域,可以重新实验,并且在该区域选取特征点.

第 4 章
隔栏问题与鞘毛藻细胞分裂模型

本章及后续内容是利用经典的变分原理表达形式来研究绿藻细胞,主要是鞘毛藻和盘星藻的细胞分裂、细胞成形机理分析.通过参数方程刻画的平面曲线可以凸显出自身的优势,特别是克服了平面区域的边界曲线复杂性带来的困难.

4.1 问题背景介绍

二维隔栏问题这个几何问题和细胞分裂之间有着一些相关性.这里说的所谓"隔栏问题"也称为区域分割,指的是如何将一个连通的平面区域平均分成面积相等的两个部分,使得分割线也就是"隔栏"最短.这里若无特别说明,主要指单连通区域.这个问题由一个古老的故事演化而来:在很久以前的一个农夫家庭,父亲希望用一段隔墙将一块地平均分成两部分,并且隔墙越短越好,以便于节省成本.

数学上,诺伯特·维纳(Norbert Wiener)[83]在 1914 年提出了这样一个问题:"寻找一条最短分割线,将一块平面区域划分成指定比例的两部分区域".使用几何方法,维纳自己证明了"这条最短分割线就是一段弧,其两个端点都在区域的边界上".维纳提出的问题这样描述:给定平面上一个单连通区域(simply connected area)Ω,不管它的形状如何,是否存在一条全部落在区域内的最短曲线 $\Gamma \subset \Omega$,将该平面分割成面积比为指定比例 κ 的两部分区域 Ω_1 和 Ω_2,$\kappa = |\Omega_1|/|\Omega_2|$.在不会引起混淆的情况下,$|\Omega|$ 表示平面区域的面积,如果 Ω 是三维立体时则表示体积.

定理 4.1 对于一个圆盘,若一条曲线 Γ 将圆盘分成指定比例 κ 的两部分,则最短的曲线是一段弧.

这里维纳限制这条曲线 Γ 是连续的,而它的切线斜率除去有限个间断点之外也是连续的.要解决这个问题,现在会自然想到的就是变分法,但是维纳认为其表达起来有很大难度,转而使用较为初等的办法,可以证明分割线就是端点在边界 $\partial\Omega$ 上的弧或者几段弧的连线.

先看下面的引理:

引理 4.1　给定一个圆周 $C_r = \{x \in \mathbf{R}^2 : |x| = r\}$ 和其上的任意两点 A 和 B,那么对于给定的任意比例 κ 都有一条过 A 和 B 两点的弧 C_R 将圆周内的圆盘 $O_r = \{x \in \mathbf{R}^2 : |x| \leqslant r\}$ 按此比例分割成两部分.

证明　不妨假设半径 r 为 1,不影响对问题的讨论.

如图 4 - 1 所示,对于任意的两点 A、B($A \in C_1$, $B \in C_1$),连接两点得弦 $\overline{AB}$. 在 $\overline{AB}$ 的垂直平分线 $\overline{CD}$ 上取一点 E,再在 C 和 E 两点之间取一点 F. 分别过 A、B 和 E 三点以及 A、B 和 F 三点作两个圆弧 AEB 和 AFB,注意,E 点在图形 $ACBF$ 外面.再者,

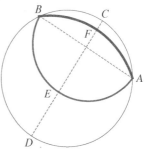

$$\lim_{F \to E} AEBF \text{ 图形面积} \to 0$$

图 4 - 1　圆盘的分割

实际上,当 E 点从靠近 D 点的位置不断地向 C 点靠近时,圆盘 C_r 被圆弧 AEB 切割下来的那部分 $ACBE$ 的面积($=$ 弓形 ACB 的面积 $\pm$ 弓形 AEB 的面积)就连续地从 πr^2 减小到 0. 所以

$$\frac{ACBE \text{ 的面积}}{ADBE \text{ 的面积}} \in (0, +\infty)$$

再依据连续函数的介值性质,任意比例 κ 都是可以取到的.

引理 4.2　通过圆周上两个固定点 A 和 B 将圆周内的圆盘分割成面积比为固定比例 κ 的两个区域的最短曲线是一条圆弧.

证明　仍然记圆周为 C_1,其上有两点 A 和 B. 依据引理 4.1,过 A 和 B 两点的一条弧线将圆周 C_1 内的圆盘面积按照指定比例 κ 分割成两部分,记这段弧为 AEB(见图 4 - 2).如果 AEB 是直线段,本引理结论证毕.

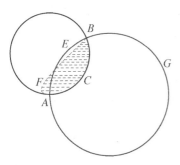

现设弧 AEB 为非直线,假设另一条曲线 AFB 实现了同样要求的圆盘分割.那可以完整画出弧 AEB 的整个圆周 $AEBG$,补充出来的那部分圆弧为 AGB. 这时,记 ACB 为圆周 C_1 上全部落入 $AEBG$ 内部的圆弧.

图 4 - 2　圆弧分割圆盘面积

注意到,此时圆周 $AEBG$ 内的圆盘面积和由

曲线 $AFB \bigcup AGB$ 围成的区域（即 $AFBG$ 的内部面积）是相等的.因为 $AEBG$ 是一个圆周,利用等周不等式或者等周问题的结论,圆周 $AEBG$ 的周长最短,即

$$AEBG \text{ 圆周长} < AFBG \text{ 曲线周长}$$

这就得出,曲线 AFB 长度比弧 AEB 长.这与 AFB 是圆周 C_1 内部固定比例分割线中最短的是矛盾的.

所以,本引理证毕.

现在回去看**定理 4.1** 的证明:如图 $4-3$ 所示,假设圆周 C_r（当 $r=1$ 时,即单位圆周 C_1）内区域被最短曲线 l 分割成面积比为指定比例 κ 的两部分.以 l 上距离 C_r 正距离的点为圆心作一个完全落在 C_r 内部的圆周 C_l.除去有限个点之外,可以让 C_l 的半径充分小,使得 $C_l \bigcap l$ 仅有两个点 A' 和 B'.

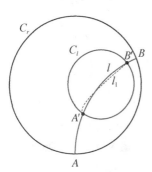

图 4-3   分割圆盘的最短曲线

实际上, $C_l \bigcap l$ 是一段弧.假设 l 分割圆周 C_l 内圆盘成面积比为 m/n 的两部分.现在构造一段弧 l_1 连接两点 A' 和 B' 并且将圆周 C_l 内圆盘同样分成两部分且面积比仍然为 m/n.因为 l_1 是最短曲线,根据前面两个引理,则 $l = l_1$,即 l_1 也是一段弧.否则, $l_1 \bigcup$ $(l \backslash C_l)$ 就形成了一条新的最短分割 C_r,且 C_r 不是 l,互相矛盾.

同样,再在 l 上找一点作一个圆周 C_R,使得其过 l 与圆周 C_r 的交点 A' 和 B',对照 C_R 与上面的 C_l 分析 l,可以得出 l 就是最短的弧.

作为定理 4.1 的一个应用例子,这里直接来分析一下将一个单位圆周 C_1 内部（即单位圆盘）分割成固定面积比例 κ 的最短弧.注意到,上述定理只是说圆盘的最短分割线是圆弧 l,但是没有完全表达出这条分割线（即圆弧 l）与单位圆周 C_1 的相交情况.也就是说,两条曲线（即分割线和被分割图形的边界曲线）是如何相交的,这个问题在定理 4.1 中并没有体现出来.

例 4.1   给定一个比例值 $\kappa \in (0,1)$,如果单位圆周 C_1 内部（单位圆盘）被弦 L 分割成两部分面积比为 κ 的弓形,则存在一条弧 l 能够将这个单位圆盘分割成同样比例的两部分,而且 l 的长度小于 L 的长度,即 $|l| < |L|$.

解   如图 $4-4$ 所示,构造一个圆心在单位圆周 C_1 之外的 O_r、半径为 r 的圆周,且两个圆心之间的距离 $|OO_r| = \sqrt{1+r^2}$.这样构造的圆周 C_r,其在 C_1

内部的那部分圆弧记为 l，将单位圆盘分成面积比例为 κ 的两部分.

作一条垂直于 OO_r 的直线段交 C_1 成弦 L，让 L 将单位圆盘分成面积比为 κ 的两部分.

弧 l 和弦 L 都将单位圆盘分成了面积比例为 κ 的两部分.这两条曲线的长度关系为 $|l| < |L|$.

这里记弧 l 和弦 L 分割之后小于 $\pi/2$ 的面积分别为

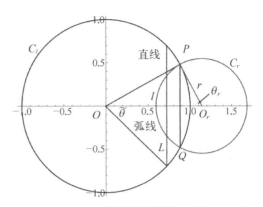

图 4-4　圆盘分割线长度分析

$$s(\theta) = \theta - \frac{1}{2}\sin(2\theta) + \frac{\tan^2\theta}{2}\left[\pi - 2\theta - \sin(2\theta)\right]$$

$$s_r(\theta_r) = \theta_r - \frac{1}{2}\sin(2\theta_r) \qquad (4-1)$$

式中，θ 和 θ_r 分别为被分割圆盘(图 4-4 半径为 1 的左圆)和半径为 r 的右圆相应的圆心角.

分割后的小片面积和余下部分面积之比为 κ，即

$$\kappa = \frac{s(\theta)}{\pi - s(\theta)} \quad \text{或者} \quad \kappa = \frac{s_r(\theta_r)}{\pi - s_r(\theta_r)} \qquad (4-2)$$

这里记弧 l 和弦 L 长度分别为

$$|l| = r\theta_r, \quad |L| = 2\sin\tilde{\theta} \qquad (4-3)$$

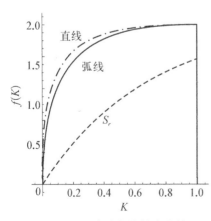

图 4-5　圆盘分割线长度比较

式中，θ_r 和 $\tilde{\theta}$ 分别为过左右两个圆周交点处的半径与 OO_r 所成的夹角，如图 4-4 所示.

利用式(4-1)至(4-3)进行参数方程作图，绘制单位圆盘的弧 l 以及弦 L 的长度相对于面积分割比 κ 的关系曲线，如图 4-5 所示.其中，S_r 指的是与 κ 对应的单位圆盘被 l 或 L 分割出来的小片的面积，$S_r(\kappa)$：$0 \to \pi/2$，而图 4-5 直观显示了 $|l| < |L|$.

具体的算例为 $\theta = \pi/6$，$\theta_r = \pi/3$，小片面积为 $S = 5\pi/(18) - 1/\sqrt{3}$，$\tilde{\theta} = 0.795\,218$.

相应的面积比(小片与剩余部分面积之比)$\kappa = 0.103\,755$, $|l| = 1.209\,2$, $|L| = 1.428\,03$.

维纳在他的文章中也猜测在给定比例下分割凸区域面积的最短曲线是一条圆弧,但他还没有证明这一点.

实际上,Goldberg[84]在1969年提出这样一个问题:给定一个凸四边形,找到将其划分为两个相等区域的最短曲线.针对这个问题,次年,Ogilvy 和 Goldberg[85]都给出了描述性的解答.Ogilvy 的方法受到了 Courant 和 Robbins[86]提出的问题的启发:"如何确定一个角的两条边上的两个点 A 和 B,使得连接这两个点的弧最短,而且它和两条直线围成的面积为一个规定的值."答案是这条弧应该垂直于两条直线.可以将四边形延边做延长线相交成直线夹角,然后利用 Courant 和 Robbins[86]的结论就容易得出结果.Goldberg 自己也给出了解法,使用液体压力分析方法讨论,该解法也是描述性的,Goldberg 还表示这种方法可以进一步讨论更一般的多边形.

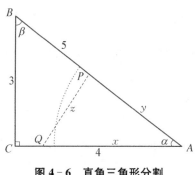

图 4-6 直角三角形分割

Konhauser 等[87]于 1996 年出版的书里提出了直角三角形的面积均分的问题.问题是,一个边长分别为 3、4、5 的直角三角形,如何找一条最短直线将其面积均分成两部分.

如图 4-6 所示的直角三角形面积为 6,均分后的两个图形面积都为 3.假设分割点分别在 AC 和 AB 上,分别记为 P 和 Q,面积 $S_{\triangle APQ} = 3$,即

$$3 = S_{\triangle APQ} = \frac{1}{2} xy \sin \alpha$$

利用余弦定理,得到

$$
\begin{aligned}
z^2 &= x^2 + y^2 - 2xy\cos\alpha \\
&= (x-y)^2 + 2xy(1-\cos\alpha) \\
&= (x-y)^2 + \frac{12(1-\cos\alpha)}{\sin\alpha}
\end{aligned}
$$

不难有 z^2 在 $x = y$ 时取极小值

$$z^2 = \frac{12(1-\cos\alpha)}{\sin\alpha} = \frac{12(1-4/5)}{3/5} = 4$$

即分割直线段长 $z = 2$.

进一步得出 $x^2 = xy = 6/\sin \alpha = 10$, 即 $x = \sqrt{10} \approx 3.162$.

类似分析可得,分割点不可能在 BC 上,不难计算连接 BC 上的点到 AB 或者 AC 上的点的分割线不会更短.这里再不详细分析.

再者,这里还提出了一个如下新的问题: 如果不限制在直线范围内,有没有可能找到一条长度小于 2 的任意曲线来均分上述的三角形?

通过简单计算可以实现.取圆心在最小角点 A 处、半径为 $r = \sqrt{6/\alpha}$ 的圆弧来分割 $\triangle ABC$ 成两部分面积相等的图形,此时的弧长

$$\bar{l} = \sqrt{6 \cdot \alpha} = \sqrt{6 \arctan \frac{3}{4}} \approx 1.964\ 94$$

在维纳提出最短曲线猜想后,1973 年,华盛顿大学 Grünbaum 教授的学生 Joss 在 Notices AMS[88] 上报道称自己证明了这个猜想.然而后续并没有相关的文章发表,所以维纳的猜想仍然没有解决,参见参考文献[89]至[91].实际上,Murray 和 Klamkin[91] 写道:"由于 Joss 的证明并没有刊出,这个问题应该还是待解."

4.2　鞘毛藻细胞分裂问题介绍

绿藻是地球上广泛分布的植物,鞘毛藻是绿藻的一属.盘形鞘毛藻(*Coleochaete orbicularis*)呈现为单层细胞形态(见图 4 - 7[102]).其原变种(*Coleocheate scutata*)呈辐射生长的匍匐藻丝从外缘结合成一紧密或不规则的、1 ~ 3 个细胞层的假薄壁组织.假薄壁组织呈平盘形,边缘规则或不规则[92].

依据《中国淡水藻志》[93] 记载,鞘毛藻细胞有两种形式,一种呈圆盘状,另一种呈线状和径向半圆状.这里讨论的是前者,即盘状细胞.它由一个细胞不断分裂,形成一个盘状的细胞群,这个盘状群在厚度上通常只有一层,少量也有 2 ~ 3 层结构.

除了鞘毛藻本身细胞群结构的特点之外,还有一种较为普遍的观点是它和陆生植物的起源有着深刻的联系[94-96].也有证据支撑鞘毛藻与现已灭绝的植物的祖先很相像且有密切关系.

正是因为这些原因,近来对其分裂机理的研究也变得更深入,例如 Dupuy 等[97],Besson 和 Dumais[98] 以及 3.6 节的讨论内容,也可以参见参考文献[99].而 3.6 节与前两篇文献不同的是,它是基于图像信息的直观方法进行讨论的.

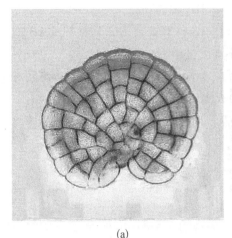 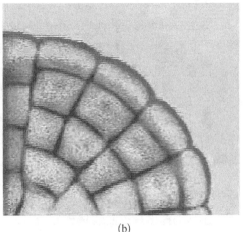

(a)   (b)

图 4-7   实验图像

(a) 盘形鞘毛藻；(b) 成熟细胞局部显示

在植物研究中，一些经验表明，由于张力的作用，细胞分裂通常是在截面面积最小的地方发生的（这个规律被称为**"Errera 分裂律"**，由 Errera 在 1886 年提出），细胞会分裂成两个体积相同的子细胞[98, 100-101].

Besson 和 Dumais[98]基于微分方程理论分析了细胞的生长，本书进一步基于变分原理来讨论这种分裂的机理.通过更为一般形式的变分，同时还可以导出方程满足的边界条件[102].

这里通过分析，将建立这种植物细胞的分裂方式与前面的几何规律之间的关系.这里给出的模型可以用于分析更为一般的平面区域，比如一些非凸区域.还可以基于这里的模型来模拟细胞的分裂过程.更为重要的是，这里实际上给出了前面的维纳猜想的一种证明.这种方法的优势在于使用了参数方程，它在描述平面区域的边界上有自己的优势.

4.3   参数方程形式下的分裂模型

记平面区域 Ω 的边界

$$C: (x, y) = (\varphi(t), \psi(t)), t \in [0, T]$$

$|\Omega|$ 表示区域 Ω 的面积，而 C 是简单光滑或者分段光滑后闭曲线（见图 4-8）.现在试图去寻找一条最短曲线将区域 Ω 平均分成面积相等的两部分.必要地，假设一条曲线将区域 Ω 分成面积相等的两部分区域，在这样的曲线中寻找一条最

短的.

　　直观上,矩形和圆盘都是简单的平面区域.若 C 是一个圆周,其直径应该就是面积等分区域 Ω 的最短曲线.若 C 是矩形区域的边界曲线,则平行于短边的分割直线是最短曲线.

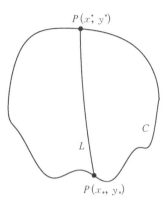

　　对于一般的区域 Ω,假设点 P, $P(x, y) \in \overline{\Omega} = \Omega \bigcup \partial\Omega$,边界 $C = \partial\Omega$ 上有两个点 $P_*(x_*, y_*)$ 和 $P^*(x^*, y^*)$ 对应于参数 $t = t_*$ 和 t^*,这里 $t_* < t^*$.

图 4-8
一条曲线 L 将区域 Ω 分成
面积相等的两部分

　　注意到图 4-8 中 $P(x(0), y(0)) = P(x(T), y(T))$,面积 $|\Omega| = \dfrac{1}{2} \oint_C x\,\mathrm{d}y - y\,\mathrm{d}x$.

　　记区域 Ω 的等面积最短分割线 $L: (x, y) = (\alpha(t), \beta(t))$, $t \in [t_*, t^*]$,它和曲线 C 的一部分 C^* 围成面积为一半的区域.

　　再看带约束的拉格朗日泛函

$$J(L) = \int_{t_*}^{t^*} \sqrt{\alpha'^2(t) + \beta'^2(t)}\,\mathrm{d}t + \lambda\left(\frac{1}{2}\oint_{C^* \bigcup (-L)} x\,\mathrm{d}y - y\,\mathrm{d}x - \frac{|\Omega|}{2}\right) \quad (4-4)$$

　　对于区域的最短分割线 L,引入任意的摄动曲线

$$L_1: (x, y) = (\alpha_1(t), \beta_1(t)), \quad t \in [t_*, t^*]$$

将最短分割线 L 摄动之后为 $L_\varepsilon := L + \varepsilon L_1$,其中 $\varepsilon > 0$ 为任意常数,则

$$J(L_\varepsilon) = \int_{t_*(\varepsilon)}^{t^*(\varepsilon)} \sqrt{(\alpha' + \varepsilon\alpha_{1'})^2 + (\beta' + \varepsilon\beta_{1'})^2}\,\mathrm{d}t + \frac{\lambda}{2}\left(\oint_{C^* \bigcup L_\varepsilon} x\,\mathrm{d}y - y\,\mathrm{d}x - |\Omega|\right)$$

$$(4-5)$$

为方便起见,引入朗斯基行列式记号

$$W(f, g)(t) = f(t)g'(t) - f'(t)g(t) = \begin{vmatrix} f(t) & f'(t) \\ g(t) & g'(t) \end{vmatrix} \quad (4-6)$$

本章及后面章节中,$\langle \cdot, \cdot \rangle$ 表示一条二维向量.

计算其相对于 ε 的导数,有

$$\frac{\mathrm{d}}{\mathrm{d}\varepsilon}J(L_\varepsilon)$$

$$= \int_{t_*(\varepsilon)}^{t^*(\varepsilon)} \frac{(\alpha' + \varepsilon\alpha_1')\alpha_1' + (\beta' + \varepsilon\beta_1')\beta_1'}{\sqrt{(\alpha' + \varepsilon\alpha_1')^2 + (\beta' + \varepsilon\beta_1')^2}}\,\mathrm{d}t +$$

$$\sqrt{(\alpha'+\varepsilon\alpha_1')^2+(\beta'+\varepsilon\beta_1')^2}\mid_{t^*(\varepsilon)}\frac{\mathrm{d}t^*(\varepsilon)}{\mathrm{d}\varepsilon}-$$

$$\sqrt{(\alpha'+\varepsilon\alpha_1')^2+(\beta'+\varepsilon\beta_1')^2}\mid_{t_*(\varepsilon)}\cdot\frac{\mathrm{d}t_*(\varepsilon)}{\mathrm{d}\varepsilon}+$$

$$\frac{\lambda}{2}W(\varphi,\psi)[t^*(\varepsilon)]\cdot t^{*\prime}(\varepsilon)-\frac{\lambda}{2}W(\varphi,\psi)[t_*(\varepsilon)]\cdot t'_*(\varepsilon)-$$

$$\lambda\int_{t_*(\varepsilon)}^{t^*(\varepsilon)}\{\beta'+\varepsilon\beta_1',-(\alpha'+\varepsilon\beta_1')\}\cdot\{\alpha_1,\beta_1\}\mathrm{d}t+\frac{\lambda}{2}\{\beta,-\alpha\}\cdot\{\alpha_1,\beta_1\}\mid_{t=t_*(\varepsilon)}^{t=t^*(\varepsilon)}-$$

$$\frac{\lambda}{2}\{W(\alpha+\varepsilon\alpha_1,\beta+\varepsilon\beta_1)[t^*(\varepsilon)]t^{*\prime}(\varepsilon)-W(\alpha+\varepsilon\alpha_1,\beta+\varepsilon\beta_1)[t_*(\varepsilon)]t'_*(\varepsilon)\}$$

简记 $t^*(0)=t^*$ 和 $t_*(0)=t_*$. 在驻点 $\varepsilon=0$ 处导数为 0，也就是

$$0=\frac{\mathrm{d}}{\mathrm{d}\varepsilon}J(L+\varepsilon L_1)\mid_{\varepsilon=0}=\int_{t_*}^{t^*}\frac{\alpha'\alpha_{1'}+\beta'\beta_1'}{\sqrt{\alpha'^2+\beta'^2}}\mathrm{d}t+$$

$$\sqrt{\alpha'^2(t^*)+\beta'^2(t^*)}\cdot t^{*\prime}(0)-\sqrt{\alpha'^2(t_*)+\beta'^2(t_*)}\cdot t'_*(0)+$$

$$\frac{\lambda}{2}[W(\varphi,\psi)(t^*)\cdot t^{*\prime}(0)-W(\varphi,\psi)(t_*)\cdot t'_*(0)]-$$

$$\lambda\int_{t_*}^{t^*}\{\beta',-\alpha'\}\cdot\{\alpha_1,\beta_1\}\mathrm{d}t+\frac{\lambda}{2}\{\beta,-\alpha\}\cdot\{\alpha_1,\beta_1\}\mid_{t=t_*}^{t=t^*}-$$

$$\frac{\lambda}{2}W(\alpha,\beta)(t^*)\cdot t^{*\prime}(0)+\frac{\lambda}{2}W(\alpha,\beta)(t_*)\cdot t'_*(0)$$

分部积分后，有

$$0=-\int_{t_*}^{t^*}\{\alpha_1,\beta_1\}\cdot\left(\frac{\mathrm{d}}{\mathrm{d}t}\frac{\{\alpha',\beta'\}}{\sqrt{\alpha'^2+\beta'^2}}+\lambda\{\beta',-\alpha'\}\right)\mathrm{d}t+$$

$$\left[\frac{\{\alpha',\beta'\}}{\sqrt{\alpha'^2+\beta'^2}}+\frac{\lambda}{2}\{\beta,-\alpha\}\right]\cdot\{\alpha_1,\beta_1\}\mid_{t_*}^{t^*}+$$

$$\left\{\sqrt{\alpha'^2(t^*)+\beta'^2(t^*)}+\frac{\lambda}{2}[W(\varphi,\psi)(t^*)-W(\alpha,\beta)(t^*)]\right\}\cdot t^{*\prime}(0)-$$

$$\left\{\sqrt{\alpha'^2(t_*)+\beta'^2(t_*)}+\frac{\lambda}{2}[W(\varphi,\psi)(t_*)-W(\alpha,\beta)(t_*)]\right\}\cdot t'_*(0)$$

$$(4-7)$$

在交接点处，满足条件

$$\begin{cases} P^*(x^*, y^*): \{\varphi[t^*(\varepsilon)], \psi[t^*(\varepsilon)]\} \\ \quad = \{\alpha[t^*(\varepsilon)] + \varepsilon\alpha_1[t^*(\varepsilon)], \beta[t^*(\varepsilon)] + \varepsilon\beta_1[t^*(\varepsilon)]\}, \\ P_*(x_*, y_*): \{\varphi[t_*(\varepsilon)], \psi[t_*(\varepsilon)]\} \\ \quad = \{\alpha[t_*(\varepsilon)] + \varepsilon\alpha_1[t_*(\varepsilon)], \beta[t_*(\varepsilon)] + \varepsilon\beta_1[t_*(\varepsilon)]\}. \end{cases}$$

计算这里的导数

$$\varphi'[t^*(\varepsilon)]t^{*\prime}(\varepsilon) = \{\alpha'[t^*(\varepsilon)] + \varepsilon\alpha_{1'}[t^*(\varepsilon)]\}t^{*\prime}(\varepsilon) + \alpha_1[t^*(\varepsilon)]$$

这样,有

$$\begin{aligned} t^{*\prime}(\varepsilon) &= \frac{\alpha_1[t^*(\varepsilon)]}{\varphi'[t^*(\varepsilon)] - \alpha'[t^*(\varepsilon)] - \varepsilon\alpha_1'[t^*(\varepsilon)]} \\ &= \frac{\beta_1[t^*(\varepsilon)]}{\psi'[t^*(\varepsilon)] - \beta'[t^*(\varepsilon)] - \varepsilon\beta_1'[t^*(\varepsilon)]} \end{aligned} \tag{4-8}$$

类似地,有

$$\begin{aligned} t'_*(\varepsilon) &= \frac{\beta_1[t_*(\varepsilon)]}{\psi'[t_*(\varepsilon)] - \beta'[t_*(\varepsilon)] - \varepsilon\beta_1'[t_*(\varepsilon)]} \\ &= \frac{\alpha_1[t_*(\varepsilon)]}{\varphi'[t_*(\varepsilon)] - \alpha'[t_*(\varepsilon)] - \varepsilon\alpha_1'[t_*(\varepsilon)]} \end{aligned} \tag{4-9}$$

式(4-8)和(4-9)中,$t^{*\prime}(\varepsilon)$ 和 $t'_*(\varepsilon)$ 的右端两项应该是相容的.

利用向量 $\{\alpha_1, \beta_1\}$ 的任意性,可由式(4-7)推出分割线 L 满足的方程组

$$\frac{\mathrm{d}}{\mathrm{d}t} \frac{\{\alpha', \beta'\}}{\sqrt{\alpha'^2 + \beta'^2}} + \lambda\{\beta', -\alpha'\} = 0 \tag{4-10}$$

不难得出

$$\{\alpha(t), \beta(t)\} = \frac{1}{\lambda}\{\cos Ct, \sin Ct\} + \{C_1, C_2\}$$

满足式(4-10).

另外,将 $\varepsilon = 0$ 时的表达式(4-8)和(4-9)代入式(4-7),则有

$$0 = \left(\frac{\{\alpha', \beta'\}}{\sqrt{\alpha'^2 + \beta'^2}} + \frac{\lambda}{2}\{\beta, -\alpha\} \mid_{t_*}^{t^*} \right) \cdot \{\alpha_1, \beta_1\} \mid_{t_*}^{t^*} +$$

$$\left\{ \sqrt{\alpha'^2(t^*) + \beta'^2(t^*)} + \frac{\lambda}{2}[W(\varphi, \psi)(t^*) - W(\alpha, \beta)(t^*)] \right\} \cdot t^{*\prime}(0) -$$

$$\left\{ \sqrt{\alpha'^2(t_*) + \beta'^2(t_*)} + \frac{\lambda}{2}[W(\varphi, \psi)(t_*) - W(\alpha, \beta)(t_*)] \right\} \cdot t'_*(0)$$

$$=: \left[\frac{\{\alpha', \beta'\}}{\sqrt{\alpha'^2 + \beta'^2}} + \frac{\lambda}{2}\{\beta, -\alpha\}\right] \cdot \{\alpha_1, \beta_1\} \mid_{t_*}^{t^*} + \Phi(t^*, \lambda) - \Phi(t_*, \lambda)$$

$$(4-11)$$

其中,

$$\Phi(\eta, \lambda) = \frac{\sqrt{\alpha'^2(\eta) + \beta'^2(\eta)} + \frac{\lambda}{2}[W(\varphi, \psi)(\eta) - W(\alpha, \beta)(\eta)]}{\psi'(\eta) - \beta'(\eta)} \cdot \beta_1(\eta)$$

这里,如果 $\psi'(\eta) - \beta'(\eta) = 0$,则可以用 $\varphi'(\eta) - \alpha'(\eta)(\eta = t^*$ 或 $t_*)$ 表示 $t^{*'}(0)$ 和 $t'_*(0)$,然后做类似的分析.

因此,式(4-10)的边界点条件如下:

在 t^*: $0 = \dfrac{\alpha'(t^*)}{\sqrt{\alpha'^2(t^*) + \beta'^2(t^*)}} + \dfrac{\lambda}{2}\beta(t^*)$ $\qquad (4-12)$

$$0 = \left[\frac{\beta'(t^*)}{\sqrt{\alpha'^2(t^*) + \beta'^2(t^*)}} - \frac{\lambda}{2}\alpha(t^*)\right][\psi'(t^*) - \beta'(t^*)] +$$

$$\sqrt{\alpha'^2(t^*) + \beta'^2(t^*)} + \frac{\lambda}{2}[W(\varphi, \psi)(t^*) - W(\alpha, \beta)(t^*)] \quad (4-13)$$

在 t_*: $0 = \dfrac{\alpha'(t_*)}{\sqrt{\alpha'^2(t_*) + \beta'^2(t_*)}} + \dfrac{\lambda}{2}\beta(t_*)$ $\qquad (4-14)$

$$0 = \left[\frac{\beta'(t_*)}{\sqrt{\alpha'^2(t_*) + \beta'^2(t_*)}} - \frac{\lambda}{2}\alpha(t_*)\right][\psi'(t_*) - \beta'(t_*)] +$$

$$\sqrt{\alpha'^2(t_*) + \beta'^2(t_*)} + \frac{\lambda}{2}[W(\varphi, \psi)(t_*) - W(\alpha, \beta)(t_*)] \quad (4-15)$$

结合交接点条件 $\alpha(\eta) = \varphi(\eta)$,$\beta(\eta) = \psi(\eta)$ $(\eta = t_*$ 或 $t^*)$ 以及式(4-12)和(4-14),得出式(4-13)和(4-15)变为

$$0 = \frac{\beta'(\eta)\psi'(\eta) + \alpha'^2(\eta)}{\sqrt{\alpha'^2(\eta) + \beta'^2(\eta)}} +$$

$$\frac{\lambda}{2}[W(\varphi, \psi)(\eta) - W(\alpha, \beta)(\eta) - \varphi(\eta)\psi'(\eta) + \varphi(\eta)\beta'(\eta)]$$

$$= \frac{1}{\sqrt{\alpha'^2(\eta) + \beta'^2(\eta)}}[\alpha'(\eta)\varphi'(\eta) + \beta'(\eta)\psi'(\eta)]$$

也就是说,在 $\eta = t_*$ 和 $\eta = t^*$ 两个点处,有

$$\frac{\alpha'(\eta)}{\sqrt{\alpha'^2(\eta) + \beta'^2(\eta)}} + \frac{\lambda}{2}\psi(\eta) = 0$$

即　　　　　$\{\alpha'(\eta),\ \beta'(\eta)\} \cdot \{\varphi'(\eta),\ \psi'(\eta)\} = 0$ 　　　　(4-16)

式(4-16)表明**分割线和边界在交点处是两两正交的,也就是分割线垂直于边界**.

总结起来,得到如下定理:

定理 4.2　将光滑(分段光滑)曲线 C 围成的平面区域 Ω 面积均分的最短曲线是一条弧,其满足如下方程和边界条件:

$$\begin{cases} \dfrac{\mathrm{d}}{\mathrm{d}t} \dfrac{\{\alpha',\ \beta'\}}{\sqrt{\alpha'^2 + \beta'^2}} + \lambda\{\beta',\ -\alpha'\} = 0, & \text{在}(t_*,\ t^*)\text{内} \\[3mm] \dfrac{\alpha'}{\sqrt{\alpha'^2 + \beta'^2}} + \dfrac{\lambda}{2}\psi = 0,\ \{\alpha',\ \beta'\} \cdot \{\varphi',\ \psi'\} = 0, & \text{在}\ t = t_*\ \text{和}\ t^*\ \text{上} \end{cases}$$ 　(4-17)

式中,λ 为分割弧的曲率.

实际上,分割线和边界垂直,除非交点处边界不光滑.定理 4.2 可以用于求解前面的隔栏问题,其优势在于这里并没有限制区域 Ω 一定是凸区域,而且其边界也可以更为复杂.

通过简单计算,可以发现定解问题式(4-17)与 Besson 和 Dumais 得出的结果[98]一致.

上述分析给出了最短分割线就是弧线,而且这条弧在与区域 Ω 的边界曲线 C 的交点处是垂直的结果.寻找这条分割线的算法可以通过边界线 C 上点的法线平行的弧线来实现.当然,具体的算法还依赖于具体区域.

4.4　几何实验算例

在具体的鞘毛藻细胞分裂实验中,定时记录分裂状态,将不同时间的细胞形状进行图片拍摄.具体细胞如图 4-9 所示.

这里再依据定理 4.2 具体计算一些例子.为了更容易理解分裂过程的机理机制,先看几何例子.

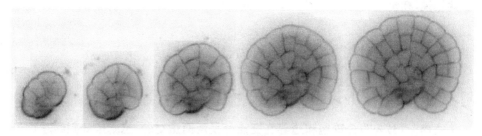

图 4-9   鞘毛藻细胞分裂过程

4.4.1   等腰三角形的均分问题

将一个等腰三角形(这里假设两条不平行于水平线的腰相等)的面积等分,垂直于腰的弧线作为最短分割线.这种分割要分两种情况,即小顶角和大顶角,它的临界顶角 $\theta^* = \pi/3$,如图 4-10 所示.当顶角 $\theta \leqslant \pi/3$ 时,最短分割弧的顶点就在等腰三角形的顶点处;当顶角 $\theta > \pi/3$ 时,最短分割弧的顶点就在等腰三角形的两个底角点处.

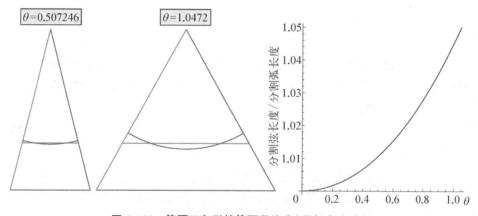

图 4-10   等腰三角形的等面积均分(顶角 $\theta \leqslant \pi/3$)

具体计算,当 $\theta \leqslant \pi/3$ 时,划分等腰三角形的两条最短曲线,一是圆心在上顶点的圆弧,二是平行于底边的直线段.这两条曲线,或者说一条弧和一条平行于底边的直线,它们的长度之比见图 4-10 右图的曲线.直线分割弦长度和分割弧的长度之比为

$$\frac{\text{分割弦长度}}{\text{分割弧长度}} = \sqrt{\frac{a/(2h)}{\arctan a/(2h)}} > 1, \theta \in \left(0, \frac{\pi}{3}\right)$$

式中, $2a$ 和 h 分别为等腰三角形底边的长度和高度;顶角 $\theta = 2\arctan\dfrac{a}{h}$.

当 $\theta > \pi/3$ 时,等面积划分等腰三角形的两条均分曲线变成了中垂线直线和圆心在底角(左右对称)的圆弧(见图 4 - 11).同样,弦和弧的长度之比仍然大于 1.

$$\frac{\text{高度 } h}{\text{分割弧长度}} = \frac{\sqrt{h/a}}{\sqrt{\arctan(h/a)}} > 1, \theta \in \left(\frac{\pi}{3}, \pi\right)$$

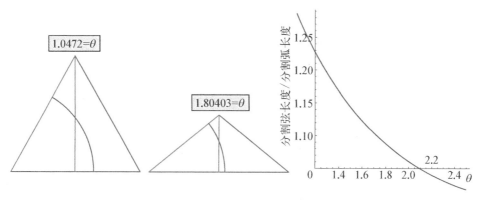

图 4 - 11　等腰三角形的等面积均分(顶角 $\theta > \pi/3$)

4.4.2　正多边形的均分

一个正多边形可以外接一个圆周.对于正 k -多边形的均分,可以分成如下几种情况分别讨论最短分割线问题:

(1) $k = 2n$,即偶数边正多边形.此时的最短分割线就是正多边形两条对边的垂直平分线(过圆心).

(2) $k = 2n + 1$,即奇数边正多边形.此时的最短面积均分线为一段弧,弧的圆心在多边形外,并且过正多边形中心与该弧圆心的连线与分割弧垂直.

对于 $k = 2n + 1$ 奇数边正多边形的情况,分成两种情况讨论,分别是 $4m + 1$ 和 $4m - 1$. 具体也可以参见图 4 - 12 来帮助理解.

当 $k = 4m + 1$ 时,如图 4 - 12(b)中正多边形所示.假设正多边形的外接圆半径为单位圆,即半径长度为 1.不难有过正上方顶点和圆心的直线平分这个 $k = 4m + 1$ 的多边形,使左右两边分别是 $2m + (1/2)$ 个等腰三角形.

以右半部分 $2m + (1/2)$ 个等腰三角形为例.从上往下计这些等腰三角形为

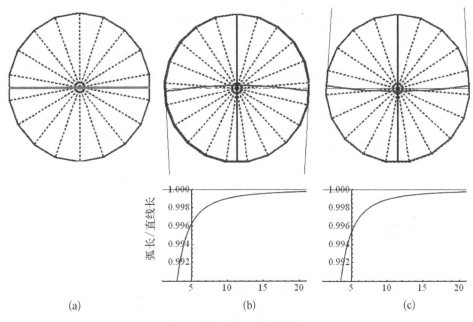

图 4‑12 正多边形的均分

(a) $k=2n$；(b) $k=4n+1$；(c) $k=4n-1$

Δ_i $(i=1,2,\cdots,2m)$，最后还有半个为 $\Delta_{2m+(1/2)}$。每一个等腰三角形面积

$$S_{\Delta_i}=\mid\Delta_i\mid=\frac{1}{2}\cdot1\cdot\sin\alpha\cos\alpha$$

这里等腰三角形底角

$$\alpha=\frac{1}{2}\cdot\left(\pi-\frac{2\pi}{4m+1}\right)$$

先设圆弧的半径为 r，易证其圆心在下方，将右半部分正多边形均分.这条圆弧与正多边形的交点在第 $m+1$ 个三角形 Δ_{m+1} 上.向下延长 Δ_{m+1} 的短边，就与分割圆弧的圆心与半径 r 围成一个 Δ_{m+1} 下方的三角形(记为 Δ_r).这样，只要将分割圆弧与 Δ_r 之间的小片面积(记为 S_{pic})表示出来，分割正多边形的问题就会迎刃而解.

$$S_{\text{pic}}=\frac{1}{2}r^2\frac{\theta}{2}-\mid\Delta_r\mid=\frac{r^2\theta}{4}-\frac{1}{2}\cdot1\cdot r\sin\left[\alpha-\frac{\theta}{2}\right]$$

这样，总结起来有

$$\{[m-1+(1/2)]\mid\Delta_{m+1}\mid+S_{\text{pic}}\}\cdot2=\frac{1}{2}\cdot\text{正多变形全面积}=\frac{1}{2}\cdot(4m+1)\mid\Delta_i\mid$$

$$(4-18)$$

注意到

$$\alpha - \frac{\theta}{2} = (m - 1 + 1/2) \cdot \frac{2\pi}{4m + 1}$$

记 $\gamma(m) = 1 + 4m$，不难得出

$$\theta = \frac{\pi}{1 + 4m} = \frac{\pi}{\gamma(m)}$$

以及

$$r = \frac{[2\gamma(m)]\cos\left[\dfrac{3\pi}{2\gamma(m)}\right] + \sqrt{\gamma(m)\left\{4\gamma(m)\cos^2\left[\dfrac{3\pi}{2\gamma(m)}\right] + 3\pi\sin\left[\dfrac{2\pi}{\gamma(m)}\right]\right\}}}{2\pi}$$

再结合前面的圆心角等数据，得到当 $k = 4m + 1$ 时，半径为 r 的均分正多边形的分割圆弧长度（$l_{arc} = r\theta$）与从顶点出发的平分直线段长度（$l = 1 + \sin\alpha$）之比

$$\frac{l_{arc}}{l} = \frac{[2\gamma(m)]\cos\left[\dfrac{3\pi}{2\gamma(m)}\right] + \sqrt{\gamma(m)\left\{4\gamma(m)\cos^2\left[\dfrac{3\pi}{2\gamma(m)}\right] + 3\pi\sin\left[\dfrac{2\pi}{\gamma(m)}\right]\right\}}}{2\gamma(m)\left\{1 + \cos\left[\dfrac{\pi}{\gamma(m)}\right]\right\}}$$

$$(4-19)$$

同样分析 $k = 4m - 1$ 的情况，综合两种情况可得

$$\frac{l_{arc}}{l} = \begin{cases} \dfrac{2\sqrt{\left(\dfrac{\pi}{2} - \dfrac{2n\pi}{k}\right)\left(0.75\sin\left(\dfrac{2\pi}{k}\right) + \cos\left(\dfrac{\pi}{k}\right)\sec\left(\dfrac{2n\pi}{k}\right)\sin\left(\dfrac{(2n-1)\pi}{k}\right)\right)}}{1 + \cos\left(\dfrac{\pi}{k}\right)}, \\ \qquad k = 4n + 1 \\[2em] \dfrac{2\sqrt{\left[\dfrac{\pi}{2} - \dfrac{(2n-1)\pi}{k}\right]\left[0.75\sin\left(\dfrac{2\pi}{k}\right) + \cos\left(\dfrac{\pi}{k}\right)\sec\left(\dfrac{(2n-1)\pi}{k}\right)\sin\left(\dfrac{2(n-1)\pi}{k}\right)\right]}}{1 + \cos\left(\dfrac{\pi}{k}\right)}, \\ \qquad k = 4n - 1 \end{cases}$$

式中，l_{arc} 是按照定理 4.2 给出的分割弧的长度，而 l 则是垂直于底边的直线分割线段的长度.

4.4.3　等腰三角形与半圆盘并成的区域均分

再看一个算例.区域 Ω 是由一个半圆盘并上一个底边为半圆盘直径的等腰三角形构成.如图 4-13 所示,假设等腰三角形在半圆盘上方,其顶角为 θ,斜边长度为 1. 这样下半圆盘半径为 $r = \sin(\theta/2)$.

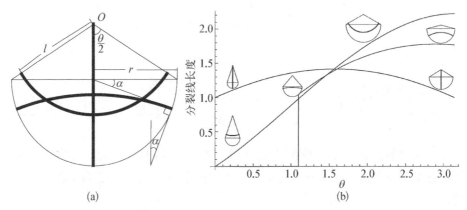

图 4-13　半圆盘与上方等腰三角形一起构成的区域的均分

(a) 三种分割线(粗线);(b) 三种分割线长度比较

有如下三种分割情况:① 圆心在三角形顶角点的圆弧,其半径记为 l;② 圆心在三角形下方的圆弧,其半径记为 R;③ 区域的对称平分线,其长度为 $r + \cos(\theta/2)$.

如图 4-13(a)所示,这三种分隔线分别被标记成粗线.如图 4-13(b)所示为三种分割线的长度比较.具体如下:① 圆心在上方的圆弧分割线长度为 $l\theta = \sqrt{\theta(\sin\theta + \pi\sin^2(\theta/2))}$;② 圆心在下方的圆弧分割线长度为 $2R\alpha = 2\alpha\cot\alpha\sin(\theta/2)$;③ 区域的对称平分线长度为 $r + \cos(\theta/2) = \sin(\theta/2) + \cos(\theta/2)$.这里的第②种分割线长度中半角 α 是通过三角形顶角 θ 的表达式决定的反函数

$$\theta = -2\arctan\frac{2}{4\alpha\cot^2\alpha - 4\cot\alpha - 4\alpha + \pi}$$

这里的 θ $(\theta > 0)$ 是严格单调减函数.计算结果与 Miori 等[103]的分析一致.

4.4.4　扇形的均分

扇形是与鞘毛藻细胞分裂相关的图形之一.如图 4-14 所示为半径介于 R 和 r $(R > r)$ 之间的扇形(即阴影部分),与圆心角 θ 对应的外、内圆弧长度分别记为 L 和 l.扇形面积

$$S = \frac{1}{2}(R^2 - r^2)\theta$$

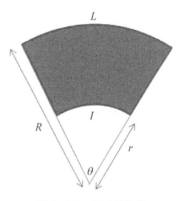

图 4 - 14　扇形的均分

注意, $R\theta = L$, $r\theta = l$, 故

$$\theta = \frac{L - l}{R - r}, \quad R + r = \frac{L + l}{\theta} = \frac{L + l}{L - l} \cdot (R - r)$$

所以, 面积表达式变成

$$S = \frac{1}{2}(R - r) \cdot \frac{L + l}{L - l}(R - r) \cdot \frac{L - l}{R - r}$$

$$= \frac{L + l}{2}(R - r)$$

这里引入两个概念, 一个是"**径向分割**", 指的是扇形被过圆心的半径分割; 另一个是"**切向分割**", 指的是被扇形的同心圆弧分割.

记临界值为

$$\theta^* = \sqrt{\frac{2}{R^2 + r^2}} \cdot (R - r) \tag{4 - 20}$$

它是扇形的两种分割之间的临界值, 即当 $\theta < \theta^*$ 时是切向分割, 当 $\theta > \theta^*$ 时则是径向分割.

4.5　鞘毛藻细胞分裂实验

根据实验过程记录, 通过分析和对照分析顺序各图之间的演化关系, 得出各代分裂细胞之间的联系和分裂时间以及面积大小变化情况.

4.5.1　实验数据分析

图 4 - 15 为细胞右上角的 1/4 部分演化数据, 具体如图 4 - 9 所示.

如图 4 - 16(a) 所示为 "似矩形" 的边长, 即按照矩形来测量细胞形状时对应的边长. 实际上, 使用梯形或许更为精确一些. 可以看出径向分裂和切向分裂之间明显的差别. 图 4 - 16(a) 中直线表示长宽相等的矩形, 即正方形的边长度. 图 4 - 16(b) 表示分裂发生时母细胞面积大小 (纵轴) 与分裂阶段之间的关系. 第一阶段和第 2 阶段时母细胞面积是有差别的.

再进一步仔细分析. 取图 4 - 16(a) 的点作为分布的中心点, 分析相应面积分

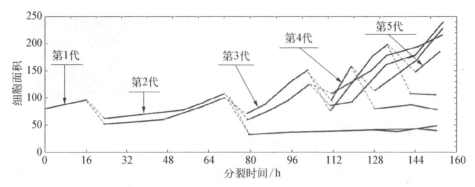

图 4 - 15　细胞分裂演化过程中各代数据示意

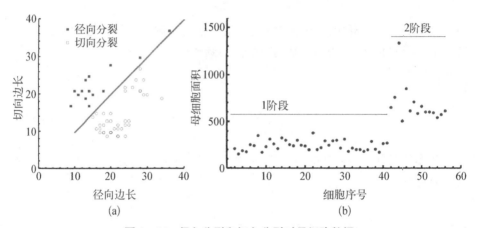

图 4 - 16　径向分裂和切向分裂时母细胞数据
（a）用"似矩形"衡量两种分裂发生时的长宽方向分布；（b）分裂时的面积大小分布

布情况,结果如图 4 - 17 所示.使用两条双曲线做拟合,也发现两个分裂阶段的
"似矩形"存在边长差别和面积差别.两个分裂阶段也反映出细胞性质的阶段差
异,这和图 4 - 16(b)相对应.

　　圆心角 θ 的分布分析情况如图 4 - 18 所示,其中的径向和切向分裂之间的
临界值 θ^* 也与理论分析数据式(4 - 20)有很高的一致性.切向分裂和径向分裂
时对应的圆心角 θ 与临界分裂角 θ^* 之比分别为

$$\frac{\theta}{\theta^*} \approx \begin{cases} 0.666\,22(切向分裂), \\ 1.376\,79(径向分裂). \end{cases}$$

　　图 4 - 18 对应的具体数据参见表 4 - 1,图 4 - 18(a)中空心点为径向分裂时 θ
角的值,图 4 - 18(b)为对应角的分布情况.切向分裂也采用同样的方法进行刻画.

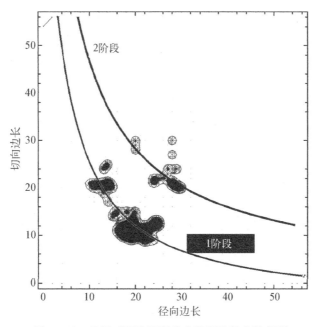

图 4 - 17　分裂时细胞面积分布情况阶段曲线差别

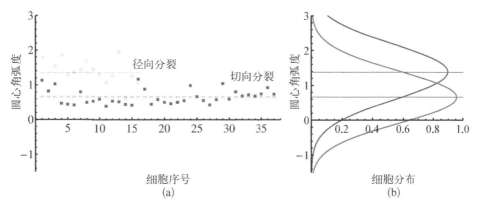

图 4 - 18　实验中分裂时(a) 圆心角数据分布和(b) 函数拟合

4.5.2　实验数据

图 4 - 9 记录和分析的是整个 280 h 分裂过程的一部分.这里列举全部过程的分析数据,分别按径向分裂和切向分裂罗列,如表 4 - 1 所示.其中两组数据中带有"†"的为例外. θ 和 θ^* 分别表示细胞分裂时圆心角大小和理论临界圆心角[即径向和切向分裂之间的临界值 θ^* ,如式(4 - 20)所示],其他记号参见图 4 - 14.

表 4 - 1　实验数据对应的分裂模式

序号	$\theta/(°)$	弧度	R	r	$R-r$	L	θ^*	θ/θ^*	方向
1	130	2.268 93	10	1	9	16.12	1.266 28	1.791 8	R
2	65	1.134 46	32	2	30	25.17	1.323 04	0.857 5	R
3	60	1.047 20	18	8.5	9.5	14.73	0.674 82	1.551 8	R
4	80	1.396 26	20	8.5	11.5	21.44	0.748 28	1.886 0	R
5	50	0.872 66	25	12	13	17.1	0.662 87	1.316 5	R
6	50	0.872 66	26	13	13	—	0.632 36	1.380 0	R
7	50	0.872 66	27	14	13	18.76	0.604 40	1.443 9	R
8	44	0.767 94	26.5	16.5	10	18.34	0.452 96	1.695 4	R
9	36	0.628 32	26.5	17	19.5	13.98	0.426 66	1.472 6	R
10	38	0.663 23	31.5	18.5	13	17.12	0.503 19	1.318 0	R
11	32	0.558 51	37	21.5	15.5	16.89	0.512 16	1.090 5	R
12	30	0.523 60	35	23	12	15.49	0.405 15	1.292 4	R
13	35	0.610 87	35	25.5	9.5	18.696	0.310 20	1.969 3	R
14	20	0.349 07	47	26	21	13.25	0.552 84	0.631 4[†]	R
15	20	0.349 07	70	53	17	21.66	0.273 78	1.275 0	R
16	12	0.209 44	73	30	13	13.99	0.194 53	1.076 6	R
17	88	1.535 89	22	1	21	23.9	1.348 34	1.139 1[†]	T
18	60	1.047 20	15	1.5	13.5	11.16	1.266 28	0.827 0	T
19	70	1.221 73	13	2	11	11.35	1.182 55	1.033 1[†]	T
20	35	0.610 87	21	2	19	9.11	1.273 57	0.479 6	T
21	33	0.575 96	22	2	20	8.99	1.280 18	0.449 9	T
22	30	0.523 60	23	3	20	8.58	1.219 24	0.429 4	T
23	45	0.785 40	23	6.5	16.5	13.27	0.976 16	0.804 6	T
24	25	0.436 33	23	8	15	7.51	0.870 99	0.501 0	T
25	28	0.488 69	30	10	20	10.92	0.894 29	0.546 5	T
26	28	0.488 69	28.5	11	17.5	10.55	0.810 01	0.603 3	T
27	19	0.331 61	33	12.5	20.5	13.93	0.821 44	0.403 7	T
28	25	0.436 33	33	13	20	10.94	0.797 33	0.547 2	T
29	20	0.349 07	33	16	17	9.05	0.655 45	0.532 6	T

序号	$\theta/(°)$	弧度	R	r	$R-r$	L	θ^*	θ/θ^*	方向
30	17	0.296 71	33	16	17	7.69	0.655 45	0.452 7	T
31	24	0.418 88	58	16.5	41.5	17.85	0.973 13	0.430 4	T
32	36	0.628 32	30	17	13	15.312	0.533 09	1.178 6[†]	T
33	27	0.471 24	35	20	15	13.426	0.526 16	0.895 6	T
34	18	0.314 16	43	20	23	10.43	0.685 78	0.458 1	T
35	18	0.314 16	37	21	16	9.45	0.531 78	0.590 8	T
36	20	0.349 07	45	21	24	12.25	0.683 38	0.510 8	T
37	14	0.244 35	37	22	19	7.39	0.512 16	0.477 1	T
38	17	0.296 71	41	23	19	9.76	0.577 40	0.513 9	T
39	18	0.314 16	42	23	19	10.63	0.561 05	0.559 9	T
40	32	0.558 51	42	23	19	18.9	0.561 05	0.995 5	T
41	19	0.331 61	42	25	17	11.46	0.491 80	0.674 3	T
42	16	0.279 25	44	26	18	10.09	0.498 01	0.560 7	T
43	16	0.279 25	54	27	27	11.92	0.632 36	0.441 6	T
44	20	0.349 07	57	30	23	15.89	0.597 10	0.588 9	T
45	18	0.314 42	42	31	11	11.59	0.297 96	1.054 4[†]	T
46	20	0.349 07	65	35	32	18.21	0.574 61	0.607 5	T
47	22	0.383 97	64	39	25	20.34	0.471 67	0.814 1	T
48	17	0.296 71	70	45	25	17.45	0.424 80	0.698 5	T
49	17	0.296 71	70	46	24	17.56	0.405 15	0.732 3	T
50	16	0.279 25	73	48	25	17.24	0.404 61	0.690 2	T
51	17	0.296 71	72	48	24	18.146	0.392 17	0.756 6	T
52	20	0.349 07	72	49	23	21.48	0.373 42	0.934 8	T
53	18	0.314 16	78	50.5	27.5	20.63	0.418 48	0.750 7	T

注：方向"R"表示径向分裂，"T"表示切向分裂.

4.6　模型增长模拟

现在，讨论基于 4.3 节中模型的模拟增长，也就是通过模型来拟合鞘毛藻细胞的分裂过程.植物学界的实验表明,细胞的分裂是在新的分裂线长度(三维分裂面面积)最小的地方发生的,使得细胞分裂成大小相同的两个新子细胞,详细可参见 Besson 和 Dumais 的文章[98].

最初假设由一个圆盘状的细胞开始分裂.该圆盘细胞可以成为第一层细胞,生长到面积为原来的 2 倍(即 2S)时开始分裂.此时分裂成两个相同的半圆盘,即第二层细胞.然后继续生长,到总面积为 4S 的时候再开始新的分裂,这时候的分裂线也还是过圆盘中心的直线.利用 4.3 节的分析和模型,可以不断构造和模拟细胞生长和分裂的过程.

4.6.1 标准生长分裂过程

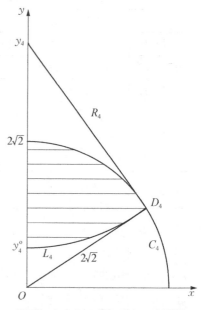

图 4-19　由 4 个细胞向 8 个细胞
　　　　　分裂(第一象限内)

在细胞生长到面积为原来的 4 倍,即 4S 时,继续使用过圆心的分裂线,也就是呈十字分裂.为分析方便,不妨假设最初的圆盘形细胞半径为 1,也就是单位圆盘.面积达到 $4S = 4\pi$ 时整个大圆盘细胞(群)的半径为 2.再继续生长到 8 倍面积(即 $8S = 8\pi$)时,圆盘形细胞(群)的半径为 $2\sqrt{2}$,分裂成 8 个细胞的时候会出现一定的随机性(见图 4-21),体现在分裂线具备了一定的选择性.

为简单起见,仅看第一象限,即 $x > 0$, $y > 0$ 时.考虑到对称性和随机性,记分裂线为 L_4(见图 4-19).假设恰好在分裂时 L_4 的圆心为 $(0, y_4)$,注意是在 y 轴上,即

$$L_4: x^2 + (y - y_4)^2 = R_4^2$$

L_4 与此时的圆盘外边界 $C_4: x^2 + y^2 = 8$ 垂直相交于 $D_4(d_{x_4}, d_{y_4})$. 在 D_4 点处有

$$\begin{cases} C_4: x^2 + y^2 = 8 & \Rightarrow x + yy' = 0 \\ L_4: x^2 + (y - y_4)^2 = R_4^2 & \Rightarrow x + (y - y_4)y' = 0 \end{cases} \quad (4-21)$$

注意在式(4-21)中,C_4 和 L_4 中的 y 是有差别的.

联列式(4-21)讨论得出

$$\begin{cases} -2yy_4 + y_4^2 = R_4^2 - 8 \\ \dfrac{-x}{y} \cdot \dfrac{-x}{(y-y_4)} = -1(\text{正交性}) \end{cases} \Rightarrow \text{交点处} \begin{cases} yy_4 = 8 \\ y_4^2 - R_4^2 = 8 \end{cases}$$

继续生长后有

$$L_4 \text{ 的圆心：} (0, y_4) = (0, \sqrt{8 + R_4^2}), \quad D_4: (d_{x4}, d_{y4}) = \frac{(2\sqrt{2}R_4, 8)}{\sqrt{8 + R_4^2}}$$

图 4 - 19 中介于圆周 C_4 和分裂线 L_4 之间的阴影区域面积为

$$\int_0^{d_{x_4}} \left[\sqrt{8 - x^2} - (\sqrt{8 + R^2} - \sqrt{R^2 - x^2}) \right] \mathrm{d}x = \pi$$

即

$$\pi = 4\arcsin \frac{R}{\sqrt{8 + R^2}} + \frac{R^2}{2}\arctan \frac{2\sqrt{2}}{R} - \sqrt{2}R$$

分析此时的半径 R_4，不难有 $R_4 \in (4.093\,84, 4.093\,85)$，而且

$$y_4 \approx 4.975\,89, \quad D_4(d_{x_4}, d_{y_4}) \approx (2.327\,04, 1.607\,75), \quad y_{40} \approx 0.882\,054$$

此时的分裂线 L_4 长度约为 2.475 1.

细胞继续向外增大，图 4 - 19 的阴影部分首先达到分裂的临界面积(即面积达到 2 个单位). 此时有三种可能的分裂方式(不含随机性)，分割线的长度如图 4 - 20(b) 所示. 图中从上到下分别记为①、②、③，其对应的圆心、半径和分裂弧长如表 4 - 2 所示.

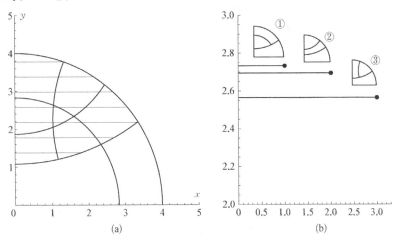

图 4 - 20　8 个细胞继续增长后的首次分裂

(a) 三条分割线；(b) 分割线长度比较

表 4-2　首次分裂出现 12 个细胞时第一象限分裂线的三种情况

分裂弧	圆　心	半　径	分裂弧长
①	(0, 0)	2.828	2.733
②	(0, 4.823)	2.960	2.694
③	(5.021, 2.261)	3.978	2.564

继续讨论分裂.分裂时细胞相关数据如表 4-3 所示.初始分离后的一些细胞和分裂线如图 4-21 所示.表 4-3 中记号 θ_1 和 θ_2 分别表示 x 轴和分裂线的起点与终点这两个方向的夹角.而 $\theta_3 = (\theta_2 - \theta_1)/2$ 则是径向分裂线的夹角.用 r 表示细胞盘(最外边界)的半径,而"圆心"和 R 表示分割线相应的圆心和半径参数.同样,"R"和"T"分别表示径向分裂和切向分裂.

图 4-21　标准分裂模拟

表 4-3　标准分裂时的模拟细胞数据

序号	r	方向	圆　心	R	(θ_1, θ_2)	θ_3
1	2.828	T	(0, 4.976)	4.094	—	—
2	3.808	T	(5.021, 2.261)	3.978	—	—
3	4.289	T	(0, 0)	2.828	—	—
4	4.594	T	(0, 0)	3.808	(0.605, 1.230)	—
5	5.365	T	(0, 0)	4.289	(0, 0.605)	—
6	5.741	T	(0, 0)	3.809	(1.230, 1.571)	0.626/2
7	5.881	R	—	—	(0.605, 1.230)	0.605/2
8	6.260	R	—	—	(0, 0.605)	—
9	7.170	T	(0, 0)	5.741	(1.230, 1.571)	—

序号	r	方向	圆　心	R	(θ_1, θ_2)	θ_3
10	7.394	T	(0, 0)	5.881	(0.605, 1.230)	—
11	7.744	T	(0, 0)	6.260	(0, 0.605)	—
12	8.354	T	(0, 0)	7.170	(1.230, 1.571)	—
13	8.646	T	(0, 0)	7.394	(0.605, 1.230)	—
14	8.986	T	(0, 0)	7.744	(0.0.605)	—
15	9.398	R	—	—	(1.230, 1.571)	0.341/2
16	9.738	R	—	—	(0.605, 1.230)	0.626/2
17	10.076	R	—	—	(0, 0.605)	0.605/2
18	11.190	T	(0, 0)	9.398	(1.230, 1.571)	—
19	11.619	T	(0, 0)	9.738	(0.605, 1.230)	—
20	11.963	T	(0, 0)	10.076	(0, 0.605)	—
21	12.733	T	(0, 0)	11.190	(1.230, 1.571)	—
22	13.235	T	(0, 0)	11.619	(0.605, 1.230)	—
23	13.590	T	(0, 0)	11.963	(0, 0.605)	—
24	14.108	T	(0, 0)	12.733	(1.230, 1.571)	—
25	14.674	T	(0, 0)	13.235	(0.605, 1.230)	—
26	15.042	T	(0, 0)	13.590	(0, 0.605)	—
27	15.360	T	(0, 0)	14.108	(1.230, 1.571)	—
28	15.984	T	(0, 0)	14.674	(0.605, 1.230)	—

4.6.2　非标准分裂过程直接模拟

鞘毛藻等绿藻细胞在生长和分裂过程中会受到诸多因素影响,有的会造成细胞受损或死亡.这种非正常的状态反映在组织结构上的一种表现形式就是这种细胞形状不再发生变化,而且不再进行分裂,只是单纯占据所在位置的空间.如图 4 - 22 所示,第 2 次分裂之后右下角的细胞不再进行分裂,但是其他细胞还在不断生长或分裂.

这种出现异常细胞的分裂过程称为"非标准分裂"过程.本节继续使用分裂模型式(4 - 17)对其进行模拟.通过详细的计算分析获得的分裂过程数据如表 4 - 4 和表 4 - 5 所示.

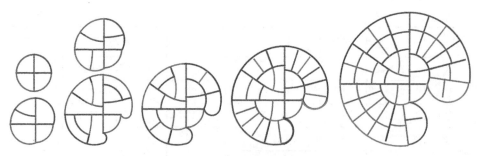

图 4‑22 非标准分裂过程模拟

表 4‑4 第一象限的非标准分裂算例

序号	r	圆心 1	r_1	圆心 2	r_2	(θ_1, θ_2)	方向
1	2.258	—	—	(0, 10.001)	8.663	—	—
2	3.142	—	—	(0, 1.048)	2.258	—	T
3	3.645	—	—	0, 1.048	2.258	—	T
4	3.827	—	—	—	—	(0.254, 1.570)	R
5	4.580	—	—	—	—	(−0.142, 0.254)	R
6	4.920	—	—	—	—	(0.254, 1.570)	R
7	5.882	(3.894, 0.343)	1.925	直线(径向分裂)	—	弧形(切向分裂)	—
8	6.070	—	—	(0, 1.048)	4.580	(−0.142, 0.254)	T
9	6.580	—	—	(0, 1.048)	4.919	(0.254, 1.570)	T
10	6.908	(4.414, 0.377)	2.442	(10.46, −0.44)	5.594	弧形	—
11	7.261	—	—	(0, 1.048)	6.070	(−0.142, 0.254)	T
12	7.900	—	—	(0, 1.048)	—	—	T
13	8.020	(4.976, 0.39)	3.001	(4.414, 0.377)	2.442	弧形	T
14	8.282	—	—	—	—	(−0.142, 0.254)	R
15	8.913	(5.426, 0.41)	3.451	(2.20, −5.74)	6.02	弧形	—
16	9.028	—	—	—	—	(0.254, 1.570)	R
17	9.82	(5.882, 0.417)	3.904	(5.426, 0.41)	3.45	弧形	T
18	10.017	—	—	(0, 1.048)	8.282	(−0.142, 0.254)	T
19	10.592	(6.27, 0.425)	4.291	(2.222, −9.883)	10.21	弧形	—
20	10.941	—	—	(0, 1.048)	9.028	(0.254, 1.570)	T

序号	r	圆心 1	r_1	圆心 2	r_2	(θ_1, θ_2)	方向
21	11.493	—	—	(0, 1.048)	10.017	(−0.142, 0.254)	T
22	11.760	(6.86, 0.435)	4.876	(4.414, 0.377)	2.442	弧形	T
23	11.821	(6.86, 0.435)	4.896	(6.270, 0.425)	4.291	弧形	T
24	12.062	(6.977, 0.436)	4.996	(6.270, 0.425)	4.291	弧形	T
25	12.566	—	—	(0, 1.048)	10.941	(0.254, 1.570)	T
26	12.800	—	—	(0, 1.048)	11.493	(−0.142, 0.254)	T

表 4 - 5　第一象限径向非标准分裂数据

序　号	r	θ_3
4	3.827 38	1.315 81/2
5	4.579 51	0.395 83
6	4.919 26	1.315 81/4
14	8.282 03	0.395 83/2
16	9.027 78	1.315 81/8

　　表 4 - 4 和表 4 - 5 中的 r 是第一象限中外弧的半径."圆心 1"和 r_1 表示第一象限右下角靠近"死亡"细胞的细胞的圆心和半径."圆心 2"和 r_2 是分裂弧的圆心和半径.注意,这里都是对第一象限右下角细胞的分裂分析,而第三象限的细胞分裂和第一象限是对称的,第二象限还是以标准分裂方式进行.第二象限外弧的半径 $R = r + 1.048\ 12$. θ_1 和 θ_2 分别表示第一象限分裂弧的起点和终点对应的角度.扇形的圆心在点 (0, 1.048 12). "弧形"是指第 1 次从第一象限延伸到第四象限的圆弧.表 4 - 5 中 θ_3 表示扇形分裂线的圆心角. 表 4 - 4 中的"方向"指的还是分裂方向,使用" R "和" T "分别表示径向分裂和切向分裂.

　　本章的主要内容是对鞘毛藻细胞的分裂机理进行分析,讨论时使用了参数方程来分析其生长和分裂过程中的机理机制.在分析过程中,对细胞边界进行了更一般地假设,在数学上实际就是一个连通的区域的边界,假设比较简单,不要求区域一定是凸的.分析过程使用到的一个基本原理是 Errera 分裂律(或称分裂原理),即区域分割遵循分裂线最短的原则.在此原则下,将细胞分成面积相等的两个子细胞(或称子区域).

　　本章引入参数方程表达,优势在于可以方便地表达区域的边界.在获得分裂线满足的方程模型的同时,也得出了分裂线和原边界在交接点处的位置关系,即垂直正交.

　　这种分析模式也可以用来分析单位细胞的分裂,不过情况和表达都会更复杂.

第5章
非标准分裂的鞘毛藻细胞模型分析

    细胞生长过程的分裂模拟在第4章中已有论述和建模分析,本章将深入讨论非标准分裂过程的机理分析和模拟.

    分裂过程中异常细胞的出现会对整体分裂过程产生影响,影响如何还需进行机理分析.

5.1   问题介绍

    第4章利用参数方程分析得出了鞘毛藻细胞生长分裂所满足的定理(定理4.2)或分裂模型[式(4-17)].对分割线所应满足的方程和边界条件都进行了概括,即基于 Errera 分裂律的最短分割线将细胞分割成面积相同的两个各自连通的区域.这条分割线是一段弧,弧的两端与原细胞的边界呈直角正交,也就是分裂弧应该垂直于细胞的边界.

    本章将分析和模拟非标准分裂情况下的外边界形成过程.注意,这里的非标准分裂受到内部"死亡"细胞的影响,因此外边缘细胞的成形就不具备一般的可构造性,而应单独分析.这样会给整个生长分裂过程的模拟带来巨大的计算量,同时也将误差不断传递,造成结果的误差增大.

5.2   非标准分裂模型

    鞘毛藻细胞或群组从单个细胞不断生长和分裂,由一个圆盘形单细胞逐渐生长和分裂形成一个盘形细胞或细胞群,即由一个圆盘细胞分裂成两个半圆盘,然后是四个1/4圆盘,再是八个细胞.在由四个细胞向八个细胞分裂过程中,除了遵循分割线最短原则,还有一定的随机性,如图5-1所示.标准分裂的理论分析和模拟可以参见文献[98]和[102]以及本书前面的分析.

    在细胞分裂过程中,按照第4章的分析,鞘毛藻的分裂有两种方式,一是

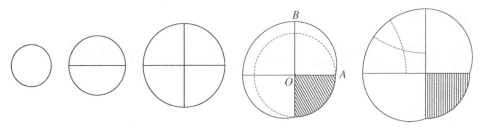

图 5‐1   模拟分裂过程中的最初 5 个阶段

切向分裂,一是径向分裂.前者是以与外边缘呈同心圆的圆弧为分裂线,后者是以过圆心的直线为分裂线.根据第 4 章的分析,是切向分裂还是径向分裂主要取决于扇形细胞的圆心角大小,也就是依赖于扇形的大小圆弧的半径[见式(4‐20)],即

$$\theta^* = \sqrt{\frac{2}{R^2 + r^2}} \cdot (R - r) \tag{5‐1}$$

式中,R 和 r 分别为扇形的外大圆弧半径和内小圆弧半径.当 $\theta > \theta^*$ 时,扇形细胞的分裂是径向分裂,当 $\theta < \theta^*$ 时则是切向分裂.当然,如果扇形圆心角 θ 正好是这个临界值 θ^*,那就有可能随机选择两种分裂方式中的一种.这种随机性还表现在细胞分裂过程中从四个细胞向八个细胞分裂的时候,四个象限里的细胞分裂线可以选择垂直于 x 轴或 y 轴,如图 5‐1 所示.

实验过程中的确出现了"死亡"细胞现象,看起来这种细胞呈现出"冷冻"的状态,不再分裂.如图 5‐2 所示即为实验中出现的这类现象,其中右下角的细胞一直保持"冷冻"状态.

在模拟过程中假设在第二轮分裂后细胞出现非标准分裂,出现异常状况的

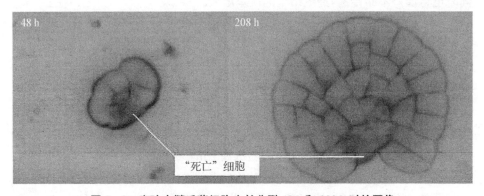

图 5‐2   实验中鞘毛藻细胞生长分裂 48 h 和 208 h 时的图像

细胞在第四象限,该细胞不再发生分裂,而且在整个过程中保持形状不变,如图 5-1 所示.尽管出现了"死亡"细胞,其他细胞仍按照 Errera 分裂律等实验定律进行分裂.一个细胞的异常可以改变生长的分裂形状,但是细胞还是呈现出一定的对称性,如图 5-2 所示.

这里我们考虑非标准分裂从第二轮开始的情况,如图 5-1 所示,图中的阴影区域为异常者.

5.2.1　问题和假设

这里做两个基本假设:

假设 5.1　新的细胞总是保持边界尽可能短.

假设 5.2　在细胞分裂过程中,"死亡"细胞的形状和体积都不再改变.

这里将在如上假设条件下讨论非标准分裂过程中细胞的形成,包括边界的形状和细胞间隔膜的位置和形状.假设 5.1 可以从向外张力的角度来理解,也可以用已有的等周问题理论作为依据,实际上下文有对边缘生长的理论分析.假设 5.2 纯粹是一种实验假设,这在实验中也可以得到验证.

在假设 5.1 和 5.2 下,细胞生长过程(见图 5-1 和图 4-9)可以转化成如下数学问题:

给定 x 轴正向上的直线段 OA 与从原点出发的另外一条直线 OB 之间的夹角 θ,需要寻找一条曲线[如图 5-3 中的(I)或(II)],使得该曲线与这两条直线之间围成的面积为一个固定值,而且要求其长度最短,一端固定在 A 点.这个问题称为"修正的等周问题".

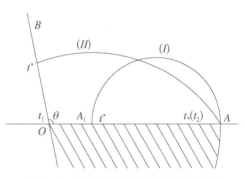

图 5-3　寻找围成固定面积的最短曲线

因此,问题就聚焦在如何寻找这样的最短曲线.

修正的等周问题与原始的等周问题是有差别的,差别主要在于除了这里的固定边是由两条线组成的,还要求待定边(即需要求出的曲线)的一端是固定的,另一端是自由的.

为此,这里针对性地给出变分法的目标函数,以便推导出非标准分裂情形下外边界所满足的必要条件,包括边界点的条件.通过具体分析可以发现,待定边满足如下条件:

条件 5.1　修正的等周问题的待定边,即两条直线之外的第三边是一条弧段,其在活动端点处垂直于固定边界(直线中的另一条).

条件 5.1 为非标准分裂的外边界应满足的条件,这一条件进一步完善了参考文献[102]和第 4 章的内容.

5.2.2　模型分析

具体地,如图 5 - 3 所示,记两条固定直线边界 OA 和 OB 之间的夹角为 θ,这两条边界的并集为 L.为方便起见,假设一条边界 OA 就在水平轴 x 轴正向上.待求的另一条边界,也就是第三边界为 C,其从 x 轴上的固定点 A 出发与 L 围成一个固定面积的区域.再分别记 C 与 L 的两个交点参数为

$$A(t_*)=A\mid_{t=t_*}, \quad C\bigcap(L\backslash\{A\})=A_1(t^*)=A_1\mid_{t=t^*}$$

这里 C 可能与 OA 或 OB 相交,分别记交点为 A_1 和 B_1,除非有特别说明,否则 A_1 和 B_1 就是表示 C 与 L 相交的除去固定端 A 之外的另一个点.

所求曲线的参数方程表示为

$$C:\begin{cases}x=\alpha(t),\\y=\beta(t),\end{cases} t\in[t_*,t^*] \tag{5-2}$$

另外两条固定直线段边界表示为

$$L_1:\begin{cases}x=(t_1-t)\cos\theta,\\y=(t_1-t)\sin\theta,\end{cases} t\in[t^*,t_1]\text{ 和 }\begin{cases}x=t-t_1,\\y=0,\end{cases} t\in[t_1,t_2] \tag{5-3}$$

引入带约束的能量变分问题,其拉格朗日泛函为

$$J(L)=\int_{t_*}^{t^*}\sqrt{[\alpha'(t)]^2+[\beta'(t)]^2}\,\mathrm{d}t+\lambda\left(\frac{1}{2}\oint_{C\cup L}x\,\mathrm{d}y-y\,\mathrm{d}x-\Omega\right) \tag{5-4}$$

式中,Ω 在实际中是紧邻异常细胞的外边缘细胞,它会不断生长和分裂.其外部边界就是待定曲线 C.

下面将分成两种情况分析,即待定边界 C 的动态端点在 x 轴上和在 y 轴上.

5.2.3　动态端点在固定点附近时的待定边界

对于待定边界 C 的动态端点在 x 轴上的情况,如图 5 - 3 所示,记区域 Ω 的

两条边界为

$$C: \begin{cases} x = \alpha(t), \\ y = \beta(t), \end{cases} t \in [t_*, t^*] \text{ 和 } L: \begin{cases} x = t - t^*, \\ y = 0, \end{cases} t \in [t^*, t_1] \quad (5-5)$$

再看能量泛函式(5-4),即变分问题.假设 $(x, y) = (\alpha_1(t), \beta_1(t))$ $(t \in [t_*, t^*])$ 是摄动曲线,则得到摄动问题

$$J(L_\varepsilon) = \int_{t_*}^{t^*(\varepsilon)} \sqrt{[\alpha'(t) + \varepsilon\alpha_1'(t)]^2 + [\beta'(t) + \varepsilon\beta_1'(t)]^2} \, dt$$
$$+ \frac{\lambda}{2} \int_{t_*}^{t^*(\varepsilon)} (\alpha + \varepsilon\alpha_1) d(\beta + \varepsilon\beta_1) - (\beta + \varepsilon\beta_1) d(\alpha + \varepsilon\alpha_1) - \lambda\Omega$$
$$(5-6)$$

通过计算关于 ε 的导数,考虑在 $\varepsilon = 0$ 点处的导数变成

$$\frac{dJ(L_\varepsilon)}{d\varepsilon}\bigg|_{\varepsilon=0}$$
$$= \int_{t_*}^{t^*(\varepsilon)} \frac{\alpha'(t)\alpha_1'(t) + \beta'(t)\beta_1'(t)}{\sqrt{\alpha'^2(t) + \beta'^2(t)}} dt + \sqrt{\alpha'^2(t) + \beta'^2(t)} \big|_{t^*(\varepsilon)} \frac{dt^*(\varepsilon)}{d\varepsilon} +$$
$$\frac{\lambda}{2} \int_{t_*}^{t^*(\varepsilon)} [\alpha_1(t)\beta'(t) + \alpha(t)\beta_1'(t) - \beta_1(t)\alpha'(t) - \beta(t)\alpha_1'(t)] dt +$$
$$\frac{\lambda}{2} [\alpha(t)\beta'(t) - \beta(t)\alpha'(t)] \big|_{t^*(0)} \frac{dt^*(0)}{d\varepsilon}$$
$$= \{\alpha_1(t), \beta_1(t)\} \frac{\{\alpha'(t), \beta'(t)\}}{\sqrt{\alpha'^2(t) + \beta'^2(t)}} \big|_{t_*}^{t^*(0)} -$$
$$\int_{t_*}^{t^*(0)} \{\alpha_1(t), \beta_1(t)\} \frac{d}{dt} \frac{\{\alpha'(t), \beta'(t)\}}{\sqrt{\alpha'^2(t) + \beta'^2(t)}} +$$
$$\sqrt{\alpha'^2(t) + \beta'^2(t)} \big|_{t^*(0)} \frac{dt^*(0)}{d\varepsilon} + \frac{\lambda}{2} [\alpha(t)\beta'(t) - \beta(t)\alpha'(t)] \big|_{t^*(0)} \frac{dt^*(0)}{d\varepsilon} +$$
$$\frac{\lambda}{2} \int_{t_*}^{t^*(0)} \{\alpha_1(t), \beta_1(t)\} d\{\beta(t), -\alpha(t)\} +$$
$$\frac{\lambda}{2} \{\alpha_1(t), \beta_1(t)\} \{-\beta(t), \alpha(t)\} \big|_{t_*}^{t^*(0)} -$$
$$\frac{\lambda}{2} \int_{t_*}^{t^*(0)} \{\alpha_1(t), \beta_1(t)\} d\{-\beta(t), \alpha(t)\}$$

化简为

$$\frac{\mathrm{d}[J(L_\varepsilon)]}{\mathrm{d}\varepsilon}\Big|_{\varepsilon=0}$$

$$= -\int_{t_*}^{t^*(0)} \{\alpha_1(t),\beta_1(t)\} \frac{\mathrm{d}}{\mathrm{d}t}\left[\frac{\{\alpha'(t),\beta'(t)\}}{\sqrt{\alpha'^2(t)+\beta'^2(t)}} - \lambda\{\beta(t),-\alpha(t)\}\right] +$$

$$\{\alpha_1(t),\beta_1(t)\} \frac{\{\alpha'(t),\beta'(t)\}}{\sqrt{\alpha'^2(t)+\beta'^2(t)}}\Big|_{t_*}^{t^*(0)} +$$

$$\sqrt{\alpha'^2(t)+\beta'^2(t)}\Big|_{t^*(0)} \frac{\mathrm{d}t^*(0)}{\mathrm{d}\varepsilon} +$$

$$\frac{\lambda}{2}\{\alpha_1(t),\beta_1(t)\}\{-\beta(t),\alpha(t)\}\Big|_{t_*}^{t^*(0)} +$$

$$\frac{\lambda}{2}[\alpha(t)\beta'(t)-\beta(t)\alpha'(t)]\Big|_{t^*(0)} \frac{\mathrm{d}t^*(0)}{\mathrm{d}\varepsilon} \qquad (5-7)$$

其中，$\dfrac{\mathrm{d}t^*(0)}{\mathrm{d}\varepsilon}=\dfrac{\mathrm{d}t^*(\varepsilon)}{\mathrm{d}\varepsilon}\Big|_{\varepsilon=0}$ 利用 $\{\alpha_1,\beta_1\}$ 的任意性可推导出

$$\frac{\mathrm{d}}{\mathrm{d}t}\left[\frac{\{\alpha'(t),\beta'(t)\}}{\sqrt{\alpha'^2(t)+\beta'^2(t)}} - \lambda\{\beta(t),-\alpha(t)\}\right]=0 \qquad (5-8)$$

同样，不难求解出式(5-8)的解

$$\{\alpha(t),\beta(t)\}=\frac{1}{\lambda}\{\sin(ct),\cos(ct)\}+\{c_1,c_2\} \qquad (5-9)$$

式中，c、c_1、c_2 是任意常数.

5.2.4　动态端点在远离固定端时的待定边界

假设待定曲线 C 与 L 的交点落在 OB 上，注意 L 的两条直线夹角 θ 可以为锐角、钝角，甚至直角，于是 $L=L_1 \bigcup L_2$ 表示为

$$L_1:\begin{cases}x=(t_1-t)\cos\theta,\\ y=(t_1-t)\sin\theta,\end{cases} t\in[t^*,t_1], \quad L_2:\begin{cases}x=t-t_1,\\ y=0,\end{cases} t\in[t_1,t_2]$$

$$(5-10)$$

相应的，变分问题式(5-4)具体化为

$$J(L)=\int_{t_*}^{t^*} \sqrt{\alpha'^2(t)+\beta'^2(t)}\,\mathrm{d}t + \lambda\left(\frac{1}{2}\oint_{C\bigcup L_1\bigcup L_2} x\,\mathrm{d}y - y\,\mathrm{d}x - \Omega\right)$$

$$(5-11)$$

　　同样,引入任意的摄动函数曲线 $(x,y)=(\alpha_1(t),\beta_1(t))$ $(t\in[t_*,t^*])$,
问题转化为

$$J(L_\varepsilon)=\int_{t_*}^{t^*(\varepsilon)}\sqrt{[\alpha'(t)+\varepsilon\alpha_1'(t)]^2+[\beta'(t)+\varepsilon\beta_1'(t)]^2}\,\mathrm{d}t+$$

$$\frac{\lambda}{2}\int_{t_*}^{t^*(\varepsilon)}[\alpha(t)+\varepsilon\alpha_1(t)]\mathrm{d}[\beta(t)+\varepsilon\beta_1(t)]-[\beta(t)+\varepsilon\beta_1(t)]\mathrm{d}[\alpha(t)+\varepsilon\alpha_1(t)]+$$

$$\frac{\lambda}{2}\int_{t^*}^{t_1}(t_1-t)\cos\theta\mathrm{d}(t_1-t)\sin\theta-(t_1-t)\sin\theta\mathrm{d}(t_1-t)\cos\theta-\lambda\Omega$$

讨论导数为 0,即临界点 $\varepsilon=0$ 处

$$\frac{\mathrm{d}[J(L_\varepsilon)]}{\mathrm{d}\varepsilon}\big|_{\varepsilon=0}=\int_{t_*}^{t^*(0)}\frac{\alpha'(t)\alpha_1'(t)+\beta'(t)\beta_1'(t)}{\sqrt{\alpha'^2(t)+\beta'^2(t)}}\mathrm{d}t+$$

$$\sqrt{\alpha'^2(t)+\beta'^2(t)}\big|_{t^*(0)}\frac{\mathrm{d}t^*(0)}{\mathrm{d}\varepsilon}+$$

$$\frac{\lambda}{2}\int_{t_*}^{t^*(0)}[\alpha_1(t)\beta'(t)+\alpha(t)\beta_1'(t)-\beta_1(t)\alpha'(t)-\beta(t)\alpha_1'(t)]\mathrm{d}t+$$

$$\frac{\lambda}{2}[\alpha(t)\beta'(t)-\beta(t)\alpha'(t)]\big|_{t^*(0)}\frac{\mathrm{d}t^*(0)}{\mathrm{d}\varepsilon}$$

　　分部积分计算后,表达式变为

$$\frac{\mathrm{d}[J(L_\varepsilon)]}{\mathrm{d}\varepsilon}\big|_{\varepsilon=0}=-\int_{t_*}^{t^*(0)}\{\alpha_1(t),\beta_1(t)\}\frac{\mathrm{d}}{\mathrm{d}t}\left[\frac{\{\alpha'(t),\beta'(t)\}}{\sqrt{\alpha'^2+\beta'^2}}-\lambda\{\beta,-\alpha\}\right]+$$

$$\{\alpha_1(t),\beta_1(t)\}\frac{\{\alpha'(t),\beta'(t)\}}{\sqrt{\alpha'^2+\beta'^2}}\big|_{t_*}^{t^*(0)}+$$

$$\sqrt{\alpha'^2+\beta'^2}\big|_{t^*(0)}\frac{\mathrm{d}t^*(0)}{\mathrm{d}\varepsilon}+\frac{\lambda}{2}W(\alpha,\beta)\big|_{t^*(0)}\frac{\mathrm{d}t^*(0)}{\mathrm{d}\varepsilon}+$$

$$\frac{\lambda}{2}\{\alpha_1(t),\beta_1(t)\}\{-\beta(t),\alpha(t)\}\big|_{t_*}^{t^*(0)}$$

$$(5-12)$$

式中,$W(\alpha,\beta)$ 是朗斯基行列式[定义可参见式(4-6)],简化的记号为
$\sqrt{\alpha'^2+\beta'^2}=\sqrt{\alpha'^2(t)+\beta'^2(t)}$.

　　利用 $\{\alpha_1,\beta_1\}$ 的任意性,得到与交点在 x 轴上的情况[见式(5-8)]一样的
必要条件

$$\frac{\mathrm{d}}{\mathrm{d}t}\left[\frac{\{\alpha'(t),\ \beta'(t)\}}{\sqrt{\alpha'^2(t)+\beta'^2(t)}}-\lambda\{\beta(t),\ -\alpha(t)\}\right]=0 \qquad (5-13)$$

5.2.5　动态端点的边界条件确定

组合式(5-10)和(5-15),得到在 C 的边界点处

$$\frac{\{\alpha_1(t),\ \beta_1(t)\}\cdot\{\alpha'(t),\ \beta'(t)\}}{\sqrt{\alpha'^2(t)+\beta'^2(t)}}\mid_{t_*}^{t^*(0)}+\sqrt{\alpha'^2(t)+\beta'^2(t)}\mid_{t^*(0)}\frac{\mathrm{d}t^*(0)}{\mathrm{d}\varepsilon}+$$

$$\frac{\lambda}{2}\{\alpha_1(t),\ \beta_1(t)\}\{-\beta(t),\ \alpha(t)\}\mid_{t_*}^{t^*(0)}+\frac{\lambda}{2}W(\alpha(t),\ \beta(t))\mid_{t^*(0)}\frac{\mathrm{d}t^*(0)}{\mathrm{d}\varepsilon}=0$$

$$(5-14)$$

在 OB 上的动态端点 t^* 处

$$\begin{cases}\alpha(t^*)+\varepsilon\alpha_1(t^*)=(t_1-t^*)\cos\theta\\\beta(t^*)+\varepsilon\beta_1(t^*)=(t_1-t^*)\sin\theta\end{cases} \qquad (5-15)$$

计算出关于 ε 的导数,并结合 $\varepsilon=0$ 是临界点(驻点)这一条件,有

$$\frac{\mathrm{d}[t^*(0)]}{\mathrm{d}\varepsilon}=-\frac{\alpha_1(t)}{\alpha'(t)+\cos\theta}=-\frac{\beta_1(t)}{\beta'(t)+\sin\theta}$$

将 $\frac{\mathrm{d}[t^*(0)]}{\mathrm{d}\varepsilon}$ 的值代入交接点条件式(5-15),得出在 $t=t^*$ 处有

$$0=\frac{\alpha'(t)}{\sqrt{\alpha'^2(t)+\beta'^2(t)}}-\frac{\lambda}{2}\beta(t) \qquad (5-16)$$

$$0=\frac{\beta'(t)}{\sqrt{\alpha'^2(t)+\beta'^2(t)}}+\frac{\lambda}{2}\alpha(t)-\frac{\sqrt{\alpha'^2(t)+\beta'^2(t)}}{\beta'(t)+\sin\theta}$$

$$+\frac{\lambda}{2}\cdot W(\alpha(t),\ \beta(t))\cdot\frac{-1}{\beta'(t)+\sin\theta} \qquad (5-17)$$

将式 $\frac{\alpha'(t)}{\beta(t)\sqrt{\alpha'^2(t)+\beta'^2(t)}}=\frac{\lambda}{2}$ 代入式(5-17),则

$$\frac{\beta'(t)}{\sqrt{\alpha'^2(t)+\beta'^2(t)}}+\frac{\alpha(t)\alpha'(t)}{\beta(t)\sqrt{\alpha'^2(t)+\beta'^2(t)}}-\frac{\sqrt{\alpha'^2(t)+\beta'^2(t)}}{\beta'(t)+\sin\theta}-$$

$$\frac{[\alpha(t)\beta'(t)-\beta(t)\alpha'(t)]\alpha'(t)}{[\beta'(t)+\sin\theta]\beta(t)\sqrt{\alpha'^2(t)+\beta'^2(t)}}=0 \qquad (5-18)$$

也就是

$$\beta'(t) + \frac{\alpha(t)\alpha'(t)}{\beta(t)} - \frac{\alpha'^2(t) + \beta'^2(t)}{\beta'(t) + \sin\theta} - \frac{\alpha(t)\alpha'(t)\beta'(t) - \beta(t)\alpha'^2(t)}{\beta(t)[\beta'(t) + \sin\theta]} = 0$$

$$(5-19)$$

通过乘以 $\beta(t)[\beta'(t) + \sin\theta]$（不为 0 的情况）将上式中的分母约去

$$\beta(t)\beta'(t)[\beta'(t) + \sin\alpha] + \alpha(t)\alpha'(t)[\beta'(t) + \sin\theta] -$$
$$\beta(t)\alpha'^2(t) - \beta(t)\beta'^2(t) - \alpha(t)\alpha'(t)\beta'(t) + \beta(t)\alpha'^2(t) = 0 \quad (5-20)$$

故

$$\beta(t)\beta'(t)\sin\theta + \alpha(t)\alpha'(t)\sin\theta = 0 \quad (5-21)$$

因为在端点 $t = t^*$ 处有

$$\alpha(t^*) = (t_1 - t^*)\cos\theta, \quad \beta(t^*) = (t_1 - t^*)\sin\theta \quad (5-22)$$

所以得到

$$(t_1 - t^*)\sin\theta\beta'(t)\sin\theta + (t_1 - t^*)\cos\theta\alpha'(t)\sin\theta = 0$$

即

$$\frac{\beta'(t)}{\alpha'(t)} \cdot \tan\theta = -1 \quad (5-23)$$

也即

$$\{\alpha'(t^*), \beta'(t^*)\} \cdot \{\cos\theta, \sin\theta\} = 0 \quad (5-24)$$

因此,外边界弧 C 在动态端点 $t = t^*$ 处垂直于直线边界.

　　总结上述两种情况的外边界曲线所满足的条件:无论外边界与直线边界在何处相交,这条待定的外边界都是一条圆弧,而且在动态端点 $t = t^*$ 处外边界弧是与直线边界垂直正交的.

　　具体而言,整个细胞生长分裂规则如下:

　　单个细胞大小(这里的平面问题指的是细胞面积)达到一定的固定值之后就开始分裂,这个值称为细胞分裂的临界值.假设这个临界值为 2π,即细胞生长过程中只要面积达到 2π 即分裂为 2 个子细胞.分裂过程中,分割线(即两个子细胞之间的新边界)遵循最短原则,即遵循 Errera 分裂律.

　　细胞分割线的几何性质在前文有描述,或者参见参考文献[102].这样,扇形细胞选择径向分裂还是切向分裂取决于圆心角与临界值[见式(5-1)]之间的关系,大于临界值时细胞选择径向分裂,反之则是切向分裂.在整个分裂过程中,内部细胞(即完全被其他细胞包围的细胞)不再生长和分裂,即只有在外层的细胞才会进行生长和分裂.

5.3　固定边界形状的影响分析

前文已经对待定边界(即外边界)C满足的条件式(5-8)和式(5-9)进行了分析.这里单从纯几何的角度分析外边界曲线C的性质.如图5-3所示,随着直线边界L和待定边界C围成的区域Ω的面积$|\Omega|$不断增加,曲线C与边界L的动态交点(也是垂足)的位置会相应变化,即从水平轴OA上转至另一条直线边界OB上.需要分析的一个问题是,区域面积$|\Omega|$增加到何值(或者待定边界C的长度l增加到何值)时,待定边界C与直线边界L的交点才会从水平轴边界转至另一条直线边界上?

为讨论方便起见,假设水平边界直线段OA的长度固定为1,即单位长度.如图5-4所示,过固定点A的圆弧待定边界C长度l小于和大于临界值l_C时分别记C的半径为r和R.相应于半径R的圆心角记为θ_1.

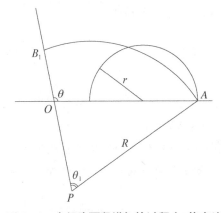
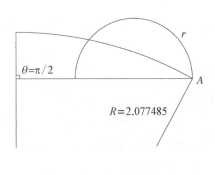

图5-4　在细胞面积增加的过程中,待定边界C长度l增加到某临界值时动态端点从水平轴边界转至另一条直线边界上

图5-5　两条直线边界垂直时对待定边界曲线C的分析

现在来看临界长度l_C和两条直线边界夹角θ之间的关系.当待定边界C在动态边界点(即活动端)垂直于水平轴时,半圆C的长度$l=\pi r$,相应的面积$S_r=\pi r^2/2=l^2/(2\pi)$.如图5-5所示为两条直线边界垂直时两种外边界曲线C的性态.

面积增加的同时半径r也增加,半圆周长度$l=\pi r$达到临界值l_C后,自由端(即动态边界点)跳跃至另一条直线边界上,此时C的半径变为R.由正弦定理

得到

$$\theta_1 = \arcsin \frac{\sin(\pi - \theta)}{R}$$

跳跃之后,记 R 对应的圆心点为 P,而半径为 R 的待定边界圆弧垂直于非水平轴直线边界,垂足为 B_1,区域 Ω 也从原来的半圆盘跳跃成扇形 APB_1 减去三角形 APO 后余下的部分.注意,临界时外边界 C 的长度为

$$l = \pi r = \theta_1 R$$

进一步有

$$\frac{l^2}{2\pi} = \frac{(\theta_1 R)^2}{2\pi} = \frac{1}{2} R^2 \theta_1 - \frac{R}{2}\sin(\theta - \theta_1) \cdot 1$$

利用 θ 和 θ_1 这两个角度的关系推出

$$R\arcsin\frac{\sin\theta}{R}\left(1 - \frac{1}{\pi}\arcsin\frac{\sin\theta}{R}\right) - \sin\left(\theta - \arcsin\frac{\sin\theta}{R}\right) = 0 \quad (5-25)$$

注意,如果直线边界之间的夹角 θ 较小,则不存在动态边界点跳跃问题.实际上,存在一个临界角度 $\theta = \theta_* = \arccos(1/\pi)$,使得

（1）当 $\theta < \theta_*$ 时,外边界 C 不存在这样的临界状态.也就是说,当 $\theta < \arccos(1/\pi)$ 时,不会存在过固定端 A 的半径为 r 的半圆盘.

（2）当 $\theta = \theta_*$ 时,意味着此时半圆周长 πr 与由 A 点出发垂直于另一条直线的长度相等,这时半径为 $r = (\sin\theta)/\pi$ 的半圆盘面积也正好等于直线边界 L 与外边界 C(垂直于第一象限的直线边界)所围成的直角三角形面积(见图 5-6).

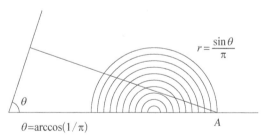

图 5-6　外边界增加过程中的临界情况

（3）当 $\theta > \theta_*$ 时,存在外边界 C 的跳跃,即 C 的动态边界点直接从水平轴跳至另一条直线边界上.

在第(3)种情况下,当 $\theta \to \theta_* +$ 时,即 θ 从右端向 θ_* 逼近的时候,在非水平的那条直线边界上,动态端点的外边界圆弧半径越来越大且趋于正无穷大,即

$$\lim_{\theta \to \theta_* +} R = +\infty.$$

同样分析得出,两条直线边界的夹角 θ 也存在一个上界 $\theta^* \approx 2.35$,超过这个上界时也没有外边界圆弧的跳跃存在.注意,这里关于 θ_* 和 θ^* 的讨论都是基于水平边界 OA 的长度为 1 的条件的.

5.4　分裂模拟

基于上述讨论的规则,这里将对细胞分裂进行数值模拟.

这里模拟的是非标准生长分裂,即鞘毛藻细胞生长一定时间段后出现异常,其中的一个细胞不再分裂的情形,如图 5-1 和图 5-2 所示,图中第四象限的细胞不再分裂.下面将对此细胞周围细胞的生长和分裂情况进行模拟,由于细胞存在某种对称性,所以我们的实验分析只针对右侧的细胞.

分裂的理论依据已经在本章和前面的章节里有了介绍和讨论,也可以参见文献[102].由于异常细胞只有一个,而且它影响的范围仅仅是第一、三和四象限,所以第二象限仍然遵从标准生长分裂.

5.4.1　细胞首次分裂讨论

将细胞首次分裂分成两种情况讨论,即情况 1 和情况 2.

情况 1:第一象限细胞首次分裂.

第四象限的异常细胞("死亡"后不再分裂,大小也不再变化)保持状态不变,第一象限细胞还是不断生长,并且面积达到 2π 后就分裂成两个子细胞.

按照 5.2 节的理论分析,这里计算和比较可能的分裂弧(分割线)的长度(见图 5-7).第一象限内的细胞生长到面积为 2π,其外边界对应的圆心上移,这是

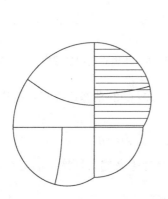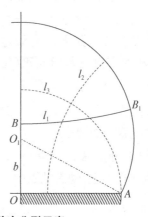

图 5-7　第一象限细胞的首次分裂示意

因为受到第四象限异常细胞的影响.第一象限的细胞圆心上移到了 $(0, b) \approx$ $(0, 1.048\,15)$,半径则变为 $r \approx 2.258\,01$,圆心角变为 $\delta \approx 2.053\,51$.计算之后比较各种可能的分割线长度,最短者为 $l_1 \approx 2.208\,86$,具体数据如表 5-1 所示,分裂示意如图 5-7 所示.

表 5-1　第一象限细胞的首次分裂数据

弧	圆　心	半　径	弧　长
l_1	$(0, 10.001\,1)$	8.663 5	2.208 86
l_2	$(3.984\,51, 0.00)$	3.446 2	2.885 37
l_3	$(0, 0)$	2	π

情况 2:靠近固定端点的细胞首次分裂.

继续分析第一象限右下角的细胞的增大.在这个过程中,由于细胞间张力平衡,这个增大的细胞的上边界保持沿直线方向向前,如图 5-7 所示,BB_1 不断沿着切线方向(即射线)向外生长.此时细胞外边界的圆心就在这条射线上,右下角边界的固定点 A 始终在外边界上.

这个细胞的三条边与第一象限上部的细胞(如靠近 y 轴的细胞)有所区别,但是这个右下角的细胞的外边界还是保持为圆弧,这方面的理论分析在前文已经有所讨论.生长分裂的数据如表 5-2 所示,分裂示意如图 5-8 所示.

表 5-2　第一象限右下角细胞的第 2 次分裂数据

弧	圆　心	半　径	弧　长
s_1	$(0, 1.048\,15)$	2.258 01	1.665 7
s_2	—	—	无解

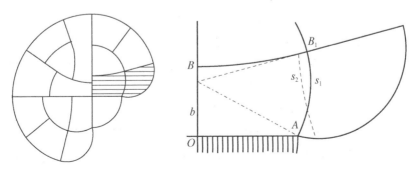

图 5-8　第一象限右下角细胞的第 2 次分裂示意

5.4.2   靠近固定端点的细胞分裂情况讨论

情况 3：靠近固定端点的细胞第 2 次分裂.

继续讨论第 2 次分裂.注意,只有第一象限右下角外侧的细胞才存在生长和分裂.它左侧的细胞(即上一次一起分裂产生的子细胞之一)已经不再分裂,因为它已经没有向外发展的空间,四周都被其他细胞完全包围.

不难计算出它的外边界圆弧的圆心在 (3.144，1.867 59),相应的半径为 2.190 12.通过前文的理论分析得出,此时的分裂弧长为 2.161 59.具体如图 5 - 9 和表 5 - 3 所示.

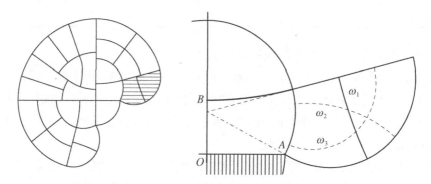

图 5 - 9   第一象限右下角细胞的第 3 次分裂示意

表 5 - 3   第一象限右下角细胞的第 3 次分裂数据

弧	圆　心	半　径	弧　长
ω_1	(14.016 4, 4.701 32)	11.02	2.161 59
ω_2	(2.567 14, −2.175 93)	3.447 65	2.758 96
ω_3	(2.691 97, 1.749 77)	1.624 92	3.566

情况 4：靠近固定端点的细胞第 3 次分裂.

接着,在细胞分割线 ω_1 右边的细胞继续生长,然后如第二象限的细胞那样进行标准分裂,左边的细胞则有约束条件限制(有一个端点是原来异常细胞的固定点 A).当这个左边的细胞面积达到 2π 时,外边界的圆心 P(3.970 75, 0.160 892) 落在上一次的分裂弧形成的射线上(见图 5 - 10),半径为 1.977 31.如图 5 - 10 所示,此时有两种可能的分裂线,记为 l_{41} 和 l_{42}.经过计算后,可以发现分裂线 $l_{41} = 2.191 65$,而 l_{42} 则无解.具体分裂数据如表 5 - 4 所示,分裂示意如图 5 - 10 所示.

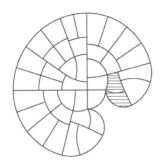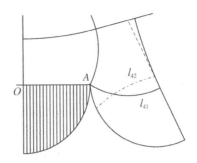

图 5-10 第一象限右下角细胞的第 4 次分裂示意

表 5-4 第一象限右下角细胞的第 4 次分裂数据

弧	圆 心	半 径	弧 长
l_{41}	(3.144，1.867 59)	2.190 12	2.191 65
l_{42}	—	—	无解

情况 5：靠近固定端点的细胞第 4 次分裂.

经过上面的 4 次分裂后发现，分裂线 l_{41} 和原来的母细胞的外边界重合.这样，原来的这个母细胞就变成为一个"内细胞"，也就是四周都被其他细胞包围，自己不再增加面积和分裂(见图 5-10 中右边的细胞).第 5 次分裂如图 5-11 和表 5-5 所示.

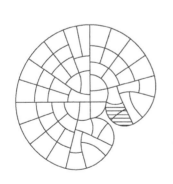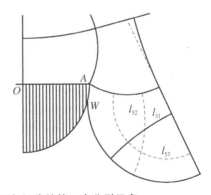

图 5-11 第一象限右下角细胞的第 5 次分裂示意

表 5-5 第一象限右下角细胞的第 5 次分裂数据

弧	圆 心	半 径	弧 长
l_{51}	(7.439 39，−6.999 56)	6.801 55	2.270 76
l_{52}	(−0.188 879，−1.060 33)	3.858	2.444 72
l_{53}	(4.331 51，−0.583 829)	1.619 56	3.577 23

5.4.3　靠近固定端点外侧细胞分裂讨论

情况 6：靠近固定端点外侧第二层细胞分裂.

在第 3 次分裂后,分裂线 ω_1 右边的细胞生长得较左边的细胞快(见图 5-9),左边细胞的生长速度慢是因为它受到了两条原来的边界的挤压.右边的细胞分裂类似于情况 1(见图 5-7),其外边(东南)的圆心在 $(3.144,\ 1.867\ 59)$,半径为 $3.060\ 62$(见图 5-12).不难发现这次分裂和情况 1 的差别,通过计算易发现如图 5-12 所示的分隔线中 l_{63} 最短,不过在情况 1 中则完全不同.具体数据如表 5-6 所示.

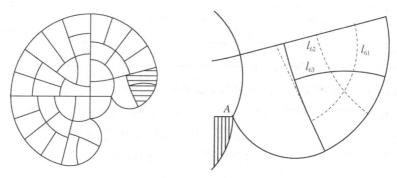

图 5-12　第一象限右下角细胞的第 6 次分裂

表 5-6　第一象限右下角细胞的第 6 次分裂

弧	圆　心	半　径	弧　长
l_{61}	$(3.144,\ 1.867\ 59)$	$2.190\ 12$	$3.010\ 65$
l_{62}	$(7.743\ 7,\ 3.066\ 43)$	$3.636\ 91$	$2.544\ 26$
l_{63}	$(5.034\ 31,\ -2.885\ 58)$	$4.098\ 61$	$2.492\ 85$

情况 7：靠近固定端点外侧第二层细胞再次分裂.

这次分裂与情况 6 类似,但是它比周围细胞的分裂要晚些.当其面积生长到 2π 之后,有三种可能的分裂线,需计算后确定最短者.计算之后,得到新的分裂线 $l_{72} \approx 2.614\ 11$ 最短,它垂直于外边界,如图 5-13 所示.而原来母细胞的边界并不是最短.具体模拟计算数据如表 5-7 所示.

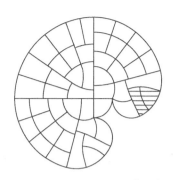
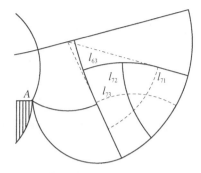

图 5‑13　第一象限右下角细胞的第 7 次分裂示意

表 5‑7　第一象限右下角细胞的第 7 次分裂数据

弧	圆　心	半　径	弧　长
l_{71}	(3.144, 1.867 59)	3.060 62	2.622 32
l_{72}	(8.615 11, 1.301 25)	3.681 45	2.614 11
l_{73}	(5.302 02, − 2.618 78)	2.843 2	2.731 64

情况 8：靠近固定端点外侧的第二层细胞第 3 次分裂.

情况 7 之后,快速生长的细胞外边缘弧线圆心保持在 (3.144, 1.867 59),半径增加到 5.258 89. 不难算出分裂线 l_{81} 最短,具体图像和数据如图 5‑14 和表 5‑8 所示.

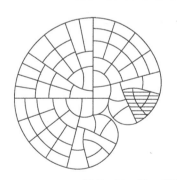
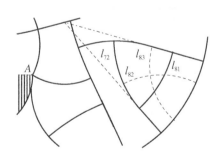

图 5‑14　第一象限右下角细胞的第 8 次分裂示意

表 5‑8　第一象限右下角细胞的第 8 次分裂数据

弧	圆　心	半　径	弧　长
l_{81}	(3.144, 1.867 59)	4.086 66	2.343 84
l_{82}	(6.678 06, − 3.152 55)	3.167 88	2.740 95
l_{83}	(8.779 62, 0.350 879)	2.530 76	2.840 2

5.4.4　靠近"冻结"细胞的外细胞分裂

情况 9：靠近"冻结"细胞的外细胞分裂.

"冻结"细胞也称"死亡"细胞.靠近固定端点的细胞第 4 次分裂后产生了两个子细胞,分裂线为 l_{51}. 由于对称性特征,第三象限的细胞分裂对称地进行.这样,第一象限和第三象限对称地进行生长和分裂.在分裂过程中,逐渐地,第四象限内的异常细胞会被由第一、三象限的细胞分裂产生的细胞全部包围,如图 5 - 15 所示.

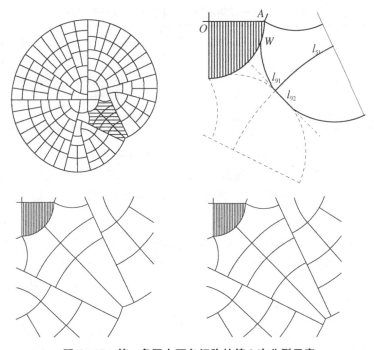

图 5 - 15　第一象限右下角细胞的第 9 次分裂示意

5.5　生长分裂过程模拟回顾

本章讨论的是鞘毛藻细胞在生长过程的一种特殊情况下的细胞分裂机理.这种特殊情况指的是在生长分裂过程中有细胞存在"死亡"或者"冻结"(即不再进行生长和分裂),其余的细胞则继续按照生长规律演化的情况.在这个过程中,处在细胞盘最外侧的细胞不断生长和分裂,分裂过程满足 Errera 分裂律.

　　本章对外边缘细胞的生长分裂做了详细分析和数值模拟,这些结果将第 4 章和文献[102]的相关内容做了深化,特别是受到异常细胞影响后细胞的生长分裂模拟.这些分析内容都深化了对鞘毛藻细胞生长演化机理的理解.当然,细胞外边界的扩张机理还需要进一步理论化.

　　部分分裂过程请参见附录 2.

第 6 章
鞘毛藻非标准分裂细胞边缘形成机理分析

前文已经对鞘毛藻细胞生长分裂过程做了一些机理分析,包括分裂准则、分裂线的边界条件等.

鞘毛藻的细胞在物理上是平摊在水面或者附着在泥土等平面的表面,其厚度相对于附着面直径非常小.其细胞分裂时呈圆盘状向外扩张,厚度不改变[见图 6-1(a)].这样,在进行数学分析时此类细胞就可以被视为一个平面区域.

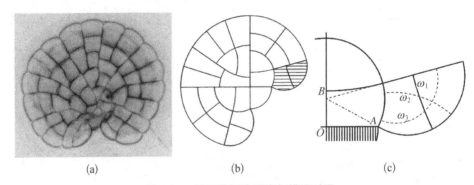

(a)　　　　　　　　　(b)　　　　　　　　　(c)

图 6-1　鞘毛藻细胞图像与模拟对照

(a) 鞘毛藻细胞;(b) 第一象限中细胞的第 3 次分裂模拟;(c) 局部

本章在前文已有的标准分裂和非标准分裂的讨论基础上,对细胞的非标准分裂的外部边界的形状进行建模分析,以获得细胞的非标准分裂的边缘(外部边界)曲线的方程及其相应的边界点条件.在异常细胞附近细胞的外部边界的增长规律是需要重点分析的.尽管在第 5 章中外边界满足圆弧,也推导出在活动端端点处外部边界曲线与相邻边界垂直.但是,第 4 章的假设是与外边界合围成新细胞的两条(也可能是一条)边为直线.需要注意的是,在实际问题中除了外边界之外的内边界不一定是直线,如图 6-1 所示.这就是说,这一部分理论还需要完善,也即在一般的内边界下,外边界曲线的形状和边界条件等信息都需要深入分析.

6.1　细胞的非标准分裂的外部边界的形状建模

第 5 章讨论了鞘毛藻细胞分裂过程中非标准分裂的新细胞的外部边界曲线,将新细胞的相邻边界都看作直线.接下来在相邻边界不一定是直线的条件下对细胞外部边界的方程及边界条件进一步讨论.因为受到分裂过程中"死亡"细胞的影响,周围继续生长的细胞会逐渐将这个"死亡"细胞包围.因此,可以将鞘毛藻细胞的非标准分裂的外部生长转化为如下一个数学问题:

如图 6-2 所示,直线 PB_1 的左侧是正常生长的细胞,不受"死亡"细胞的影响.曲线 $GPFABO$ 所围图形是老细胞.将曲线 ABO 和直线 OB_1 看作与新细胞相邻的细胞的边界,记为 Γ,$\Gamma = \{$曲线 $ABO \cup$ 直线 $OB_1\}$.新细胞在 Γ 的上方生长,其外部边界将会与 Γ 围成一个区域,这个区域就是新细胞本身,其面积记为 $|\Omega|$.新细胞的面积是其外部边界与 Γ 所围几何图形中面积最大的一个.新细胞外部边界的一个端点在点 A 固定不动,另外一个端点随着细胞的生长在外边界上变动,所以这个封闭区域存在如下两种情况:

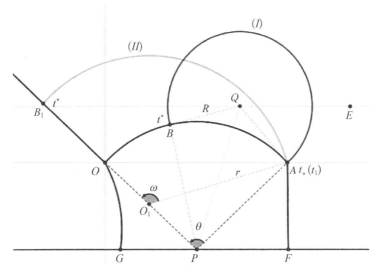

图 6-2　封闭区域的两种情况

（1）活动端点在靠近固定端点的曲线 ABO 上变动时,记这个端点为 B,设（I）为新细胞的外部边界,是一条光滑曲线.

（2）活动端点在远离固定端点的直线 OB_1 上变动时,记这个端点为 B_1,设（II）为此时新细胞的外部边界,是一条光滑曲线.

下面将分成两种情况来讨论.

6.1.1　活动端点在固定端点附近的情况

记外部边界曲线

$$(\mathrm{I}): \begin{cases} x = \alpha(t), \\ y = \beta(t), \end{cases} t \in [t_*, t^*], \quad \widehat{OBA} \text{ 曲线段 } \widehat{BA}: \begin{cases} x = \varphi(t), \\ y = \psi(t), \end{cases} t \in [t^*, t_1]$$

$$(6-1)$$

对于曲线 (I), 当 $t = t_*$ 时所对应的点为固定端点 A, 当 $t = t^*$ 时所对应的点为活动端点 $B(t^*)$. 此时围成新细胞的整体闭曲线

$$A\mid_{t=t_*} \xrightarrow{\ (\mathrm{I})\ } B\mid_{t=t^*} \xrightarrow{\ \widehat{OBA}\ } A\mid_{t=t_1}$$

对于 $\widehat{OBA}$, O 点在区域外面, 这里为了方便表达区域的内边界而表达成 $\widehat{OBA}$, 实际上内边界就是 $\widehat{OBA}$ 的一段 $\widehat{BA}$. 以下若没有特别情况, 这段弧就简称 $\widehat{BA}$. B 点对应于 $t = t^*$, 即 $B(t^*)$; 本段曲线终点 A 点对应于 $t = t_1$, 即 $A(t_1)$.

利用拉格朗日乘数法得出条件极值的变分问题

$$\begin{aligned} J(\mathrm{I}) &= \int_{t_*}^{t^*} \sqrt{\alpha'^2(t) + \beta'^2(t)}\, \mathrm{d}t + \lambda \left(\frac{1}{2} \oint_{\widehat{BA} \cup \mathrm{I}} x\,\mathrm{d}y - y\,\mathrm{d}x - \mid \Omega \mid \right) \\ &= \int_{t_*}^{t^*} \sqrt{\alpha'^2(t) + \beta'^2(t)}\, \mathrm{d}t + \frac{\lambda}{2} \int_{t_*}^{t^*} [\alpha(t)\beta'(t) - \alpha'(t)\beta'(t)]\mathrm{d}t + \\ &\quad \frac{\lambda}{2} \int_{t^*}^{t_1} [\varphi(t)\psi'(t) - \varphi'(t)\psi'(t)]\mathrm{d}t - \lambda \mid \Omega \mid \end{aligned}$$

设 $(\alpha_1(t), \beta_1(t))\ (t \in [t_*, t^*])$ 是任意的一条摄动曲线, 则摄动后对应的变分问题为

$$\begin{aligned} J(\mathrm{I}_\varepsilon) &= \int_{t_*}^{t^*(\varepsilon)} \sqrt{[\alpha'(t) + \varepsilon\alpha_1'(t)]^2 + [\beta'(t) + \varepsilon\beta_1'(t)]^2}\, \mathrm{d}t + \\ &\quad \frac{\lambda}{2} \int_{t_*}^{t^*(\varepsilon)} (\alpha + \varepsilon\alpha_1)\mathrm{d}(\beta + \varepsilon\beta_1) - (\beta + \varepsilon\beta_1)\mathrm{d}(\alpha + \varepsilon\alpha_1) + \\ &\quad \frac{\lambda}{2} \int_{t^*(\varepsilon)}^{t_1} [\varphi(t)\psi'(t) - \varphi'(t)\psi'(t)]\mathrm{d}t - \lambda \mid \Omega \mid \end{aligned} \qquad (6-2)$$

式 $(6-2)$ 中固定端点 $A(t_*) = A(t_1)$ 不受摄动因子 ε 的影响, 曲线 $\widehat{BA}$ 也是同样, 但是活动端点 B 会随着 ε 的变化左右滑动.

计算关于摄动因子 ε 的导数,并注意到 ε ＝0 是驻点,运算式(6-2)后得到

$$\frac{\mathrm{d}[J(L_\varepsilon)]}{\mathrm{d}\varepsilon}\bigg|_{\varepsilon=0}$$

$$=\int_{t_*}^{t^*(0)}\frac{\alpha'(t)\alpha_1'(t)+\beta'(t)\beta_1'(t)}{\sqrt{\alpha'^2(t)+\beta'^2(t)}}\mathrm{d}t+\sqrt{\alpha'^2(t)+\beta'^2(t)}\bigg|_{t^*(0)}\frac{\mathrm{d}t^*(0)}{\mathrm{d}\varepsilon}+$$

$$\frac{\lambda}{2}\int_{t_*}^{t^*(0)}[\alpha_1(t)\beta'(t)+\alpha(t)\beta_{1'}(t)-\beta_1(t)\alpha'(t)-\beta(t)\alpha_{1'}(t)]\mathrm{d}t+$$

$$\frac{\lambda}{2}[\alpha(t)\beta'(t)-\beta(t)\alpha'(t)]\bigg|_{t^*(0)}\frac{\mathrm{d}t^*(0)}{\mathrm{d}\varepsilon}-$$

$$\frac{\lambda}{2}[\varphi(t)\psi'(t)-\psi(t)\varphi'(t)]\bigg|_{t^*(0)}\frac{\mathrm{d}t^*(0)}{\mathrm{d}\varepsilon}$$

式中, $\dfrac{\mathrm{d}t^*(0)}{\mathrm{d}\varepsilon}=\dfrac{\mathrm{d}t^*(\varepsilon)}{\mathrm{d}\varepsilon}\bigg|_{\varepsilon=0}$. 进一步计算后得到

$$\frac{\mathrm{d}[J(L_\varepsilon)]}{\mathrm{d}\varepsilon}\bigg|_{\varepsilon=0}$$

$$=\{\alpha_1(t),\,\beta_1(t)\}\frac{\{\alpha'(t),\,\beta'(t)\}}{\sqrt{\alpha'^2(t)+\beta'^2(t)}}\bigg|_{t_*}^{t^*(0)}-$$

$$\int_{t_*}^{t^*(0)}\{\alpha_1(t),\,\beta_1(t)\}\frac{\mathrm{d}}{\mathrm{d}t}\frac{\{\alpha'(t),\,\beta'(t)\}}{\sqrt{\alpha'^2(t)+\beta'^2(t)}}+$$

$$\sqrt{\alpha'^2(t)+\beta'^2(t)}\bigg|_{t^*(0)}\frac{\mathrm{d}t^*(0)}{\mathrm{d}\varepsilon}+\frac{\lambda}{2}[\alpha(t)\beta'(t)-\beta(t)\alpha'(t)]\bigg|_{t^*(0)}\frac{\mathrm{d}t^*(0)}{\mathrm{d}\varepsilon}+$$

$$\lambda\int_{t_*}^{t^*(0)}\{\alpha_1(t),\,\beta_1(t)\}\mathrm{d}\{\beta(t),\,-\alpha(t)\}+$$

$$\frac{\lambda}{2}\{\alpha_1(t),\,\beta_1(t)\}\{-\beta(t),\,\alpha(t)\}\bigg|_{t_*}^{t^*(0)}-$$

$$\frac{\lambda}{2}[\varphi(t)\psi'(t)-\psi(t)\varphi'(t)]\bigg|_{t^*(0)}\frac{\mathrm{d}t^*(0)}{\mathrm{d}\varepsilon}$$

再化简后,可以得出

$$\frac{\mathrm{d}[J(L_\varepsilon)]}{\mathrm{d}\varepsilon}\bigg|_{\varepsilon=0}$$

$$=-\int_{t_*}^{t^*(0)}\{\alpha_1(t),\,\beta_1(t)\}\left[\frac{\mathrm{d}}{\mathrm{d}t}\frac{\{\alpha'(t),\,\beta'(t)\}}{\sqrt{\alpha'^2(t)+\beta'^2(t)}}-\lambda\{\beta(t),\,-\alpha(t)\}\right]+$$

$$\{\alpha_1(t),\,\beta_1(t)\}\frac{\{\alpha'(t),\,\beta'(t)\}}{\sqrt{\alpha'^2(t)+\beta'^2(t)}}\bigg|_{t_*}^{t^*(0)}+\sqrt{\alpha'^2(t)+\beta'^2(t)}\bigg|_{t^*(0)}\frac{\mathrm{d}t^*(0)}{\mathrm{d}\varepsilon}+$$

$$\frac{\lambda}{2}\{\alpha_1(t),\,\beta_1(t)\}\{-\beta(t),\,\alpha(t)\}\Big|_{t_*}^{t^*(0)}+$$

$$\frac{\lambda}{2}[\alpha(t)\beta'(t)-\beta(t)\alpha'(t)]\Big|_{t^*(0)}\frac{\mathrm{d}t^*(0)}{\mathrm{d}\varepsilon}-$$

$$\frac{\lambda}{2}[\varphi(t)\psi'(t)-\psi(t)\varphi'(t)]\Big|_{t^*(0)}\frac{\mathrm{d}t^*(0)}{\mathrm{d}\varepsilon} \qquad (6-3)$$

由摄动函数向量 $\{\alpha_1,\,\beta_1\}$ 的任意性可得出

$$\frac{\mathrm{d}}{\mathrm{d}t}\left(\frac{\{\alpha'(t),\,\beta'(t)\}}{\sqrt{\alpha'^2(t)+\beta'^2(t)}}-\lambda\{\beta(t),\,-\alpha(t)\}\right)=0 \qquad (6-4)$$

不难发现,函数

$$\{\alpha(t),\,\beta(t)\}=\frac{1}{\lambda}\{\sin ct,\,\cos ct\}+\{c_1,\,c_2\} \qquad (6-5)$$

满足式(6-4),其中 c、c_1 和 c_2 都是任意常数.

这说明图 6-2 中外边界曲线 (I) 还是一段圆弧.

再看端点 $B(t^*)$ 的边界条件.再次利用式(6-3)中不含积分项的部分

$$\frac{\{\alpha_1(t),\,\beta_1(t)\}\cdot\{\alpha'(t),\,\beta'(t)\}}{\sqrt{\alpha'^2(t)+\beta'^2(t)}}\Big|_{t_*}^{t^*(0)}+\sqrt{\alpha'^2(t)+\beta'^2(t)}\Big|_{t^*(0)}\frac{\mathrm{d}t^*(0)}{\mathrm{d}\varepsilon}+$$

$$\frac{\lambda}{2}\{\alpha_1(t),\,\beta_1(t)\}\{-\beta(t),\,\alpha(t)\}\Big|_{t_*}^{t^*(0)}+\frac{\lambda}{2}[\alpha(t)\beta'(t)-\beta(t)\alpha'(t)]\Big|_{t^*(0)}\frac{\mathrm{d}t^*(0)}{\mathrm{d}\varepsilon}-$$

$$\frac{\lambda}{2}[\varphi(t)\psi'(t)-\psi(t)\varphi'(t)]\Big|_{t^*(0)}\frac{\mathrm{d}t^*(0)}{\mathrm{d}\varepsilon}=0 \qquad (6-6)$$

在活动端 $B(t^*)$,连接条件为

$$\alpha[t^*(\varepsilon)]+\varepsilon\alpha_1[t^*(\varepsilon)]=\varphi[t^*(\varepsilon)],\ \beta[t^*(\varepsilon)]+\varepsilon\beta_1[t^*(\varepsilon)]=\psi[t^*(\varepsilon)]$$
$$(6-7)$$

相对于 ε 求导得

$$\alpha'[t^*(\varepsilon)]\frac{\mathrm{d}t^*(\varepsilon)}{\mathrm{d}\varepsilon}+\alpha_1[t^*(\varepsilon)]+\varepsilon\alpha_1'[t^*(\varepsilon)]\frac{\mathrm{d}t^*(\varepsilon)}{\mathrm{d}\varepsilon}=\varphi'[t^*(\varepsilon)]\frac{\mathrm{d}t^*(\varepsilon)}{\mathrm{d}\varepsilon}$$

所以

$$\frac{\mathrm{d}t^*(\varepsilon)}{\mathrm{d}\varepsilon}=\frac{\alpha_1[t^*(\varepsilon)]}{\varphi'[t^*(\varepsilon)]-\alpha'[t^*(\varepsilon)]-\varepsilon\alpha_1'[t^*(\varepsilon)]}$$

同样地

$$\frac{\mathrm{d}t^*(\varepsilon)}{\mathrm{d}\varepsilon} = \frac{\beta_1[t^*(\varepsilon)]}{\psi'[t^*(\varepsilon)] - \beta'[t^*(\varepsilon)] - \varepsilon\beta_1'[t^*(\varepsilon)]}$$

取定 $\varepsilon = 0$，在不会引起混淆的情况下记 $t^*(0) = t^*$. 不妨设 $\varphi'(t^*) - \alpha'(t^*) \neq 0$[否则设 $\psi'(t^*) - \beta'(t^*) \neq 0$]，这样就有

$$\frac{\mathrm{d}t^*(0)}{\mathrm{d}\varepsilon} = \frac{\alpha_1[t^*(0)]}{\varphi'[t^*(0)] - \alpha'[t^*(0)]} \tag{6-8}$$

将式(6-8)代入式(6-6)

$$\frac{\{\alpha_1(t^*), \beta_1(t^*)\} \cdot \{\alpha'(t^*), \beta'(t^*)\}}{\sqrt{\alpha'^2(t^*) + \beta'^2(t^*)}} + \frac{\sqrt{\alpha'^2(t^*) + \beta'^2(t^*)}\,\alpha_1(t^*)}{\varphi'(t^*) - \alpha'(t^*)} +$$

$$\frac{\lambda}{2}\{\alpha_1(t^*), \beta_1(t^*)\} \cdot \{-\beta(t^*), \alpha(t^*)\} + \frac{\lambda}{2}W[\alpha(t^*), \beta(t^*)]\frac{\alpha_1(t^*)}{\varphi'(t^*) - \alpha'(t^*)} -$$

$$\frac{\lambda}{2}W(\varphi(t^*), \psi(t^*))\frac{\alpha_1(t^*)}{\varphi'(t^*) - \alpha'(t^*)} = 0 \tag{6-9}$$

其中，$W(\varphi, \psi)$ 为朗斯基行列式. 这样，在点 $t = t^*$ 处，$\beta_1(t^*)$ 的系数

$$\frac{\beta'(t)}{\sqrt{\alpha'^2(t) + \beta'^2(t)}} + \frac{\lambda}{2}\alpha(t) = 0 \tag{6-10}$$

而 $\alpha_1(t^*)$ 的系数

$$\frac{\alpha'}{\sqrt{\alpha'^2 + \beta'^2}} + \frac{\sqrt{\alpha'^2 + \beta'^2}}{\varphi' - \alpha'} - \frac{\lambda\beta}{2} + \frac{\lambda}{2} \cdot \frac{W(\alpha, \beta) - W(\varphi, \psi)}{\varphi' - \alpha'} = 0$$

$$\tag{6-11}$$

将式(6-10)代入式(6-11)后通分，交接点 $t = t^*$ 处 $(\alpha, \beta) = (\varphi, \psi)$，计算得出

$$\alpha(\alpha'\varphi' + \beta'\psi')\,|_{t=t^*} = 0 \tag{6-12}$$

这里取 $\alpha(t^*) = 0$[否则可以相应分析 $\beta(t^*) \neq 0$]，式(6-12)即为

$$\{\alpha'(t^*), \beta'(t^*)\} \cdot \{\varphi'(t^*), \psi'(t^*)\} = 0$$

也即

$$\{\alpha'(t^*), \beta'(t^*)\} \perp \{\varphi'(t^*), \psi'(t^*)\} \tag{6-13}$$

即，在端点 $t = t^*$ 处，图 6-2 中的外边界曲线（I）与内边界 $\overset{\frown}{OBA}$ 正交.

总结：外边界最短曲线是一段弧，并且与内边界在活动端点处正交.

6.1.2　活动端点远离固定端点的情况

现在讨论图 6-2 中外边界的活动端点 B_1 落在远离固定端点的另外一条曲线（直线）OB_1 上，即活动端点 B_1 与固定端点 A 不在同一条曲线上的情况.

此时仍然记外边界曲线

$$(I): \begin{cases} x=\alpha(t) \\ y=\beta(t) \end{cases}, t \in [t_*, t^*] \tag{6-14}$$

而内边界部分有两段，即 $\widehat{B_1OBA}$ 包括直线段

$$\widehat{B_1O}: \begin{cases} x=(t_0-t)\left(-\sin\dfrac{\theta}{2}\right) \\ y=(t_0-t)\cos\dfrac{\theta}{2} \end{cases}, t \in [t^*, t_0] \tag{6-15}$$

以及曲线段（圆弧）

$$\widehat{OBA}: \begin{cases} x=\varphi(t) \\ y=\psi(t) \end{cases}, t \in [t_0, t_1] \tag{6-16}$$

对于曲线 (II)，当 $t=t_*$ 时所对应的点为固定端点 A，当 $t=t^*$ 时所对应的点为活动端点 $B_1(t^*)$. 此时的整体闭曲线

$$A\mid_{t=t_*} \xrightarrow{(II)} B_1\mid_{t=t^*} \xrightarrow{\widehat{B_1O}} O\mid_{t=t_0} \xrightarrow{\widehat{OBA}} A\mid_{t=t_1}$$

对于曲线 $\widehat{B_1OBA}$，其另一侧为外边界 (II)，这里为了方便表达区域的内边界表达成 $\widehat{B_1OBA}$，实际上它包含两段，即直线段 $\widehat{B_1O}$ 和圆弧曲线段 $\widehat{OBA}$. B_1 点对应于 $t=t^*$，即 $B(t^*)$；中间的点 O 即直线和圆弧的交点 $O\mid_{t=t_0}$；完整闭曲线终点 A 点[也是 (II) 的起点]对应于 $t=t_1$，即 $A(t_1)$.

利用拉格朗日乘数法得出条件极值的变分问题

$$\begin{aligned} J[(II)] &= \int_{t_*}^{t^*} \sqrt{\alpha'^2(t)+\beta'^2(t)}\, dt + \lambda\left[\frac{1}{2}\oint_{(II)\cup\widehat{B_1O}\cup\widehat{OBA}} x\,dy - y\,dx - |\Omega|\right] \\ &= \int_{t_*}^{t^*} \sqrt{\alpha'^2(t)+\beta'^2(t)}\, dt + \frac{\lambda}{2}\int_{t_*}^{t^*}[\alpha(t)\beta'(t)-\alpha'(t)\beta'(t)]dt + \\ &\quad \frac{\lambda}{2}\int_{t^*}^{t_0}\left[(t_0-t)\sin\frac{\theta}{2}\cos\frac{\theta}{2}-(t_0-t)\cos\frac{\theta}{2}\sin\frac{\theta}{2}\right]dt + \\ &\quad \frac{\lambda}{2}\int_{t_0}^{t_1}[\varphi(t)\psi'(t)-\varphi'(t)\psi'(t)]dt - \lambda|\Omega| \end{aligned}$$

设 $(\alpha_1(t), \beta_1(t))$ $(t \in [t_*, t^*])$ 为任意的一条摄动曲线,则摄动后对应的变分问题为

$$J(II_\varepsilon) = \int_{t_*}^{t^*(\varepsilon)} \sqrt{[\alpha'(t) + \varepsilon\alpha_1'(t)]^2 + [\beta'(t) + \varepsilon\beta_1'(t)]^2} \, dt +$$

$$\frac{\lambda}{2} \int_{t_*}^{t^*(\varepsilon)} (\alpha + \varepsilon\alpha_1) d(\beta + \varepsilon\beta_1) - (\beta + \varepsilon\beta_1) d(\alpha + \varepsilon\alpha_1) +$$

$$\frac{\lambda}{2} \int_{t_0}^{t_1} [\varphi(t)\psi'(t) - \varphi'(t)\psi'(t)] dt - \lambda |\Omega| \qquad (6-17)$$

式(6-17)中固定端点 $A(t_*) = A(t_1)$ 不受摄动因子 ε 的影响,曲线 $\widetilde{BA}$ 也是同样,但是活动段 $B_1[t^*(\varepsilon)]$ 会随着 ε 的变化上下滑动.而直线段 B_1O 只出现端点 $B_1[t^*(\varepsilon)]$ 而没有出现直线段本身.

计算关于摄动因子 ε 的导数,并注意到 $\varepsilon = 0$ 是驻点,运算式(6-17)后得到

$$\frac{d[J(L_\varepsilon)]}{d\varepsilon}\bigg|_{\varepsilon=0} = \int_{t_*}^{t^*(0)} \frac{\alpha'(t)\alpha_1'(t) + \beta'(t)\beta_1'(t)}{\sqrt{\alpha'^2(t) + \beta'^2(t)}} dt + \sqrt{\alpha'^2(t) + \beta'^2(t)}\bigg|_{t^*(0)} \frac{dt^*(0)}{d\varepsilon}$$

$$+ \frac{\lambda}{2} \int_{t_*}^{t^*(0)} [\alpha_1(t)\beta'(t) + \alpha(t)\beta_1'(t) - \beta_1(t)\alpha'(t) - \beta(t)\alpha_1'(t)] dt$$

$$+ \frac{\lambda}{2} [\alpha(t)\beta'(t) - \beta(t)\alpha'(t)]\bigg|_{t^*(0)} \frac{dt^*(0)}{d\varepsilon}$$

式中,$\dfrac{dt^*(0)}{d\varepsilon} = \dfrac{dt^*(\varepsilon)}{d\varepsilon}\bigg|_{\varepsilon=0}$.进一步计算后得到

$$\frac{d[J(L_\varepsilon)]}{d\varepsilon}\bigg|_{\varepsilon=0} = \{\alpha_1(t), \beta_1(t)\} \frac{\{\alpha'(t), \beta'(t)\}}{\sqrt{\alpha'^2(t) + \beta'^2(t)}}\bigg|_{t_*}^{t^*(0)} -$$

$$\int_{t_*}^{t^*(0)} \{\alpha_1(t), \beta_1(t)\} \frac{d}{dt} \frac{\{\alpha'(t), \beta'(t)\}}{\sqrt{\alpha'^2(t) + \beta'^2(t)}} +$$

$$\sqrt{\alpha'^2(t) + \beta'^2(t)}\bigg|_{t^*(0)} \frac{dt^*(0)}{d\varepsilon} +$$

$$\frac{\lambda}{2} [\alpha(t)\beta'(t) - \beta(t)\alpha'(t)]\bigg|_{t^*(0)} \frac{dt^*(0)}{d\varepsilon} +$$

$$\lambda \int_{t_*}^{t^*(0)} \{\alpha_1(t), \beta_1(t)\} d\{\beta(t), -\alpha(t)\} +$$

$$\frac{\lambda}{2} \{\alpha_1(t), \beta_1(t)\} \{-\beta(t), \alpha(t)\}\bigg|_{t_*}^{t^*(0)}$$

再化简后,可以得出

$$\frac{\mathrm{d}[J(L_\varepsilon)]}{\mathrm{d}\varepsilon}\bigg|_{\varepsilon=0}$$

$$=-\int_{t_*}^{t^*(0)}\{\alpha_1(t),\beta_1(t)\}\left[\frac{\mathrm{d}}{\mathrm{d}t}\frac{\{\alpha'(t),\beta'(t)\}}{\sqrt{\alpha'^2(t)+\beta'^2(t)}}-\lambda\{\beta(t),-\alpha(t)\}\right]+$$

$$\{\alpha_1(t),\beta_1(t)\}\frac{\{\alpha'(t),\beta'(t)\}}{\sqrt{\alpha'^2(t)+\beta'^2(t)}}\bigg|_{t_*}^{t^*(0)}+\sqrt{\alpha'^2(t)+\beta'^2(t)}\bigg|_{t^*(0)}\frac{\mathrm{d}t^*(0)}{\mathrm{d}\varepsilon}+$$

$$\frac{\lambda}{2}\{\alpha_1(t),\beta_1(t)\}\{-\beta(t),\alpha(t)\}\bigg|_{t_*}^{t^*(0)}+$$

$$\frac{\lambda}{2}[\alpha(t)\beta'(t)-\beta(t)\alpha'(t)]\bigg|_{t^*(0)}\frac{\mathrm{d}t^*(0)}{\mathrm{d}\varepsilon}\qquad(6-18)$$

由摄动函数向量 $\{\alpha_1,\beta_1\}$ 的任意性得出

$$\frac{\mathrm{d}}{\mathrm{d}t}\left(\frac{\{\alpha'(t),\beta'(t)\}}{\sqrt{\alpha'^2(t)+\beta'^2(t)}}-\lambda\{\beta(t),-\alpha(t)\}\right)=0\qquad(6-19)$$

显然,函数

$$\{\alpha(t),\beta(t)\}=\frac{1}{\lambda}\{\sin ct,\cos ct\}+\{c_1,c_2\}\qquad(6-20)$$

满足式(6-19),其中 c、c_1 和 c_2 都是任意常数.

这说明图 6-2 外边界曲线（II）也是一段圆弧.

下面分析此时动态端点 $B_1(t^*)$ 的边界条件.再次利用式(6-18)中不含积分项的部分

$$0=\frac{\{\alpha_1(t),\beta_1(t)\}\cdot\{\alpha'(t),\beta'(t)\}}{\sqrt{\alpha'^2(t)+\beta'^2(t)}}\bigg|_{t_*}^{t^*(0)}+\sqrt{\alpha'^2(t)+\beta'^2(t)}\bigg|_{t^*(0)}\frac{\mathrm{d}t^*(0)}{\mathrm{d}\varepsilon}+$$

$$\frac{\lambda}{2}\{\alpha_1(t),\beta_1(t)\}\{-\beta(t),\alpha(t)\}\bigg|_{t_*}^{t^*(0)}+$$

$$\frac{\lambda}{2}[\alpha(t)\beta'(t)-\beta(t)\alpha'(t)]\bigg|_{t^*(0)}\frac{\mathrm{d}t^*(0)}{\mathrm{d}\varepsilon}\qquad(6-21)$$

在活动端点 $B_1(t^*)$,连接条件为

$$\alpha(t^*)+\varepsilon\alpha_1(t^*)=(t_0-t^*)\left(-\sin\frac{\theta}{2}\right),\ \beta(t^*)+\varepsilon\beta_1(t^*)=(t_0-t^*)\cos\frac{\theta}{2}$$

$$(6-22)$$

式中, $t^* = t^*(\varepsilon)$. 相对于 ε 求导, 利用式 (6-22) 第一项, 得出

$$\frac{dt^*(\varepsilon)}{d\varepsilon} = \frac{\alpha_1(t^*(\varepsilon))}{\sin(\theta/2) - \alpha'(t^*(\varepsilon)) - \varepsilon\alpha_1'(t^*(\varepsilon))}$$

同样地, 利用式 (6-22) 第二项, 得出

$$\frac{dt^*(\varepsilon)}{d\varepsilon} = \frac{-\beta_1(t^*(\varepsilon))}{\cos(\theta/2) + \beta'(t^*(\varepsilon)) + \varepsilon\beta_1'(t^*(\varepsilon))}$$

取定 $\varepsilon = 0$, 仍然记 $t^*(0) = t^*$. 不妨设 $\sin(\theta/2) - \alpha'(t^*) \neq 0$ [否则设 $\cos(\theta/2) + \beta'(t^*) \neq 0$], 这样就有

$$\frac{dt^*(0)}{d\varepsilon} = \frac{\alpha_1[t^*(0)]}{\sin(\theta/2) - \alpha'(t^*(0))} \tag{6-23}$$

将式 (6-23) 代入式 (6-21)

$$0 = \frac{\{\alpha_1(t^*), \beta_1(t^*)\} \cdot \{\alpha'(t^*), \beta'(t^*)\}}{\sqrt{\alpha'^2(t^*) + \beta'^2(t^*)}} + \frac{\sqrt{\alpha'^2(t^*) + \beta'^2(t^*)}\,\alpha_1(t^*)}{\sin(\theta/2) - \alpha'(t^*)} +$$

$$\frac{\lambda}{2}\{\alpha_1(t^*), \beta_1(t^*)\} \cdot \{-\beta(t^*), \alpha(t^*)\} + \frac{\lambda}{2}\frac{W(\alpha(t^*), \beta(t^*))\alpha_1(t^*)}{\sin(\theta/2) - \alpha'(t^*)} \tag{6-24}$$

这样, 在点 $t = t^*$ 处, $\beta_1(t^*)$ 的系数

$$\frac{\beta'(t)}{\sqrt{\alpha'^2(t) + \beta'^2(t)}} + \frac{\lambda}{2}\alpha(t) = 0 \tag{6-25}$$

而 $\alpha_1(t^*)$ 的系数

$$0 = \frac{\alpha'}{\sqrt{\alpha'^2 + \beta'^2}} + \frac{\sqrt{\alpha'^2 + \beta'^2}}{\sin(\theta/2) - \alpha'} - \frac{\lambda}{2}\beta + \frac{\lambda}{2}\frac{W(\alpha, \beta)}{\sin(\theta/2) - \alpha'}, \quad t = t^* \tag{6-26}$$

将式 (6-25) 代入式 (6-26) 后通分得出, 在 $t = t^*$ 处

$$0 = \frac{\alpha'}{\sqrt{\alpha'^2 + \beta'^2}} + \frac{\sqrt{\alpha'^2 + \beta'^2}}{\sin(\theta/2) - \alpha'} + \frac{-\beta'}{\alpha\sqrt{\alpha'^2 + \beta'^2}}\left[-\beta + \frac{W(\alpha, \beta)}{\sin(\theta/2) - \alpha'}\right]$$

$$= \mathcal{K}[\sin(\theta/2) - \alpha\alpha'^2 + \alpha\alpha'^2 + \alpha\beta'^2 + \beta\beta'\sin(\theta/2) - \alpha'\beta\beta' - \alpha\beta'^2 + \alpha'\beta\beta']$$

$$= \mathcal{K}\sin(\theta/2)(\alpha\alpha' + \beta\beta')$$

式中，$\mathcal{K} = \{\alpha\sqrt{\alpha'^2 + \beta'^2}\,[\sin(\theta/2) - \alpha']\}^{-1}$. 这样，在 $B_1(t^*)$ 处

$$\alpha\alpha' + \beta\beta' = \{\alpha, \beta\} \cdot \{\alpha', \beta'\} = 0 \qquad (6-27)$$

注意，B_1 以及直线段 B_1O 上的点都在过坐标原点的直线上，这意味着式 (6-27) 表示在图 6-2 中外边界 (II) 的活动端点 $B_1(t^*)$ 与内边界 $\overset{\frown}{B_1OBA}$ 的直线段 B_1O 是正交的，也就是垂直的.

这与第一种情况外边界曲线 (I) 与内边界 $\overset{\frown}{OBA}$ 在交点 $B(t^*)$ 处正交类似.

总结：外边界最短曲线是一段弧，并且与内边界在活动端点处正交.

6.2　活动端点位置的数值求解与分析

前文已经详细分析了外边缘线的发展演化情况. 这里假设这个外边缘线（即新的外边界）是从固定在弧线上的点开始生长，然后不断生长演化. 注意，如图 6-3 所示的两种情况的外边缘线即 (I) 和 (II)，当 (I) 的长度逐渐增大的时候，它与已存在的边界 $\overset{\frown}{B_1OBA}$ 所围成的细胞（区域）面积也相应增长. 一个有趣的现象是，当 (I) 的长度 l 增加时，(I) 会在某一时刻"跳跃"成为 (II)，也就是动态端点 B 从 $\overset{\frown}{OBA}$ 上"跳跃"到另外一段（即直线段 B_1O）内边界上.

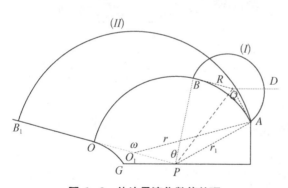

图 6-3　外边界演化数值处理

这个"跳跃"时刻是可以在具体的问题中计算出来的，当然，在一定的形状下可能这种"跳跃"也不存在.

曲线外边界的半径求解分析：设圆弧 $\overset{\frown}{AO} = 1$，即为单位长度，外边界曲线 (I) 的长度为 l，内边界 $\overset{\frown}{OA}$ 所对应的圆心角 $\angle OPA = \theta$ ($\theta \in [0, \pi]$). 而"跳跃"之后的外边缘线 (II) 的圆心角 $\angle OO_1A = \omega$. 引入如下记号：

（1）第一种情况下的外边缘线 (I)：对应的圆心为 Q，半径为 R，与内边界 $\overset{\frown}{OBA}$ 相交于 $B(t^*)$，固定端点 $A(t_*)$.

（2）第二种情况下的外边缘线 (II)：对应的圆心为 O_1，半径为 r，圆心角为 ω，与内边界 B_1O 相交于 $B_1(t^*)$，固定端点 $A(t_*)$. (II) 的圆心 O_1 在边界

$\widehat{B_1OBA}$ 的直线段边界 B_1O 上.

(3) 从(I)的圆心出发平行于水平轴正向的直线为 QD,从 QA 边出发逆时针方向的大角[即弧线(I)对应的圆心角]为 $\angle AQ(D)B$,小的圆心角为 $\angle AQB = 2\pi - \angle AQ(D)B$.

不难分析得出

$$2\pi R - l = R \cdot \angle AQB,\ \angle AQB + \angle APB = \pi$$

这样,现在固定半径 $|PA| = r_1$,固定弧长 $\widehat{OBA} = |PA| \cdot \theta = r_1\theta$

$$|\widehat{BA}| = 2|PA| \cdot \arctan\frac{R}{r_1} = 2r_1 \cdot \arctan\frac{R}{r_1}$$

由此有

$$\delta = \beta_A - \beta_B = 2\angle PQA = 2\arctan[1/(R\theta)]$$

在下面的讨论中,假设

$$\omega \in (0,\pi) \tag{6-28}$$

现在来看两种外边缘线的临界转化,即当外边缘线(I)和(II)分别与边界 $\widehat{OBA}$ 和 $\widehat{B_1OBA}$ 围成的细胞面积相等,同时这两段外边缘线(I)和(II)长度也相等时的情况.

分别看面积和长度.根据 $\triangle O_1PA$ 三条边之间的关系,即正弦定理

$$\frac{\sin\theta}{r} = \frac{\sin\omega}{r_1} = \frac{\sin(\omega-\theta)}{|PO_1|}$$

得到

$$\sin\omega = \frac{r_1}{r}\sin\theta \tag{6-29}$$

从而

$$\omega = \begin{cases} \arcsin\left(\dfrac{r_1}{r}\sin\theta\right), & \omega \in \left(0,\dfrac{\pi}{2}\right) \\ \pi - \arcsin\left(\dfrac{r_1}{r}\sin\theta\right), & \omega \in \left(\dfrac{\pi}{2},\pi\right) \end{cases} \tag{6-30}$$

外边缘线(I)与边界 $\widehat{OBA}$ 所围成的细胞区域面积

$$S_{(I)} = \frac{1}{2}\left[2\pi - \left(\pi - 2\arctan\frac{R}{r_1}\right)\right]R^2 + (S_{PAQB} - S_{\text{扇形}PAB})$$

$$= \frac{1}{2}\left[2\pi - \left(\pi - 2\arctan\frac{R}{r_1}\right)\right]R^2 + \left(Rr_1 - \frac{1}{2}r_1^2 \cdot 2\arctan\frac{R}{r_1}\right)$$

$$= \frac{1}{2}\left(\pi + 2\arctan\frac{R}{r_1}\right)R^2 + \left(Rr_1 - r_1^2\arctan\frac{R}{r_1}\right) \qquad (6-31)$$

外边缘线（II）与边界 $\overparen{B_1OBA}$ 所围成的细胞区域面积

$$S_{(II)} = \frac{1}{2}\omega r^2 - \frac{1}{2}\theta \mid PA \mid^2 + S_{\triangle O_1PA} = \frac{1}{2}\omega r^2 - \frac{1}{2}\theta r_1^2 + \frac{1}{2}r \cdot r_1\sin(\omega - \theta)$$

$$(6-32)$$

其次，两种情况下的外边缘线（I）和（II）的弧长

$$l = \left(\pi + 2\arctan\frac{R}{r_1}\right)R = \omega r \qquad (6-33)$$

这样，在临界状态，即外边缘线（I）与（II）长度相等且与内边界围成的细胞面积也相等时，利用式（6-31）至（6-33）以及几何关系得到面积和弧长两个等式

$$\begin{cases} \frac{1}{2}\left(\pi + 2\arctan\frac{R}{r_1}\right)R^2 + \left(Rr_1 - r_1^2\arctan\frac{R}{r_1}\right) \\ \quad = \frac{1}{2}\omega r^2 - \frac{1}{2}\theta r_1^2 + \frac{1}{2}r \cdot r_1\sin(\omega - \theta) \\ \left(\pi + 2\arctan\frac{R}{r_1}\right)R = \omega r \end{cases} \qquad (6-34)$$

下面仅以 $\theta, \omega \in (\pi/2, \pi)$ 为例.

利用式（6-34）面积相等和弧长相等的条件，有

$$\Phi(r_1, r, R, \theta) := \frac{1}{2}\left(\pi + 2\arctan\frac{R}{r_1}\right)R^2 + \left(Rr_1 - r_1^2\arctan\frac{R}{r_1}\right)$$

$$- \left[\frac{r^2}{2}\omega - \frac{\theta r_1^2}{2} + \frac{rr_1}{2}\sin(\omega - \theta)\right] = 0 \qquad (6-35)$$

$$\Psi(r_1, r, R, \theta) := \left(\pi + 2\arctan\frac{R}{r_1}\right)R - \omega r = 0 \qquad (6-36)$$

结合式(6-29)和式(6-30),通过求解数值解得出部分数据,如表6-1所示.

表6-1　部分数值解(误差不超过 **0.000 01**)

θ	r	R	θ	r	R
$\pi/2$	1.090 64	0.525 76	1.5	1.102 75	0.536 2
1.8	1.185 6	0.609 425	2.1	1.313 61	0.724 55
2.5	1.497 1	0.889 45	2.707 84	1.6	0.980 505
2.8	1.647 62	1.022 09	3.05	1.783 44	1.138 33

依照数值解数据表6-1,进行二次拟合后得出的曲线如图6-4所示.

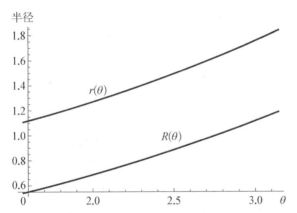

图6-4　拟合得出的对应于外边缘线(I)和(II)的半径 $R=R(\theta)$ 和 $r=r(\theta)$

进一步地,对应表6-12,这里绘制了4种钝角 θ 的情况下两条外边缘线之间的关系,即外边缘线(I)与(II)表示的曲线,如图6-5所示.

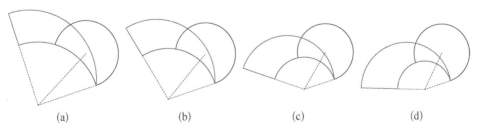

(a)　　　　　　(b)　　　　　　(c)　　　　　　(d)

图6-5　4个外边缘生长的算例,两条外边缘线长度相等且
与内边界围成的面积也相等

(a) $\theta=\dfrac{\pi}{2}$; (b) $\theta=1.8$; (c) $\theta=2.5$; (d) $\theta=2.8$

理论上,通过分析式(6-35)至式(6-36)中给定 $r_1=1$ 时,函数 Φ 和 Ψ 关于变量 r、R 的雅可比行列式值

$$
\begin{vmatrix} \Phi_r & \Phi_R \\ \Psi_r & \Psi_R \end{vmatrix}
$$

$$
= \frac{1}{2}\left(\pi + \frac{2R}{1+R^2} + 2\arctan R \right)\left\{ 2 + 2\pi(r+R) + \frac{2(R^2-1)}{1+R^2} - 2r\arcsin\left(\frac{\sin\theta}{r} \right) + \right.
$$

$$
\left. 4R\arctan R + \frac{\left[r - \cos\left(\theta + \arcsin\frac{\sin\theta}{r} \right) \right]\sin\theta}{r^2\sqrt{r^2-\sin^2\theta}} + \sin\left(\theta + \arcsin\frac{\sin\theta}{r} \right) \right\}
$$

$$
> 0
$$

不难得出 $\begin{vmatrix} \Phi_r & \Phi_R \\ \Psi_r & \Psi_R \end{vmatrix} > 20$. 这就从理论上保证了隐函数 $r=r(\theta)$ 和 $R=R(\theta)$ 在 $\theta \in (\pi/2, \pi)$ 时的存在唯一性.

　　本章内容是通过运用变分原理,分两种情况分别讨论了当有一个细胞"死亡"(即细胞面积大小和形状都不再变化)时,其他细胞的外部边界是如何生长的.给出了新细胞的外部边界曲线的方程和边界条件,即新细胞的外部边界保持以圆弧的形式增长,并且外部边界曲线在活动端点处与相邻边界相互垂直,从而也从理论上完善了文献[104]中分裂模拟的细胞边界分析.在求解外部边界长度与其半径的关系时,由于方程的复杂性,采用数值模拟的方法进行求解,给出了细胞外部边界长度与其半径的关系和"跳跃"时外部边界长度的临界值与边界间夹角的关系.从数学的角度分析细胞分裂,可以更加容易地理解鞘毛藻细胞的分裂机理.具体的数据可以参见文献[105].

第 7 章
盘星藻细胞模型分析

细胞分裂过程的复杂性决定了分析其内部机理的难度,数学工具的引入能帮助人们更深刻地理解隐藏在分裂过程中的一些规律性,例如,前面几章介绍的绿藻模型的数学分析,即鞘毛藻的分裂机理分析.即便是大自然中比较简单的生物,如各种类型的绿藻,也有各类变种,这些不同的变种或者是不同种类的绿藻也蕴含着不同的数学规律的决定因素.

本书关于鞘毛藻分裂模型的讨论中,蕴含着分裂线最短的机理.推导出了分裂线满足的方程以及端点处与相应边界的相交关系——分裂线为圆弧,并且在它的端点处与对应的边界正交.这样的规律性在其他的分裂过程中也有显现,但不是绝对的.例如,像盘星藻这样比较有代表性的绿藻,细胞孢子从母体分裂出来之后形状就基本确定,在生长过程中细胞形状是确定的.也就是说,细胞处于孢子状态时细胞组的形状已经成形,在下一代细胞出现之前只是进行生长.这种特点决定了它与前面所说的鞘毛藻这类绿藻服从的生长规律是有所差别的.

简单地说,这类预先设置好细胞组的整体形状的细胞繁殖机理可以理解为一种整体最优机制.数学上的泡泡模型与这种绿藻的成形机制有很大的相似性.例如双泡泡模型和 4 泡泡模型(见图 7-1),它们的机制是整体细胞组的全部边长(包括细胞之间的细胞壁和外部边界的全部长度和)最短.

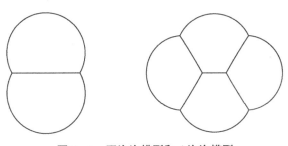

图 7-1　双泡泡模型和 4 泡泡模型

实际的绿藻有一些相似的细胞结构,如图 7-2 所示的几种细胞结构,分别是鞘毛藻、鼓藻和盘星藻.

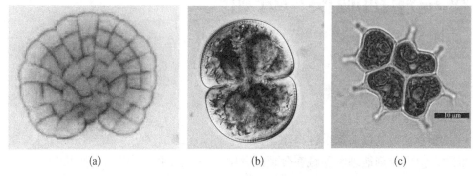

(a)　　　　　　　　　(b)　　　　　　　　　(c)

图 7-2　三种常见的绿藻细胞结构
(a) 鞘毛藻;(b) 鼓藻;(c) 盘星藻

值得一提的是,根据目前对鞘毛藻和盘星藻进化成熟度的研究发现,鞘毛藻进化得比盘星藻更为成熟,前者对环境的适应程度大大优于盘星藻.鞘毛藻可以依据环境的情况不断生长扩大细胞盘,生长过程中细胞的分裂方式也是采取"适时"最优,即在部分时刻采取最优分裂方式——"分裂弧"最短.不同于此的是,盘星藻等绿藻则是从上一代母细胞分裂出来的时候形状就已经完全固定,不再发生变化.另外,鞘毛藻细胞存在胞间连丝,而盘星藻则没有这种胞间连丝.

关于泡泡的几何是数学研究的一个热点,也是难点[6].简单来说,泡泡的形状成形机理现在还不是非常清楚.针对二维问题,虽然形式上简单些,尽管如此,直至 1993 年才由 Foisy 等[106]给出了双泡泡模型的证明.1994 年,Cox 等[107]在连通性假设下证明了 3 泡泡模型.直到 2004 年,Wichiramala[108]才给出了 3 泡泡模型较为一般的证明.本章结合细胞生长来分析泡泡模型,希望给出另外一些证明思路.具体内容也可以参见参考文献[109]和[110].

7.1　方程模型

考虑到细胞的特点,这里假设单个细胞内是连通的,单个细胞的边界(曲线)是光滑或分段光滑的.这里称一个平面区域为"极大区域"是指它是由定长曲线围成的区域面积最大.

7.1.1　两细胞模型

先看双泡泡细胞模型.对于不同面积大小的双泡泡细胞模型,假设整个边界长度是固定不变的,即这两个细胞构成的群组的细胞膜(含细胞间的隔膜)长度和是确定的,这里只考虑细胞之间的隔膜是单层膜的情况.这样,这个细胞模型就可以转化为如下数学问题:

给定一条长度固定的定长曲线,让其围成两个固定面积比例的最大平面图形.

几何上,这种形状就被称为"标准双泡泡",也就是使用一条固定长度的曲线围成两个平面区域,这两个平面区域面积之比为固定常数,并且要求这两个平面图形的面积尽可能大.

对定长曲线围成的两个面积之比为固定常数的最大面积区域,有如下详细说明:

给定长度为 l 的曲线 L 围成两个平面图形 Ω_1 和 Ω_2,其面积比 $\Omega_1/\Omega_2=\kappa$ 为固定常数,这两个细胞之间的膜是单层膜,也就是两个细胞只占用曲线 L 一次,这样围成的两个平面图形是所有可能中面积最大的.此时的两个平面图形被称为"标准双泡泡"模型.从这两个标准泡泡的边界相交之处出发,只有三段曲线,并且它们的切线两两夹角均为 $2\pi/3$.

有如下定理:

定理 7.1　对于两个固定面积比例的区域,给定它们的周长之和为固定值,此时面积最大的图形就是标准的双泡泡.

证明　记 A 和 B 是由定长曲线围成的两个平面区域(细胞),其总周长是固定的.这两个细胞的面积仍然分别记为 V 和 κV,面积比 $\kappa V/V=\kappa$.下面讨论细胞 A 的形状,称 A 和 B 这两个细胞的膜为"边界".

显然,如果 $\kappa=0$,则 A 就是一个圆盘(等周问题).现在设 $\kappa\in(0,1]$.

假设两个细胞有一条共同边界(细胞之间的隔膜)L_c,分别用 L 和 L_b 表示 A 和 B 的两部分边界长度,如图 7-3 所示.当然,曲线 L_c 只包含一个点.引入参数方程来描述三条边界

$$L:\begin{cases}x=\varphi(t)\\y=\psi(t)\end{cases},t\in[t_*,t^*]$$

$$L_c:\begin{cases}x=f(t)\\y=g(t)\end{cases},t\in[t_*,t_c]$$

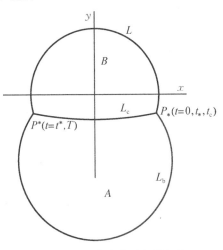

图 7-3　两个各自连通的细胞

$$L_b: \begin{cases} x = p(t) \\ y = q(t) \end{cases}, \quad t \in [t_c, T] \tag{7-1}$$

式中，$P_*(t) = P_*(t_c)$ 是两条边界曲线 L 和 L_b 的起点以及曲线 L_c 的终点，另一个点 $P^*(t^*) = P^*(T)$ 是曲线 L_c 的起点以及曲线 L_b 的终点，如图 7-3 所示.

为方便起见，用 $\mathcal{L}$ 表示三条边界的并，有 $\mathcal{L} = L \bigcup L_c \bigcup L_b$. 固定 $t^* = 0$，那么全部边界线长度和为

$$\mathcal{L} = \int_0^{t^*} \sqrt{\varphi'(t) + \psi'(t)} \, dt + \int_{t^*}^{t_c} \sqrt{f'(t) + g'(t)} \, dt + \int_{t_c}^{T} \sqrt{p'(t) + q'(t)} \, dt$$

这条定长曲线围成两个面积最大的区域，上部面积为 κV，下部面积为 V（见图 7-3），即

$$\kappa V = \frac{1}{2} \oint_{L \bigcup L_c} x \, dy - y \, dx$$

$$= \frac{1}{2} \int_{t_*}^{t^*} [\varphi(t)\psi'(t) - \varphi'(t)\psi(t)] \, dt + \frac{1}{2} \int_{t_*}^{t_c} [f(t)g'(t) - f'(t)g(t)] \, dt$$

$$V = \frac{1}{2} \oint_{(-L_c) \bigcup (-L_b)} x \, dy - y \, dx$$

$$= -\frac{1}{2} \int_{t^*}^{t_c} [f(t)g'(t) - f'(t)g(t)] \, dt - \frac{1}{2} \int_{t_c}^{T} [p(t)q'(t) - p'(t)q(t)] \, dt$$

代入前面 $\kappa \in (0, 1]$ 的假设，得到

$$\frac{1}{2} \oint_{L \bigcup L_c} x \, dy - y \, dx = \kappa V = \kappa \cdot \frac{1}{2} \oint_{(-L_c) \bigcup (-L_b)} x \, dy - y \, dx$$

这是一个带有约束的极值问题. 构造如下拉格朗日函数：

$$J(\mathcal{L}) = \frac{1}{2} \int_{\mathcal{L}} x \, dx - y \, dx + \lambda(\mathcal{L} - l) \tag{7-2}$$

式中，以 λ 为系数的项表示长度固定不变. 代入具体的参数方程表达后

$$J(\mathcal{L}) = \frac{1}{2} \int_{t_*}^{t^*} [\varphi(t)\psi'(t) - \varphi'(t)\psi(t)] \, dt + \frac{1}{2} \int_{t^*}^{t_c} [f(t)g'(t) - f'(t)g(t)] +$$

$$\lambda \left[\int_{t_*}^{t^*} \sqrt{\varphi'^2(t) + \psi'^2(t)} \, dt + \int_{t^*}^{t_c} \sqrt{f'^2(t) + g'^2(t)} \, dt + \right.$$

$$\int_{t_c}^{T} \sqrt{p'^2(t) + q'^2(t)}\, dt - l \Big] +$$

$$\mu \frac{1}{2} \Big[\oint_{L \cup L_c} x\, dy - y\, dx - \frac{\kappa}{2} \oint_{(-L_c) \cup (-L_b)} x\, dy - y\, dx \Big]$$

$$= \frac{1+\mu}{2} \int_{t_*}^{t^*} [\varphi(t)\psi'(t) - \varphi'(t)\psi(t)\, dt] +$$

$$\frac{1+\mu}{2} \int_{t^*}^{t_c} [f(t)g'(t) - f'(t)g(t)]\, dt +$$

$$\lambda \Big[\int_{t_*}^{t^*} \sqrt{\varphi'^2(t) + \psi'^2(t)}\, dt + \int_{t^*}^{t_c} \sqrt{f'^2(t) + g'^2(t)}\, dt +$$

$$\int_{t_c}^{T} \sqrt{p'^2(t) + q'^2(t)}\, dt - l \Big] +$$

$$\frac{\kappa\mu}{2} \Big[\int_{t^*}^{t_c} \sqrt{f'^2(t) + g'^2(t)} \Big] dt + \int_{t_c}^{T} [p(t)q'(t) - p'(t)q(t)]\, dt$$

对于围成最大面积的曲线 $\mathcal{L}$，引入相应的摄动函数

$$L_1 : \begin{cases} x = \alpha(t) \\ y = \beta(t) \end{cases}, \quad L_{cl} : \begin{cases} x = f_1(t) \\ y = g_1(t) \end{cases}, \quad L_{bl} : \begin{cases} x = p_1(t) \\ y = q_1(t) \end{cases} \tag{7-3}$$

以及相应的端点条件

$$(\alpha(0), \beta(0)) = (p_1(t_c), p_1(t_c)) = (f_1(t_c), g_1(t_c))$$

这条摄动曲线 $\mathcal{L}_1 = L_1 \bigcup L_{cl} \bigcup L_{bl}$ 将最短曲线 $\mathcal{L}$ 变为 $\mathcal{L}_\varepsilon = \mathcal{L} + \varepsilon \mathcal{L}_1$. 这样有

$$J(\mathcal{L}_\varepsilon)$$

$$= \int_0^{t^*(\varepsilon)} \Big(\Big\{ \frac{1+\mu}{2} ([\varphi(t) + \varepsilon\alpha(t)][\psi'(t) + \varepsilon\beta'(t)] - [\varphi'(t) + \varepsilon\alpha'(t)][\psi(t) + \varepsilon\beta(t)] \Big\} +$$

$$\lambda \sqrt{[\varphi'(t) + \varepsilon\alpha'(t)]^2 + [\psi'(t) + \varepsilon\beta'(t)]^2} \Big) dt +$$

$$\int_{t^*(\varepsilon)}^{t_c(\varepsilon)} \Big(\frac{1+\mu+\mu\kappa}{2} \{ [f(t) + \varepsilon f_1(t)][g'(t) + \varepsilon g_1'(t)] \} -$$

$$[f'(t) + \varepsilon f_1'(t)][g(t) + \varepsilon g_1(t)] + \lambda \sqrt{[f'(t) + \varepsilon f_1'(t)]^2 + [g'(t) + \varepsilon g_1'(t)]^2} \Big) dt +$$

$$\int_{t_c(\varepsilon)}^{T} \Big(\lambda \sqrt{[p'(t) + \varepsilon p_1'(t)]^2 + [q'(t) + \varepsilon q_1'(t)]^2} +$$

$$\frac{\mu\kappa}{2} \{ [p(t) + p_1(t)][q'(t) + \varepsilon q_1'(t)] - [p'(t) + \varepsilon p_1'(t)][q(t) + \varepsilon q_1(t)] \} \Big) dt - \lambda l$$

$$= \int_0^{t^*(\varepsilon)} \Big[\frac{1+\mu}{2} F_1(\varphi, \psi, \alpha, \beta, \varepsilon)(t) + \lambda F_2(\varphi, \psi, \alpha, \beta, \varepsilon)(t) \Big] dt +$$

$$\int_{t*(\varepsilon)}^{t_c(\varepsilon)} \left[\frac{1+\mu+\mu\kappa}{2} F_1(f,g,f_1,g_1,\varepsilon)(t) + \lambda F_2(f,g,f_1,g_1,\varepsilon)(t) \right] dt +$$

$$\int_{t_c(\varepsilon)}^{T} \left[\frac{\mu\kappa}{2} F_1(p,q,p_1,q_1,\varepsilon)(t) + \lambda F_2(p,q,p_1,q_1,\varepsilon)(t) \right] dt - \lambda l$$

计算关于 ε 的导数,得到

$$\frac{\mathrm{d}}{\mathrm{d}\varepsilon} J(\mathcal{L}_\varepsilon)$$

$$= \int_0^{t*(\varepsilon)} \left\{ \frac{1+\mu}{2} [\alpha(\psi' + \varepsilon\beta') + (\varphi + \varepsilon\alpha)\beta' - \alpha'(\psi + \varepsilon\beta) - (\psi' + \varepsilon\alpha')\beta] + \right.$$
$$\left. \frac{\lambda[(\varphi' + \varepsilon\alpha')\alpha' + (\psi' + \varepsilon\beta')\beta']}{\sqrt{(\varphi' + \varepsilon\alpha')^2 + (\psi' + \varepsilon\beta')^2}} \right\} dt +$$

$$\int_{t*(\varepsilon)}^{t_c(\varepsilon)} \left\{ \frac{1+\mu+\mu\kappa}{2} [f_1(g' + \varepsilon g_1') + (f + \varepsilon f_1)g_1' - f_1'(g + \varepsilon g_1) - (f' + \varepsilon f_1')g_1] + \right.$$
$$\left. \frac{\lambda[(f' + \varepsilon f_1')f' + (g' + \varepsilon g_1')g_1']}{\sqrt{(f' + \varepsilon f_1')^2 + (g' + \varepsilon g_1')^2}} \right\} dt +$$

$$\int_{t_c(\varepsilon)}^{T} \left\{ \frac{\mu\kappa}{2} [p_1(q' + \varepsilon q_1') + (p + \varepsilon p_1)q_1' - p_1'(q + \varepsilon q_1) - (p' + \varepsilon p_1')q_1] + \right.$$
$$\left. \frac{\lambda[(p' + \varepsilon p_1')p_1' + (q' + \varepsilon q_1')q_1']}{\sqrt{(p' + \varepsilon p_1')^2 + (q' + \varepsilon q_1')^2}} \right\} dt +$$

$$\left[\frac{1+\mu}{2} F_1(\varphi,\psi,\alpha,\beta,\varepsilon)(t) + \lambda F_2(\varphi,\psi,\alpha,\beta,\varepsilon)(t) \right] \Big|_{t=t*(\varepsilon)} \cdot t^{*'}(\varepsilon) +$$

$$\left[\frac{1+\mu+\mu\kappa}{2} F_1(f,g,f_1,g_1,\varepsilon)(t) + \lambda F_2(f,g,f_1,g_1,\varepsilon)(t) \right] \Big|_{t=t_c(\varepsilon)} \cdot t_c'(\varepsilon) -$$

$$\left[\frac{1+\mu+\mu\kappa}{2} F_1(f,g,f_1,g_1,\varepsilon)(t) + \lambda F_2(f,g,f_1,g_1,\varepsilon)(t) \right] \Big|_{t=t(\varepsilon)} \cdot t^{*'}(\varepsilon) -$$

$$\frac{\mu\kappa}{2} F_1(p,q,p_1,q_1,\varepsilon)(t) + \lambda F_2(p,q,p_1,q_1,\varepsilon)(t) \Big|_{t=t_c(\varepsilon)} \cdot t_c'(\varepsilon)$$

在不引起混淆的情况下,记 $t(0)$ 为 t,类似地, t^* 和 t_c 的含义一样.在驻点 $\varepsilon = 0$ 处,导数 $\frac{\mathrm{d}}{\mathrm{d}\varepsilon} J(\mathcal{L}_\varepsilon)$ 为零,有

$$0 = \int_0^{t^*} \left[\frac{1+\mu}{2} (\alpha\psi' + \varphi\beta' - \alpha'\psi - \psi'\beta) + \frac{\lambda(\varphi'\alpha' + \psi'\beta')}{\sqrt{\varphi'^2 + \psi'^2}} \right] dt +$$

$$\int_{t^*}^{t_c} \left[\frac{1+\mu+\mu\kappa}{2} (f_1g' + fg_1' - f_1'g - f'g_1) + \frac{\lambda(f'f_1' + g'g_1')}{\sqrt{f'^2 + g'^2}} \right] dt +$$

$$\int_{t_c}^{T}\left[\frac{\mu\kappa}{2}(p_1q'+pq_1'-p_1'q-p'q_1)+\frac{\lambda(p'p_1'+q'q_1')}{\sqrt{p'^2+q'^2}}\right]dt+$$

$$\left[\frac{1+\mu}{2}F_1(\varphi,\psi,\alpha,\beta,\varepsilon)(t)+\lambda F_2(\varphi,\psi,\alpha,\beta,\varepsilon)(t)\right]\Big|_{t=t^*}\cdot t^{*'}(0)+$$

$$\left[\frac{1+\mu+\mu\kappa}{2}F_1(f,g,f_1,g_1,0)(t)+\lambda F_2(f,g,f_1,g_1,0)(t)\right]\Big|_{t=t_c}\cdot t_c'(0)-$$

$$\frac{\mu\kappa}{2}F_1(p,q,p_1,q_1,0)(t)+\lambda F_2(p,q,p_1,q_1,0)(t)\Big|_{t=t_{c(\varepsilon)}}\cdot t_c'(0)$$

$$(7-4)$$

进行分部积分后,式(7-4)变为

$$\int_0^{t^*}\left[(1+\mu)\alpha\psi'-\alpha\lambda\frac{d}{dt}\frac{\varphi'}{\sqrt{\varphi'^2+\psi'^2}}-(1+\mu)\beta\varphi'-\beta\lambda\frac{d}{dt}\frac{\psi'}{\sqrt{\varphi'^2+\psi'^2}}\right]dt+$$

$$\int_{t^*}^{t_c}\left[(1+\mu+\mu\kappa)f_1g'-f_1\lambda\frac{d}{dt}\frac{g'}{\sqrt{f'^2+g'^2}}-(1+\mu+\mu\kappa)g_1f'-g_1\lambda\frac{d}{dt}\frac{g'}{\sqrt{f'^2+g'^2}}\right]dt+$$

$$\left[\frac{(1+\mu)(\varphi\beta-\psi\alpha)}{2}+\frac{\lambda\varphi'\alpha}{\sqrt{\varphi'^2+\psi'^2}}+\frac{\lambda\psi'\alpha}{\sqrt{\varphi'^2+\psi'^2}}\right]\Big|_{t=0}^{t=t^*}+$$

$$\left[\frac{(1+\mu+\mu\kappa)(fg_1-f_1g)}{2}+\frac{\lambda f'f_1}{\sqrt{f'^2+g'^2}}+\frac{\lambda g'g_1}{\sqrt{f'^2+g'^2}}\right]\Big|_{t=t^*}^{t=t_c}+$$

$$\int_{t_c}^{T}\left[\mu\kappa p_1q'-p_1\lambda\frac{d}{dt}\frac{p'}{\sqrt{p'^2+q'^2}}-\mu\kappa q_1p'-q_1\lambda\frac{d}{dt}\frac{q'}{\sqrt{p'^2+q'^2}}\right]dt+$$

$$\left[\frac{\mu\kappa(pq_1-qp_1)}{2}+\frac{\lambda p'p_1}{\sqrt{p'^2+q'^2}}+\frac{\lambda q'q_1}{\sqrt{p'^2+q'^2}}\right]\Big|_{t=t_c}^{t=T}+$$

$$\left[\frac{(1+\mu)(\varphi\psi'-\varphi'\psi)}{2}+\lambda\sqrt{\varphi'^2+\psi'^2}\right]\Big|_{t=t^*}\cdot t^*(0)-$$

$$\left[\frac{(1+\mu+\mu\kappa)(fg'-gf')}{2}+\lambda\sqrt{f'^2+g'^2}\right]\Big|_{t=t_c}\cdot t_c(0)-$$

$$\left[\frac{(1+\mu+\mu\kappa)(fg'-gf')}{2}+\lambda\sqrt{f'^2+g'^2}\right]\Big|_{t=t^*}\cdot t^{*'}(0)-$$

$$\left[\frac{\mu\kappa(pq'-qp')}{2}+\lambda\sqrt{p'^2+q'^2}\right]\Big|_{t=t_c}\cdot t_c'(0)$$

$$=0 \qquad\qquad (7-5)$$

对于端点处 $P(t_*)$ 和 $P(t^*)$,则

$$P_* : (\varphi(0) + \varepsilon\alpha(0), \ \psi(0) + \varepsilon\beta(0))$$
$$= (f[t_c(\varepsilon)] + \varepsilon f_1[t_c(\varepsilon)], \ g[t_c(\varepsilon)] + \varepsilon g_1[t_c(\varepsilon)])$$
$$= (p[t_c(\varepsilon)] + \varepsilon p_1[t_c(\varepsilon)], \ q[t_c(\varepsilon)] + \varepsilon q_1[t_c(\varepsilon)])$$
$$P^* : (\varphi[t^*(\varepsilon)] + \varepsilon\alpha[t^*(\varepsilon)], \ \psi[t^*(\varepsilon)] + \varepsilon\beta[t^*(\varepsilon)])$$
$$= (f[t^*(\varepsilon)] + \varepsilon f_1[t^*(\varepsilon)], \ g[t^*(\varepsilon)] + \varepsilon g_1[t^*(\varepsilon)])$$
$$= (p(T) + \varepsilon p_1(T), \ q(T) + \varepsilon q_1(T))$$

再关于 ε 求导,有

$$P_* : (\alpha(0), \beta(0))$$
$$= (\{f'[t_c(\varepsilon)] + \varepsilon f_1'[t_c(\varepsilon)]\}t_c'(\varepsilon) + f_1[t_c(\varepsilon)],$$
$$\{g_1'[t_c(\varepsilon)] + \varepsilon g_1'[t_c(\varepsilon)]\}t_c'(\varepsilon) + g_1[t_c(\varepsilon)])$$
$$= (\{p'[t_c(\varepsilon)] + \varepsilon p_1'[t_c(\varepsilon)]\}t_c'(\varepsilon) + p_1[t_c(\varepsilon)],$$
$$\{q_1'[t_c(\varepsilon)] + \varepsilon q_1'[t_c(\varepsilon)]\}t_c'(\varepsilon) + q_1[t_c(\varepsilon)])$$
$$P^* : (p_1(T), q_1(T))$$
$$= (\{\varphi'(t^*) + \varepsilon\alpha'[t^*(\varepsilon)]\}t^{*\prime}(\varepsilon) + \alpha[t^*(\varepsilon)],$$
$$\{\psi'[t^*(\varepsilon)] + \varepsilon\beta'[t^*(\varepsilon)]\}t'^*(\varepsilon) + \beta[t^*(\varepsilon)])$$
$$= (\{f'(t^*) + \varepsilon f_1'[t^*(\varepsilon)]\}t^{*\prime}(\varepsilon) + f_1[t^*(\varepsilon)],$$
$$\{g'[t^*(\varepsilon)] + \varepsilon g_1'[t^*(\varepsilon)]\}t'^*(\varepsilon) + g_1[t^*(\varepsilon)])$$

这样,$\varepsilon = 0$ 意味着

$$P_* : (\alpha(0), \beta(0)) = (f'(t_c)t_c'(0) + f_1(t_c), \ g'(t_c)t_c'(0) + g_1(t_c))$$
$$= (p'(t_c)t_c'(0) + p_1(t_c), \ q'(t_c)t_c'(0) + q_1(t_c))$$
$$P^* : (p_1(T), q_1(T)) = (\varphi'(t^*)t'^*(0) + \alpha(t^*), \ \psi'(t^*)t'^*(0) + \beta(t^*))$$
$$= (f'(t^*)t'^*(0) + f_1(t^*), \ g'(t^*)t'^*(0) + g_1(t^*))$$

将 $t'^*(0)$ 和 $t_c'(0)$ 代入式(7-5),除了三个带有积分的项,余下项为

$$\left[\frac{(1+\mu)(\varphi\beta - \psi\alpha)}{2} + \frac{\lambda\varphi'\alpha}{\sqrt{\varphi'^2 + \psi'^2}} + \frac{\lambda\psi'\beta}{\sqrt{\varphi'^2 + \psi'^2}}\right]\Bigg|_{t=t^*}^{t=t_c} +$$

$$\left[\frac{(1+\mu+\mu\kappa)(fg_1 - gf_1)}{2} + \frac{\lambda f'f_1}{\sqrt{f'^2 + g'^2}} \ \frac{\lambda g'g_1}{\sqrt{f'^2 + g'^2}}\right]\Bigg|_{t=t^*}^{t=t_c} +$$

$$\left[\frac{\mu\kappa(pq_1 - qp_1)}{2} + \frac{\lambda p'p_1}{\sqrt{p'^2 + q'^2}} + \frac{\lambda q'q_1}{\sqrt{p'^2 + q'^2}}\right]\Bigg|_{t=t_c}^{t=T} +$$

$$
\left[\frac{(1+\mu)(\varphi\psi'-\varphi'\psi)}{2}+\lambda\sqrt{\varphi'^2+\psi'^2}\right]\bigg|_{t=t^*}\cdot t^{*\prime}(0)+
$$

$$
\left[\frac{(1+\mu+\mu\kappa)(fg'-gf')}{2}+\lambda\sqrt{f'^2+g'^2}\right]\bigg|_{t=t_c}\cdot t_c(0)-
$$

$$
\left[\frac{(1+\mu+\mu\kappa)(fg'-gf')}{2}+\lambda\sqrt{f'^2+g'^2}\right]\bigg|_{t=t^*}\cdot t^{*\prime}(0)-
$$

$$
\left(\frac{\mu\kappa(pq'-qp')}{2}+\lambda\sqrt{p'^2+q'^2}\right]\bigg|_{t=t_c}\cdot t_c'(0)
$$

$$
=\frac{(1+\mu)(\varphi\beta-\psi\alpha)}{2}\bigg|_{t=0}^{t=t^*}+\frac{\lambda\varphi'(t^*)[p_1(T)-\psi'(t^*)t^{*\prime}(0)]}{\sqrt{\varphi'^2(t^*)+\psi'^2(t^*)}}+
$$

$$
\frac{\lambda\varphi'(t^*)[q_1(T)-\psi'(t^*)t^{*\prime}(0)]}{\sqrt{\varphi'^2(t^*)+\psi'^2(t^*)}}-\frac{\lambda[\varphi'(0)\alpha(0)+\psi'(0)\beta(0)]}{\sqrt{\varphi'^2(t^*)+\psi'^2(0)}}+
$$

$$
\frac{(1+\mu+\mu\kappa)(fg_1-gf_1)}{2}\bigg|_{t=t^*}^{t=t_c}+\frac{\lambda f'(t_c)[\alpha(0)-f'(t_c)t_c(0)]}{\sqrt{f'^2(t_c)+g'^2(t_c)}}+
$$

$$
\frac{\lambda g'(t_c)[\alpha(0)-g'(t_c)t_c(0)]}{\sqrt{f'^2(t_c)+g'^2(t_c)}}-\frac{\lambda f'(t^*)[p_1(T)-f'(t^*)t^{*\prime}(0)]}{\sqrt{f'^2(t^*)+g'^2(t^*)}}+
$$

$$
\frac{\mu\kappa(pq_1-qp_1)}{2}\bigg|_{t=t_c}^{t=T}+\frac{\lambda[p'(T)p_1(T)+q'(T)q_1(T)]}{\sqrt{p'^2(T)+q'^2(T)}}-
$$

$$
\frac{\lambda p'(t_c)[\alpha(0)-p'(t_c)t^{*\prime}(0)]}{\sqrt{p'^2(t_c)+q'^2(t_c)}}-\frac{\lambda g'(t^*)[q_1(T)-g'(t^*)t^{*\prime}(0)]}{\sqrt{f'^2(t^*)+g'^2(t^*)}}-
$$

$$
\frac{\lambda q'(t_c)[\beta(0)-q'(t_c)t^{*\prime}(0)]}{\sqrt{p'^2(t_c)+q'^2(t_c)}}+
$$

$$
\left[\frac{(1+\mu)(\varphi\psi'-\varphi'\psi)}{2}+\lambda\sqrt{\varphi'^2+\psi'^2}-\right.
$$

$$
\left.\frac{(1+\mu+\mu\kappa)(fg'-gf')}{2}-\lambda\sqrt{f'^2+g'^2}\right]\bigg|_{t=t^*}\cdot t^{*\prime}(0)+
$$

$$
\left[\frac{(1+\mu+\mu\kappa)(fg'-gf')}{2}+\lambda\sqrt{f'^2+g'^2}-\right.
$$

$$
\left.\frac{\mu\kappa(pq'-qp')}{2}-\lambda\sqrt{p'^2+q'^2}\right]\bigg|_{t=t_c}\cdot t'^2(0)
$$

$$
=-\frac{(1+\mu)[\varphi(0)\beta(0)-\psi(0)\alpha(0)]}{2}+\lambda\frac{\varphi'(t^*)p_1(T)+\psi'(t^*)q_1(T)}{\sqrt{\varphi'^2(t^*)+\psi'^2(t^*)}}-
$$

$$
\frac{\lambda[\varphi'(0)\alpha(0)+\psi'(0)\beta(0)]}{\sqrt{\varphi'^2(t^*)+\psi'^2(t^*)}}+\frac{(1+\mu+\mu\kappa)(fg_1-gf_1)}{2}\bigg|_{t=t^*}^{t=t_c}+
$$

$$\lambda\,\frac{f'(t_c)\alpha(0)+g'(t_c)\beta(0)}{\sqrt{f'^2(t_c)+g'^2(t_c)}}-\lambda\,\frac{f'(t^*)p_1(T)+g'(t^*)q_1(T)}{\sqrt{f'^2(t^*)+g'^2(t^*)}}+$$

$$\frac{\mu\kappa(pq_1-qp_1)}{2}\bigg|_{t=t_c}^{t=T}+\frac{\lambda\big[p'(T)p_1(T)+q'(T)q_1(T)\big]}{\sqrt{p'^2(T)+q'^2(T)}}-$$

$$\frac{\lambda p'(t_c)\big[\alpha(0)+q'(t_c)\beta(0)\big]}{\sqrt{p'^2(t_c)+q'^2(t_c)}}+\frac{(1+\mu)\big[\varphi(t^*)q_1(T)-\psi(t^*)p_1(T)\big]}{2}+$$

$$\left(\frac{(1+\mu+\mu\kappa)\{f(t_c)\big[\beta(0)-g_1(t_c)-g(t_c)\big]-g(t_c)\big[\alpha(0)-f_1(t_c)\big]\}}{2}\right)-$$

$$\frac{(1+\mu+\mu\kappa)\{f(t^*)\big[q_1(T)-g_1(t^*)\big]-g(t^*)\big[p_1(T)-f_1(t^*)\big]\}}{2}-$$

$$\frac{\mu\kappa\{p(t_c)\big[\beta(0)-q_1(t_c)\big]-q(t_c)\big[\alpha(0)-p_1(t_c)\big]\}}{2}$$

$$=\lambda\,\frac{\varphi'(t^*)p_1(T)+\psi'(t^*)q_1(T)}{\sqrt{\varphi'^2(t^*)+\psi'^2(t^*)}}-\lambda\,\frac{\varphi'(0)\alpha(0)+\psi'(0)\beta(0)}{\sqrt{\varphi'^2(0)+\psi'^2(0)}}+$$

$$\lambda\,\frac{f'(t_c)\alpha(0)+g'(t_c)\beta(0)}{\sqrt{f'^2(t_c)+g'^2(t_c)}}-\lambda\,\frac{f'(t^*)p_1(T)+g'(t^*)q_1(T)}{\sqrt{f'^2(t^*)+g'^2(t^*)}}+$$

$$\lambda\,\frac{p'(T)p_1(T)+q'(T)q_1(T)}{\sqrt{p'^2(T)+q'^2(T)}}-\lambda\,\frac{p'(t_c)\alpha(0)+q'(t_c)\beta(0)}{\sqrt{p'^2(t_c)+q'^2(t_c)}} \tag{7-6}$$

利用式（7-6），摄动函数 (α,β)、(f_1,g_1) 和 (p_1,q_1)，以及端点 $P(t^*)=P(T)$ 和 $P(0)=P(t_*)=P(t_c)$，从式（7-4）得出最短边界曲线满足的方程

$$\frac{\mathrm{d}}{\mathrm{d}t}\,\frac{\{\varphi'(t),\psi'(t)\}}{\sqrt{\varphi'^2(t)+\psi'^2(t)}}=\frac{1+\mu}{\lambda}\{\psi'(t),-\varphi'(t)\},\quad t\in(t_*,t^*) \tag{7-7}$$

$$\frac{\mathrm{d}}{\mathrm{d}t}\,\frac{\{f'(t),g'(t)\}}{\sqrt{f'^2(t)+g'^2(t)}}=\frac{1+\mu+\mu\kappa}{\lambda}\{g'(t),-f'(t)\},\quad t\in(t^*,t_c) \tag{7-8}$$

$$\frac{\mathrm{d}}{\mathrm{d}t}\,\frac{\{p'(t),q'(t)\}}{\sqrt{p'^2(t)+q'^2(t)}}=\frac{\mu\kappa}{\lambda}\{q'(t),-p'(t)\},\quad t\in(t_c,T) \tag{7-9}$$

和边界条件

$$-\frac{\varphi'(0)}{\sqrt{\varphi'^2(0)+\psi'^2(0)}}+\frac{f'(t_c)}{\sqrt{f'^2(t_c)+g'^2(t_c)}}-\frac{p'(t_c)}{\sqrt{p'^2(t_c)+q'^2(t_c)}}=0$$

$$\tag{7-10}$$

$$-\frac{\psi'(0)}{\sqrt{\varphi'^2(0)+\psi'^2(0)}}+\frac{g'(t_c)}{\sqrt{f'^2(t_c)+g'^2(t_c)}}-\frac{q'(t_c)}{\sqrt{p'^2(t_c)+q'^2(t_c)}}=0$$

$$(7-11)$$

$$\frac{\varphi'(t^*)}{\sqrt{\varphi'^2(t^*)+\psi'^2(t^*)}}-\frac{f'(t^*)}{\sqrt{f'^2(t^*)+g'^2(t^*)}}+\frac{p'(T)}{\sqrt{p'^2(T)+q'^2(T)}}=0$$

$$(7-12)$$

$$\frac{\psi'(t^*)}{\sqrt{\varphi'^2(t^*)+\psi'^2(t^*)}}-\frac{g'(t^*)}{\sqrt{f'^2(t^*)+g'^2(t^*)}}+\frac{q'(T)}{\sqrt{p'^2(T)+q'^2(T)}}=0$$

$$(7-13)$$

不难验证

$$x=x(t)=r\cos t+x_0,\ y=y(t)=r\sin t+y_0$$

满足式(7-7)至式(7-9),对应的半径

$$r=\frac{\lambda}{1+\mu},\ r_c=\frac{\lambda}{1+\mu+\mu\kappa},\ r_b=\frac{\lambda}{\mu\kappa}$$

相应于曲线

$$L:(\varphi(t),\psi(t)),\ L_c:(f(t),g(t)),\ L_b:(p(t),q(t))$$

它们的曲率满足关系式

$$\frac{1}{r_c}=\frac{1}{r}+\frac{1}{r_b},\ \text{即}\ 1+\mu+\mu\kappa=(1+\mu)+\mu\kappa \qquad (7-14)$$

为方便起见,记

$$T_{0L}=\frac{\{\varphi'(0),\psi(0)\}}{\sqrt{\varphi'^2(0)+\psi'^2(0)}},\ T_{1L}=\frac{\{\varphi'(t^*),\psi(t^*)\}}{\sqrt{\varphi'^2(t^*)+\psi'^2(t^*)}},$$

$$T_{0L_c}=\frac{\{f'(t^*),g'(t^*)\}}{\sqrt{f'^2(t^*)+g'^2(t^*)}},\ T_{1L_c}=\frac{\{f'(t_c),g(t_c)\}}{\sqrt{f'^2(t_c)+g'^2(t_c)}},$$

$$T_{0L_b}=\frac{\{p'(t_c),q(t_c)\}}{\sqrt{p'^2(t_c)+q'^2(t_c)}},\ T_{1L_b}=\frac{\{p'(T),q(T)\}}{\sqrt{p'^2(T)+q'^2(T)}}$$

这样,边界条件式(7-10)至(7-13)变为

$$\begin{cases} 1 = T_{0L} \cdot T_{1L_c} - T_{0L} \cdot T_{0L_b} \\ 1 = T_{0L} \cdot T_{1L_c} + T_{0L_b} \cdot T_{1L_c} \\ 1 = -T_{0L} \cdot T_{0L_b} + T_{0L_b} \cdot T_{1L_c} \end{cases} , \begin{cases} 1 = T_{1L} \cdot T_{0L_c} - T_{1L} \cdot T_{1L_b} \\ 1 = T_{1L} \cdot T_{0L_c} + T_{1L_b} \cdot T_{0L_c} \\ 1 = -T_{1L} \cdot T_{1L_b} + T_{1L_b} \cdot T_{0L_c} \end{cases}$$

计算得出

$$\begin{cases} T_{0L} \cdot T_{1L_c} = -T_{0L} \cdot T_{0L_b} = T_{0L_b} \cdot T_{1L_c} = \dfrac{1}{2} \\[3mm] T_{1L} \cdot T_{0L_c} = -T_{1L} \cdot T_{1L_b} = T_{1L_b} \cdot T_{0L_c} = \dfrac{1}{2} \end{cases} \tag{7-15}$$

这意味着在两个端点 $P(t_*) = P(t_c)$ 和 $P(t^*) = P(T)$ 处,同一点出发的三条曲线的切线两两夹角为 $2\pi/3$,式(7-15)里的符号还准确地给出了该点是切向量的终点还是起点,如图 7-4 所示.

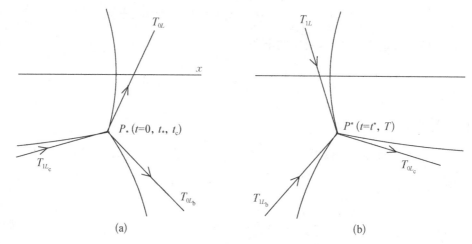

图 7-4   两端点处切线方向情况

(a)端点处曲线切向量示意;(b)端点 P^* 处曲线切向量的相互关系

7.1.2   三细胞两两共边模型

7.1.1 节已经确认两个细胞模型是标准的双泡泡模型.现在出现一个新的细胞,根据前面的分析,这个新细胞只能出现在两个细胞的交界处,不可能在两个细胞的内部.现在考虑三个细胞呈品字形的细胞组的成形模型.

考虑如下假设情况下三个细胞模型:① 第三个细胞基于双细胞产生;② 第三个细胞在双细胞的外边产生;③ 第三个细胞和已有的双细胞都有共享边界.

假设③实际上可以从后面的引理 7.3 得证,需要注意的是已有的双细胞外边界交界处夹角(即外边界切线夹角)不超过 π,这样的话,充分利用夹角附近的已有细胞边界围成新细胞是最佳选择.当然,如果已有的双细胞外边界交界处夹角超过 π(尽管这在讨论的情况中没有发生),则不存在使用夹角附近已有双细胞边界的必要性.

同样的假设是,在总长度固定的条件下,面积比为定值的品字形三细胞组总面积最大.这样,假设三细胞有一个共同的交点,如图 7-5 所示.

定理 7.2　从两个并排的细胞体外生长出新的第三个细胞,如果在全部周长固定条件下围成固定面积比例的三个细胞面积都最大,则这三个细胞的边界均为圆弧,而且它们边界交点处的三条边界两两相交,夹角为 2π/3.

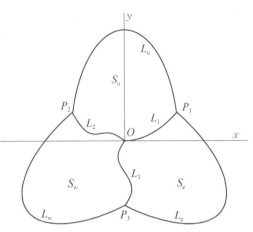

图 7-5　三细胞模型假设

证明　如图 7-5 所示,假设两个并排细胞 S_u 和 S_w 之外有一细胞 S_e.这里的 L_1、L_2 和 L_3 为细胞群的内边界,即是两个细胞的共有边界.再具体假设细胞 S_u、S_w 和 S_e 分别由三组边界围成,即对应地由 $L_u \cup L_1 \cup L_2$、$L_w \cup L_2 \cup L_3$ 和 $L_e \cup L_1 \cup L_3$ 围成.原点 O 是三条边界的公共点,$O \in \bigcap_{i=1,2,3} L_i$.为方便起见,称三条分割三个细胞的边界 $L_i(i=1,2,3)$ 为内边界,另外一组单边界(即细胞群的非公共边界)$L_j(j=u,w,e)$ 为外边界.记三条内边界与外边界的三个交点为 $P_i(i=1,2,3)$,如图 7-5 所示.

这里给定六条边界(含三条内边界)的参数方程记号如下:

$$L_i: \begin{cases} x = f_i(t) \\ y = g_i(t) \end{cases}, \quad i = 1,2,3,u,w,e \qquad (7-16)$$

为了讨论叙述方便,这里按照如下顺序确定各条边界曲线的方向:

$$P_1(t=t_1) \xrightarrow{L_u} P_2(t=t_2) \xrightarrow{L_w} P_3(t=t_3) \xrightarrow{L_3} O(t=t_4) \xrightarrow{L_1} P_1(t=t_5) \xrightarrow{L_e}$$

$$P_3(t=t_6) \xrightarrow{L_3} O(t=t_7) \xrightarrow{L_2} P_2(t=t_8) \qquad (7-17)$$

式中,交点处参数 $t_1 < t_2 < \cdots < t_8$.注意式(7-17)中的内边界 L_3 出现了 2 次,即 $t_3 \to t_4$ 和 $t_6 \to t_7$ 时,后面的讨论主要使用小参数曲线段 $t_3 \to t_4$.也请注意,

这几个交点 P_1、P_2、P_3 和原点 O 有多个参数表示.

对于方向相反的曲线,这里使用一个负号标记,如 $L_i^- = -L_i$ 表示 L_i($i=1$, 2, 3, u, w, e) 的反向曲线,再记这三个细胞对应的面积固定比例为

$$|S_u| : |S_w| : |S_e| = 1 : \kappa_w : \kappa_e \tag{7-18}$$

式中,常数 κ_w 和 $\kappa_e \in (0, 1]$,而假设 S_u 面积 $|S_u|$ 为固定值 π.

类似于 7.1.1 节的讨论,引入拉格朗日函数

$$
\begin{aligned}
J(\mathcal{L}) = &|S_u| + \lambda \left(\sum_i L_i - l\right) + \mu_w(|S_w| - \kappa_w |S_u|) + \mu_e(|S_e| - \kappa_e |S_u|) \\
= &\frac{1 - (\mu_w \kappa_w + \mu_e \kappa_e)}{2} \int_{L_u \cup L_2^- \cup L_1} x \, dy - y \, dx + \lambda \left(\sum_i \int_{L_i} dl - l\right) \\
&+ \frac{\mu_w}{2} \int_{L_w \cup L_3 \cup L_2} x \, dy - y \, dx + \frac{\mu_e}{2} \int_{L_1^- \cup L_e^- \cup L_3^-} x \, dy - y \, dx
\end{aligned} \tag{7-19}
$$

将各段边界曲线表达式代入后计算可得

$$
\begin{aligned}
J(\mathcal{L}) = &\left(\sum_{k=1}^5 v_k \int_{t_k}^{t_{k+1}} + v_7 \int_{t_7}^{t_s}\right) \left[f(t) g'(t) - f'(t) g(t)\right] dt \\
&+ \lambda \left(\sum_{k=1}^5 \int_{t_k}^{t_{k+1}} + \int_{t_7}^{t_s}\right) \sqrt{f'^2(t) + g'^2(t)} \, dt - \lambda l \\
= &\sum_{k=1, \ne 6}^7 \int_{t_k}^{t_{k+1}} \left\{v_k \left[f(t) g'(t) - f'(t) g(t)\right] + \lambda \sqrt{f'^2(t) + g'^2(t)}\right\} dt - \lambda l
\end{aligned}
$$

$$\tag{7-20}$$

在不混淆的情况下,上式中的函数 f 和 g 在参数 t 对应的区间上分别对应 f_i 和 g_i,它们的导数也一样对应.再简记如下常数:

$$v_1 = \frac{1 - (\mu_w \kappa_w + \mu_e \kappa_e)}{2}$$

$$v_2 = \frac{\mu_w}{2}$$

$$v_3 = \frac{1 - (\mu_w - \mu_e)}{2}$$

$$v_4 = \frac{1 - (\mu_w \kappa_w + \mu_e \kappa_e) - \mu_e}{2}$$

$$v_5 = \frac{-\mu_e}{2}$$

$$v_7 = \frac{\mu_w + (\mu_w \kappa_w + \mu_e \kappa_e) - 1}{2}$$

同样地,参照式(7-3)对应的摄动函数

$$\mathcal{L}_{os}: \begin{cases} x = \alpha_i(t) \\ x = \beta_i(t) \end{cases}, i = 1, 2, 3, u, w, e$$

得到目标函数式(7-20)对应的摄动问题

$$J(\mathcal{L} + \varepsilon \mathcal{L}_{os}) = \sum_{k=1, \neq 6}^{7} \int_{t_k(\varepsilon)}^{t_{k+1}(\varepsilon)} \{ v_\kappa [(f + \varepsilon \alpha)(g' + \varepsilon \beta') - (f' + \varepsilon \alpha')(g + \varepsilon \beta)] +$$

$$\lambda \sqrt{(f' + \varepsilon \alpha')^2 + (g' + \varepsilon \beta')^2} \} \mathrm{d}t - \lambda l$$

$$=: \sum_{k=1, \neq 6}^{7} \int_{t_k(\varepsilon)}^{t_{k+1}(\varepsilon)} F(v_\kappa, \lambda, \varepsilon, f, g) \mathrm{d}t - \lambda l$$

计算 $J(\mathcal{L} + \varepsilon \mathcal{L}_{os})$ 关于 ε 的导数

$$\frac{\mathrm{d}}{\mathrm{d}\varepsilon} J(\mathcal{L} + \varepsilon \mathcal{L}_{os}) = \sum_{k=1, \neq 6}^{7} \int_{t_k(\varepsilon)}^{t_{k+1}(\varepsilon)} \Big\{ v_\kappa [f\beta' - f'\beta + g'\alpha - g\alpha' + 2\varepsilon(\alpha\beta' - \alpha'\beta)] +$$

$$\lambda \frac{(f' + \varepsilon \alpha')\alpha' + (g' + \varepsilon \beta')\beta'}{\sqrt{(f' + \varepsilon \alpha')^2 + (g' + \varepsilon \beta')^2}} \Big\} \mathrm{d}t +$$

$$\sum_{k=1, \neq 6}^{7} F(v_\kappa, \lambda, \varepsilon, f, g) \big|_{t=t_{k+1}(\varepsilon)} \cdot t'_{k+1}(\varepsilon) -$$

$$\sum_{k=1, \neq 6}^{7} F(v_\kappa, \lambda, \varepsilon, f, g) \big|_{t=t_k(\varepsilon)} \cdot t'_k(\varepsilon)$$

在驻点 $\varepsilon = 0$ 处有

$$0 = \frac{\mathrm{d}}{\mathrm{d}\varepsilon} J(\mathcal{L} + \varepsilon \mathcal{L}_{os}) \big|_{\varepsilon=0}$$

$$= \sum_{k=1, \neq 6}^{7} \int_{t_k(\varepsilon)}^{t_{k+1}(\varepsilon)} \Big[v_\kappa (f\beta' - f'\beta + g'\alpha - g\alpha') + \lambda \frac{f'\alpha' + g'\beta'}{\sqrt{f'^2 + g'^2}} \Big] \mathrm{d}t +$$

$$\sum_{k=1, \neq 6}^{7} \Big[v_\kappa (fg' - f'g) + \lambda \sqrt{f'^2 + g'^2} \Big] \big|_{t=t_{k+1}} \cdot t'_{k+1}(0) -$$

$$\sum_{k=1, \neq 6}^{7} \Big[v_\kappa (fg' - f'g) + \lambda \sqrt{f'^2 + g'^2} \Big] \big|_{t=t_k} \cdot t'_k(0)$$

$$= \sum_{k=1, \neq 6}^{7} \int_{t_k(\varepsilon)}^{t_{k+1}(\varepsilon)} \Big\{ 2v_\kappa g' - \lambda \frac{\mathrm{d}}{\mathrm{d}t} \frac{f'}{\sqrt{f'^2 + g'^2}}, -2v_\kappa f' -$$

$$\lambda \frac{\mathrm{d}}{\mathrm{d}t} \frac{g'}{\sqrt{f'^2 + g'^2}} \Big\} \cdot \{\alpha, \beta\} \mathrm{d}t +$$

$$\sum_{k=1, \neq 6}^{7} \Big\{ -v_\kappa g + \frac{\lambda f'}{\sqrt{f'^2 + g'^2}}, v_\kappa f + \frac{\lambda g'}{\sqrt{f'^2 + g'^2}} \Big\} \cdot \{\alpha, \beta\} \Big|_{t=t_k}^{t=t_{k+1}} +$$

$$\sum_{k=1,\ \neq 6}^{7}\left[v_{\kappa}(fg'-f'g)+\lambda\sqrt{f'^{2}+g'^{2}}\right]\Big|_{t=t_{k+1}}\cdot t'_{k+1}(0)-$$

$$\sum_{k=1,\ \neq 6}^{7}\left[v_{\kappa}(fg'-f'g)+\lambda\sqrt{f'^{2}+g'^{2}}\right]\Big|_{t=t_{k}}\cdot t'_{k}(0) \qquad (7-21)$$

在交接点处有

$$P(t_{1})=P(t_{5}),\ P(t_{2})=P(t_{8}),\ P(t_{3})=P(t_{6}),\ O(t_{4})=O(t_{7})$$

以 $P(t_{1})=P(t_{5})$，为例，即有

$$(f[t_{1}(\varepsilon)]+\varepsilon\alpha[t_{1}(\varepsilon)],\ g[t_{1}(\varepsilon)]+\varepsilon\beta[t_{1}(\varepsilon)])$$
$$=(f[t_{5}(\varepsilon)]+\varepsilon\alpha[t_{5}(\varepsilon)],\ g[t_{5}(\varepsilon)]+\varepsilon\beta[t_{5}(\varepsilon)])$$

具体地

$$(f_{u}[t_{1}(\varepsilon)]+\varepsilon\alpha_{u}[t_{1}(\varepsilon)],\ g_{u}[t_{1}(\varepsilon)]+\varepsilon\beta_{u}[t_{1}(\varepsilon)]) \quad (\text{从 } P_{1} \text{ 出发沿 } L_{u})$$
$$=(f_{1}[t_{5}(\varepsilon)]+\varepsilon\alpha_{1}[t_{5}(\varepsilon)],\ g_{1}[t_{5}(\varepsilon)]+\varepsilon\beta_{1}[t_{5}(\varepsilon)]) \quad (\text{沿 } L_{1} \text{ 到达 } P_{5})$$
$$=(f_{e}[t_{5}(\varepsilon)]+\varepsilon\alpha_{e}[t_{5}(\varepsilon)],\ g_{e}[t_{5}(\varepsilon)]+\varepsilon\beta_{e}[t_{5}(\varepsilon)]) \quad (\text{从 } P_{5} \text{ 出发沿 } L_{e})$$

计算在驻点 $\varepsilon=0$ 处的导数，即为

$$(f'_{u}(t_{1})t'_{1}(0)+\alpha_{u}(t_{1})t'_{1}(0),\ g'_{u}(t_{1})t'_{1}(0)+\beta_{u}(t_{1}))$$
$$=(f'_{1}(t_{5})t'_{5}(0)+\alpha_{1}(t_{5}),\ g'_{1}(t_{5})t'_{5}(0)+\beta_{1}(t_{5}))$$
$$=(f'_{e}(t_{5})t'_{5}(0)+\alpha_{e}(t_{5}),\ g_{e}(t_{5})t'_{5}(0)+\beta_{e}(t_{5})) \qquad (7-22)$$

对应于式(7-21)中交接点 $P_{1}(P_{5})$ 相关的项，这些项(不含积分项)变为

$$-\left\{-\nu_{1}g_{u}+\frac{\lambda f'_{u}}{\sqrt{f'^{2}_{u}+g'^{2}_{u}}},\ \nu_{1}f'_{u}+\frac{\lambda g'_{u}}{\sqrt{f'^{2}_{u}+g'^{2}_{u}}}\right\}\cdot\{\alpha_{u},\ \beta_{u}\}|_{t=t_{1}}$$

$$+\left\{-\nu_{4}g_{1}+\frac{\lambda f'_{1}}{\sqrt{f'^{2}_{1}+g'^{2}_{1}}},\ \nu_{4}f'_{1}+\frac{\lambda g'_{1}}{\sqrt{f'^{2}_{1}+g'^{2}_{1}}}\right\}\cdot\{\alpha_{1},\ \beta_{1}\}|_{t=t5}$$

$$-\left\{-\nu_{5}g_{e}+\frac{\lambda f'_{e}}{\sqrt{f'^{2}_{e}+g'^{2}_{e}}},\ \nu_{5}f'_{e}+\frac{\lambda g'_{e}}{\sqrt{f'^{2}_{e}+g'^{2}_{e}}}\right\}\cdot\{\alpha_{e},\ \beta_{e}\}|_{t=t5}$$

$$+\left[\nu_{4}(f_{1}g'_{1}-f'_{1}g_{1})+\lambda\sqrt{f'^{2}_{1}+g'^{2}_{1}}\right]|_{t=t5}\cdot t'_{5}(0)$$

$$-\left[\nu_{5}(f_{e}g'_{e}-f'_{e}g_{e})+\lambda\sqrt{f'^{2}_{e}+g'^{2}_{e}}\right]|_{t=t5}\cdot t'_{5}(0)$$

$$-\left[\nu_{1}(f_{u}g'_{u}-f'_{u}g_{u})+\lambda\sqrt{f'^{2}_{u}+g'^{2}_{u}}\right]|_{t=t1}\cdot t'_{1}(0) \qquad (7-23)$$

结合式(7-22)，可以得出

式(7 - 23)

$$= (-\nu_4 + \nu_1 + \nu_5) g_1 [f'_u(t_1) t'_1 + \alpha_u(t_1)]$$

$$+ \left[\frac{-\lambda f'_u(t_1)}{\sqrt{f_u'^2(t_1) + g_u'^2(t_1)}} + \frac{\lambda f'_1(t_5)}{\sqrt{f_1'^2(t_5) + g_1'^2(t_5)}} + \frac{\lambda f'_e(t_5)}{\sqrt{f_e'^2(t_5) + g_e'^2(t_5)}} \right]$$

$$+ (\nu_4 - \nu_1 - \nu_5) f_1 [g'_u(t_1) t'_1 + \beta_u(t_1)]$$

$$+ \left[\frac{-\lambda g'_u(t_1)}{\sqrt{f_u'^2(t_1) + g_u'^2(t_1)}} + \frac{\lambda g'_1(t_5)}{\sqrt{f_1'^2(t_5) + g_1'^2(t_5)}} + \frac{\lambda g'_e(t_5)}{\sqrt{f_e'^2(t_5) + g_e'^2(t_5)}} \right]$$

$$\times [g'_u(t_1) t'_1 + \beta_u(t_1)].$$

对于其他交接点也可以得到相应的方程.引入如下单位向量记号(见图 7 - 6):

$$\boldsymbol{T}_u(P_1) = \frac{\{f'_u(t_1),\ g'_u(t_1)\}}{\sqrt{f_u'^2(t_1) + g_u'^2(t_1)}}$$

$$\boldsymbol{T}_1(P_5) = \frac{\{f'_1(t_5),\ g'_1(t_5)\}}{\sqrt{f_1'^2(t_5) + g_1'^2(t_5)}}$$

$$\boldsymbol{T}_e(P_5) = \frac{\{f'_e(t_1),\ g'_e(t_5)\}}{\sqrt{f_e'^2(t_5) + g_e'^2(t_5)}}$$

将式(7 - 23)和其他对应的方程代入式(7 - 21),利用摄动函数 $(\alpha,\ \beta)$ 的任意性,得到边界曲线满足

$$\left\{ 2\nu_k g' - \lambda \frac{d}{dt} \frac{f'}{\sqrt{f'^2 + g'^2}},\ -2\nu_k f' - \lambda \frac{d}{dt} \frac{g'}{\sqrt{f'^2 + g'^2}} \right\} = \{0,\ 0\}$$

$$(7 - 24)$$

具体展开,改写为如下方程:

$$L_u: \quad \frac{d}{dt} \frac{\{f'_u,\ g'_u\}}{\sqrt{f_u'^2 + g_u'^2}} = \frac{1 - (\nu_w \kappa_w + \nu_e \kappa_e)}{\lambda} \{g'_u,\ -f'_u\} \qquad (7 - 25)$$

$$L_w: \quad \frac{d}{dt} \frac{\{f'_w,\ g'_w\}}{\sqrt{f_w'^2 + g_w'^2}} = \frac{\nu_w}{\lambda} \{g'_w,\ -f'_w\} \qquad (7 - 26)$$

$$L_3: \quad \frac{d}{dt} \frac{\{f'_3,\ g'_3\}}{\sqrt{f_3'^2 + g_3'^2}} = \frac{\nu_w - \nu_e}{\lambda} \{g'_3,\ -f'_3\} \qquad (7 - 27)$$

$$L_1: \quad \frac{d}{dt} \frac{\{f'_1,\ g'_1\}}{\sqrt{f_1'^2 + g_1'^2}} = \frac{1 - (\nu_w \kappa_w + \nu_e \kappa_e) - \nu_e}{\lambda} \{g'_1,\ -f'_1\} \qquad (7 - 28)$$

$$L_{\mathrm{e}}: \quad \frac{\mathrm{d}}{\mathrm{d}t} \frac{\{f_{\mathrm{e}}', \, g_{\mathrm{e}}'\}}{\sqrt{f_{\mathrm{e}}'^{\,2} + g_{\mathrm{e}}'^{\,2}}} = \frac{-\nu_{\mathrm{e}}}{\lambda}\{g_{\mathrm{e}}', \, -f_{\mathrm{e}}'\} \tag{7-29}$$

$$L_{2}: \quad \lambda \frac{\mathrm{d}}{\mathrm{d}t} \frac{\{f_{2}', \, g_{2}'\}}{\sqrt{f_{2}'^{\,2} + g_{2}'^{\,2}}} = \frac{\nu_{\mathrm{w}} + (\nu_{\mathrm{w}}\kappa_{\mathrm{w}} + \nu_{\mathrm{e}}\kappa_{\mathrm{e}}) - 1}{\lambda}\{g_{2}', \, -f_{2}'\} \tag{7-30}$$

根据常数 $\nu_i (i=1, 2, \cdots, 7)$ 的具体含义,结合式(7-22),可以得出

$$\frac{-f_{\mathrm{u}}'(t_1)}{\sqrt{f_{\mathrm{u}}'^{\,2}(t_1) + g_{\mathrm{u}}'^{\,2}(t_1)}} + \frac{f_{1}'(t_5)}{\sqrt{f_{1}'^{\,2}(t_5) + g_{1}'^{\,2}(t_5)}} - \frac{f_{\mathrm{e}}'(t_5)}{\sqrt{f_{\mathrm{e}}'^{\,2}(t_5) + g_{\mathrm{e}}'^{\,2}(t_5)}} = 0 \tag{7-31}$$

$$\frac{-g_{\mathrm{u}}'(t_1)}{\sqrt{f_{\mathrm{u}}'^{\,2}(t_1) + g_{\mathrm{u}}'^{\,2}(t_1)}} + \frac{g_{1}'(t_5)}{\sqrt{f_{1}'^{\,2}(t_5) + g_{1}'^{\,2}(t_5)}} - \frac{g_{\mathrm{e}}'(t_5)}{\sqrt{f_{\mathrm{e}}'^{\,2}(t_5) + g_{\mathrm{e}}'^{\,2}(t_5)}} = 0 \tag{7-32}$$

分别将式(7-31)和(7-32)乘以 f_{u}' 和 g_{u}',经过计算后得出

$$\boldsymbol{T}_{\mathrm{u}}(P_1) \cdot \boldsymbol{T}_1(P_5) - \boldsymbol{T}_{\mathrm{u}}(P_1) \cdot \boldsymbol{T}_{\mathrm{e}}(P_5) = 1 \tag{7-33}$$

类似地

$$\boldsymbol{T}_{\mathrm{u}}(P_1) \cdot \boldsymbol{T}_1(P_5) + \boldsymbol{T}_{\mathrm{e}}(P_5) \cdot \boldsymbol{T}_1(P_5) = 1 \tag{7-34}$$

$$-\boldsymbol{T}_{\mathrm{u}}(P_1) \cdot \boldsymbol{T}_{\mathrm{e}}(P_5) + \boldsymbol{T}_{\mathrm{e}}(P_5) \cdot \boldsymbol{T}_1(P_5) = 1 \tag{7-35}$$

不难得到单位向量的内积的方向如图 7-6 所示,即

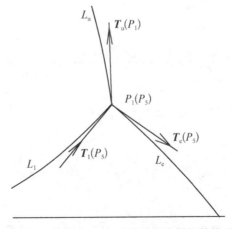

图 7-6　交接点 $P_1(P_5)$ 处的切向量间的关系

$$\boldsymbol{T}_{\mathrm{u}}(P_1) \cdot \boldsymbol{T}_1(P_5) = \boldsymbol{T}_{\mathrm{e}}(P_5) \cdot \boldsymbol{T}_1(P_5) = -\boldsymbol{T}_{\mathrm{u}}(P_1) \cdot \boldsymbol{T}_{\mathrm{e}}(P_5) = \frac{1}{2}$$

证明完成.

7.1.3 三个平行细胞模型分析

在 7.1.2 节中,对三细胞两两共边模型的假设中涉及双细胞标准泡泡模型外边"生长"出第三个单细胞,这里对这方面的假设予以说明.

假设会出现如图 7-5 所示的"退化"现象,即从双细胞外面生长的细胞的边界顶多只能到达原来两个细胞边界的交点,而不跨过去,如图 7-7 所示,称这种细胞模型为"**平行模型**".下面通过分析,可以得出这种平行模型是不可能的.

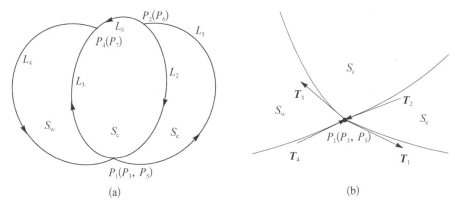

图 7-7 退化模型示意

(a) 平行细胞模型;(b) P_1 点处的四条向量

具体地,与图 7-5 对应设点 P_3,此时的六条边界退化成五条边界,如图 7-7 所示.

这时,分别记新的三个细胞对应边界如下:① 细胞 S_{e}(右)对应的边界为 $L_1 \bigcup L_2$;② 细胞 S_{c}(中)对应的边界为 $L_2 \bigcup L_6 \bigcup L_3$;③ 细胞 S_{w}(左)对应的边界为 $L_3 \bigcup L_4$.

两条**内边界**(见图 7-7)L_2 和 L_3 分别被两个细胞共享,其他的三条边界(有时候称为**外边界**)则单独属于某一个细胞.还需注意的是,交接点 P_1 是三条边的端点,而另外两个端点 P_i($i=2, 4$)则只属于各自的两条边界.记这五条边界方程为

$$L_i : \begin{cases} x = f_i(t) \\ y = g_i(t) \end{cases}, \; i \in I_5 = \{1, 2, 3, 4, 6\} \tag{7-36}$$

为描述方便,整个闭环边界走向如下:

$$P_1(t=t_1) \xrightarrow{L_1} P_2(t=t_2) \xrightarrow{L_2} P_3(t=t_3) \xrightarrow{L_3} O(t=t_4) \xrightarrow{L_4} P_5(t=t_5)$$

$$P_6(t=t_6) \xrightarrow{L_6} P_7(t=t_7)$$

式中,参数 $t_1 < t_2 < \cdots < t_8$,交接点 $P_1 = P_3 = P_5$,$P_2 = P_6$,$P_4 = P_7$.

选取面积 S_e 作为基本单位,将其假定为 π(参照以往的假定)

$$S_e : S_c : S_w = 1 : \kappa_c : \kappa_w$$

式中,常数 κ_c 和 κ_w 可能会大于 S_e.

假设定长原则成立,即在给定比例常数 κ_c 和 κ_w 的条件下,边界曲线总长度固定.下面讨论如何确定此时的平行细胞形状.

此时,构造如下拉格朗日函数:

$$J = |S_e| + \lambda \left(\sum_{i \in I_5} L_i - l\right) + \mu_c(|S_c| - \kappa_c |S_e|) + \mu_w(|S_w| - \kappa_w |S_e|)$$

$$= \frac{1-(\mu_c \kappa_c + \mu_w \kappa_w)}{2} \int_{L_1 \cup L_2} x\,dy - y\,dx + \lambda\left(\sum_{i \in I_5} \int_{L_i} dl - l\right) +$$

$$\frac{\mu_c}{2} \int_{L_6 \cup L_3^- \cup L_2^-} x\,dy - y\,dx + \frac{\mu_w}{2} \int_{L_3 \cup L_4} x\,dy - y\,dx \tag{7-37}$$

将参数方程假设代入,拉格朗日函数变成

$$J(\mathcal{L}) = \sum_{k \in I_5} \int_{t_k}^{t_{k+1}} \{\nu_k[f(t)g'(t) - f'(t)g(t)] + \lambda\sqrt{f'^2(t) + g'^2(t)}\}dt$$

在不会引起混淆的前提下,对应的区间上参数方程表示函数的下标都可以省略掉,包括对应的导函数,即函数 f_i 和 g_i 分别被 f 和 g.参数记号重新定义如下:

$$\nu_1 = \frac{1-(\mu_c \kappa_c + \mu_w \kappa_w)}{2}$$

$$\nu_2 = \frac{1-(\mu_c \kappa_c + \mu_w \kappa_w) - \mu_c}{2}$$

$$\nu_3 = \frac{\mu_w - \mu_c}{2}$$

$$\nu_4 = \frac{\mu_w}{2}$$

$$\nu_6 = \frac{\mu_c}{2}$$

引进摄动函数后考虑如下摄动问题：

$$J(\mathcal{L}+\varepsilon\mathcal{L}_{os}) = \sum_{k\in I_5}\int_{t_k(\varepsilon)}^{t_{k+1}(\varepsilon)}\{\nu_k[(f+\varepsilon\alpha)(g'+\varepsilon\beta')-(f'+\varepsilon\alpha')(g+\varepsilon\beta)]+$$

$$\lambda\sqrt{(f'+\varepsilon\alpha')^2+(g'+\varepsilon\beta')^2}\}dt-\lambda l$$

$$=\sum_{k\in I_5}\int_{t_k(\varepsilon)}^{t_{k+1}(\varepsilon)}F(\nu_k,\lambda,\varepsilon,f,g)dt-\lambda l$$

其中的摄动函数与式(7-3)类似

$$\mathcal{L}_{os}: \{x,y\}=\{\alpha_i(t),\beta_i(t)\},\ i\in I_5$$

导数运算如下：

$$\frac{\mathrm{d}}{\mathrm{d}\varepsilon}J(\mathcal{L}+\varepsilon\mathcal{L}_{os})$$

$$=\sum_{k\in I_5}\int_{t_k(\varepsilon)}^{t_{k+1}(\varepsilon)}\{\nu_k[f\beta'-f'\beta+g'\alpha-g\alpha'+2\varepsilon(\alpha\beta'-\alpha'\beta)]+$$

$$\lambda\frac{(f'+\varepsilon\alpha')\alpha'+(g'+\varepsilon\beta')\beta'}{\sqrt{(f'+\varepsilon\alpha')^2+(g'+\varepsilon\beta')^2}}\}dt+$$

$$\sum_{k\in I_5}F(\nu_k,\lambda,\varepsilon,f,g)\bigg|_{t=t_{k+1}(\varepsilon)}\cdot t'_{k+1}(\varepsilon)-$$

$$\sum_{k\in I_5}F(\nu_k,\lambda,\varepsilon,f,g)\bigg|_{t=t_k(\varepsilon)}\cdot t'_k(\varepsilon)$$

式中，α 和 β 的记号与 f 和 g 的记号含义类似，由参数 t 所在的区间决定是哪一个 α_i 和 β_i. 讨论在 $\varepsilon=0$ 处

$$0=\frac{\mathrm{d}}{\mathrm{d}\varepsilon}J(\mathcal{L}+\varepsilon\mathcal{L}_{os})\big|_{\varepsilon=0}$$

$$=\sum_{k\in I_5}\int_{t_k}^{t_{k+1}}\left[\nu_k(f\beta'-f'\beta+g'\alpha-g\alpha')+\lambda\frac{f'\alpha'+g'\beta'}{\sqrt{f'^2+g'^2}}\right]dt$$

$$+\sum_{k\in I_5}[\nu_k(fg'-f'g)+\lambda\sqrt{f'^2+g'^2}]\bigg|_{t=t_{k+1}}\cdot t'_{k+1}(0)$$

$$-\sum_{k\in I_5}[\nu_k(fg'-f'g)+\lambda\sqrt{f'^2+g'^2}]\bigg|_{t=t_k}\cdot t'_k(0)$$

$$=\sum_{k\in I_5}\int_{t_k}^{t_{k+1}}\left\{2\nu_k g'-\lambda\frac{\mathrm{d}}{\mathrm{d}t}\frac{f'}{\sqrt{f'^2+g'^2}},\ -2\nu_k f'-\lambda\frac{\mathrm{d}}{\mathrm{d}t}\frac{g'}{\sqrt{f'^2+g'^2}}\right\}\cdot\{\alpha,\beta\}dt$$

$$+\sum_{k\in I_5}\left\{-\nu_k g+\frac{\lambda f'}{\sqrt{f'^2+g'^2}},\ \nu_k f+\frac{\lambda g'}{\sqrt{f'^2+g'^2}}\right\}\cdot\{\alpha,\beta\}\bigg|_{t=t_k}^{t=t_{k+1}}$$

$$+ \sum_{k \in I_5} \left[\nu_k (fg' - f'g) + \lambda \sqrt{f'^2 + g'^2} \right] \Big|_{t=t_{k+1}} \cdot t'_{k+1}(0)$$

$$- \sum_{k \in I_5} \left[\nu_k (fg' - f'g) + \lambda \sqrt{f'^2 + g'^2} \right] \Big|_{t=t_k} \cdot t'_k(0) \qquad (7-38)$$

再看交接点（端点）处

$$P_1(t_1) = P_3(t_3) = P_5(t_5), \; P_2(t_2) = P_6(t_6), \; P_4(t_4) = P_7(t_7)$$

以点 $P_1(t_1)[=P_3(t_3)=P_5(t_5)]$ 为例，也即

$$\begin{aligned}
&(f[t_1(\varepsilon)] + \varepsilon\alpha[t_1(\varepsilon)], \; g[t_1(\varepsilon)] + \varepsilon\beta[t_1(\varepsilon)]) \\
=&(f[t_3(\varepsilon)] + \varepsilon\alpha[t_3(\varepsilon)], \; g[t_3(\varepsilon)] + \varepsilon\beta[t_3(\varepsilon)]) \\
=&(f[t_5(\varepsilon)] + \varepsilon\alpha[t_5(\varepsilon)], \; g[t_5(\varepsilon)] + \varepsilon\beta[t_5(\varepsilon)]).
\end{aligned}$$

包含如下三个方程：

$$\begin{aligned}
&(f[t_1(\varepsilon)] + \varepsilon\alpha[t_1(\varepsilon)], \; g[t_1(\varepsilon)] + \varepsilon\beta[t_1(\varepsilon)]) \quad \text{（从 } P_1 \text{ 出发沿 } L_1\text{）}\\
=&(f_2[t_3(\varepsilon)] + \varepsilon\alpha_2[t_3(\varepsilon)], \; g_2[t_3(\varepsilon)] + \varepsilon\beta_2[t_3(\varepsilon)]) \quad \text{（沿 } L_2 \text{ 到达 } P_3\text{）}\\
=&(f[t_5(\varepsilon)] + \varepsilon\alpha[t_5(\varepsilon)], \; g[t_5(\varepsilon)] + \varepsilon\beta[t_5(\varepsilon)]) \quad \text{（从 } P_3 \text{ 出发沿 } L_3\text{）}\\
=&(f_4[t_5(\varepsilon)] + \varepsilon\alpha_4[t_5(\varepsilon)], \; g_4[t_5(\varepsilon)] + \varepsilon\beta_4[t_5(\varepsilon)]) \quad \text{（沿 } L_4 \text{ 到达 } P_5\text{）}
\end{aligned}$$

计算关于 ε 的导数，然后利用驻点 $\varepsilon = 0$ 处的性质

$$\begin{aligned}
&(f'_1(t_1)t'_1(0) + \alpha_1(t_1), \; g'_1(t_1)t'_1(0) + \beta_1(t_1)) \\
=&(f'_2(t_3)t'_3(0) + \alpha_2(t_3), \; g'_2(t_3)t'_3(0) + \beta_2(t_3)) \\
=&(f'_3(t_3)t'_3(0) + \alpha_3(t_3), \; g'_3(t_3)t'_3(0) + \beta_3(t_3)) \\
=&(f'_4(t_5)t'_5(0) + \alpha_4(t_5), \; g'_4(t_5)t'_5(0) + \beta_4(t_5)) \qquad (7-39)
\end{aligned}$$

式(7-38)中关于 $P_1(P_3, P_5)$ 的项变为

$$-\left\{ -\nu_1 g_1 + \frac{\lambda f'_1}{\sqrt{f'^2_1 + g'^2_1}}, \; \nu_1 f'_1 + \frac{\lambda g'_1}{\sqrt{f'^2_1 + g'^2_1}} \right\} \cdot \{\alpha_1, \beta_1\} \Big|_{t=t_1}$$

$$-\left[\nu_1(f_1 g'_1 - f'_1 g_1) + \lambda \sqrt{f'^2_1 + g'^2_1} \right] \Big|_{t=t_1} \cdot t'_1(0)$$

$$+\left\{ -\nu_2 g_2 + \frac{\lambda f'_2}{\sqrt{f'^2_2 + g'^2_2}}, \; \nu_2 f'_2 + \frac{\lambda g'_2}{\sqrt{f'^2_2 + g'^2_2}} \right\} \cdot \{\alpha_2, \beta_2\} \Big|_{t=t_3}$$

$$-\left\{ -\nu_3 g_3 + \frac{\lambda f'_3}{\sqrt{f'^2_3 + g'^2_3}}, \; \nu_3 f'_3 + \frac{\lambda g'_3}{\sqrt{f'^2_3 + g'^2_3}} \right\} \cdot \{\alpha_3, \beta_3\} \Big|_{t=t_3}$$

$$+\left[\nu_2(f_2 g'_2 - f'_2 g_2) + \lambda \sqrt{f'^2_2 + g'^2_2} \right] \Big|_{t=t_3} \cdot t'_3(0)$$

$$-\left[\nu_3(f_3g_3'-f_3'g_3)+\lambda\sqrt{f_3'^2+g_3'^2}\right]\Big|_{t=t_3}\cdot t_3'(0)$$

$$+\left\{-\nu_4g_4+\frac{\lambda f_4'}{\sqrt{f_4'^2+g_4'^2}},\ \nu_4f_4'+\frac{\lambda g_4'}{\sqrt{f_4'^2+g_4'^2}}\right\}\cdot\{\alpha_4,\beta_4\}\Big|_{t=t_5}$$

$$+\left[\nu_4(f_4g_4'-f_4'g_4)+\lambda\sqrt{f_4'^2+g_4'^2}\right]\Big|_{t=t_5}t_5'(0)\qquad(7-40)$$

结合式(7-39),式(7-40)成为

$$(\nu_1-\nu_2+\nu_3-\nu_4)\left[g_1(f_1't_1'+\alpha_1)-f_1(g_1't_1'+\beta_1)\right]\Big|_{t=t_1}$$

$$+\left[\frac{-\lambda f_1'(t_1)}{\sqrt{f_1'^2(t_1)+g_1'^2(t_1)}}+\frac{\lambda f_2'(t_3)}{\sqrt{f_2'^2(t_3)+g_2'^2(t_3)}}-\frac{\lambda f_3'(t_3)}{\sqrt{f_3'^2(t_3)+g_3'^2(t_3)}}\right.$$

$$\left.+\frac{\lambda f_4'(t_5)}{\sqrt{f_4'^2(t_5)+g_4'^2(t_5)}}\right]\cdot\left[f_1'(t_1)t_1'+\alpha_1(t_1)\right]$$

$$+\left[\frac{-\lambda g_1'(t_1)}{\sqrt{f_1'^2(t_1)+g_1'^2(t_1)}}+\frac{\lambda g_2'(t_3)}{\sqrt{f_2'^2(t_3)+g_2'^2(t_3)}}-\frac{\lambda g_3'(t_3)}{\sqrt{f_3'^2(t_3)+g_3'^2(t_3)}}\right.$$

$$\left.+\frac{\lambda g_4'(t_5)}{\sqrt{f_4'^2(t_5)+g_4'^2(t_5)}}\right]\cdot\left[g_1'(t_1)t_1'+\beta_1(t_1)\right]$$

注意到

$$\nu_1-\nu_2+\nu_3-\nu_4=0$$

类似于式(7-24),应用摄动函数 $\{\alpha,\beta\}$ 的任意性推导出五条曲线(边界)都是圆弧,这里略去方程.

再由上面关于端点处的条件

$$0=\frac{-\lambda f_1'(t_1)}{\sqrt{f_1'^2(t_1)+g_1'^2(t_1)}}+\frac{\lambda f_2'(t_3)}{\sqrt{f_2'^2(t_3)+g_2'^2(t_3)}}-$$

$$\frac{\lambda f_3'(t_3)}{\sqrt{f_3'^2(t_3)+g_3'^2(t_3)}}+\frac{\lambda f_4'(t_5)}{\sqrt{f_4'^2(t_5)+g_4'^2(t_5)}}\qquad(7-41)$$

$$0=\frac{-\lambda g_1'(t_1)}{\sqrt{f_1'^2(t_1)+g_1'^2(t_1)}}+\frac{\lambda g_2'(t_3)}{\sqrt{f_2'^2(t_3)+g_2'^2(t_3)}}-$$

$$\frac{\lambda g_3'(t_3)}{\sqrt{f_3'^2(t_3)+g_3'^2(t_3)}}+\frac{\lambda g_4'(t_5)}{\sqrt{f_4'^2(t_5)+g_4'^2(t_5)}}\qquad(7-42)$$

引入单位向量来表达图 7-7(b)的关系式

$$T_1(P_1) = \frac{\{f_1'(t_1),\, g_1'(t_1)\}}{\sqrt{f_1'^2(t_1) + g_1'^2(t_1)}},\ T_2(P_3) = \frac{\{f_2'(t_3),\, g_2'(t_3)\}}{\sqrt{f_2'^2(t_3) + g_2'^2(t_3)}},$$

$$T_3(P_3) = \frac{\{f_3'(t_3),\, g_3'(t_3)\}}{\sqrt{f_3'^2(t_3) + g_3'^2(t_3)}},\ T_4(P_5) = \frac{\{f_4'(t_5),\, g_4'(t_5)\}}{\sqrt{f_4'^2(t_5) + g_4'^2(t_5)}}$$

将式(7-41)乘以 f_1',式(7-42)乘以 g_1',然后求和得到

$$-1 + T_1 \cdot T_2 - T_1 \cdot T_3 + T_1 \cdot T_4 = 0 \qquad (7-43)$$

类似地,有

$$-T_1 \cdot T_2 + 1 - T_2 \cdot T_3 + T_2 \cdot T_4 = 0 \qquad (7-44)$$

$$-T_1 \cdot T_3 + T_2 \cdot T_3 - 1 + T_3 \cdot T_4 = 0 \qquad (7-45)$$

$$-T_1 \cdot T_4 + T_2 \cdot T_4 - T_3 \cdot T_4 + 1 = 0 \qquad (7-46)$$

从式(7-43)至(7-46)可以得出

$$\begin{cases} T_1 \cdot T_2 = T_3 \cdot T_4,\ T_2 \cdot T_3 = T_1 \cdot T_4 \\ T_1 \cdot T_3 = T_2 \cdot T_4 = T_1 \cdot T_4 + T_3 \cdot T_4 - 1 \end{cases} \qquad (7-47)$$

　　与 7.1.2 节的讨论相似,可以得出在 P_2 和 P_4 两点处三条线(切线)的夹角都是 $2\pi/3$.

　　因为曲线 L_3 和 L_4 都是圆弧,两个夹角都等于 $\pi/3$,于是,就可以得到

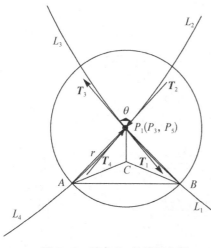

$$\langle T_1,\, T_3 \rangle = \langle T_2,\, T_4 \rangle = \pi$$

$$\langle T_1,\, T_4 \rangle = \langle T_2,\, T_3 \rangle = \frac{2\pi}{3}$$

$$(7-48)$$

　　式(7-48)意味着这两条边界(弧)L_1 和 L_3 相切,而曲线(弧)L_2 和 L_4 是同一条曲线(见图7-8).

　　根据假设,综合这里的讨论和式(7-48),表明曲线 L_1、L_2、L_3 和 L_4 不可能有共同的端点 $P_1(=P_3=P_5)$.

　　这里列出一个引理.

图7-8　端点 P_1 处的切向量

引理7.1　对于顶点为 A 的等腰三

角形 $\triangle PAB$, $PA = PB$, 只要顶角 $\angle APB$ 不超过 $2\pi/3$, 则存在一个内点 C 使得该点到三个顶点 P、A、B 的距离之和不超过两腰长度之和 $PA + PB$, 即

$$PC + AC + BC \leqslant PA + PB$$

当且仅当顶角 $\angle APB = 2\pi/3$ 时, 上述不等式等号成立.

　　注: 在不引起混淆的情况下, 这里的符号如 PA 等既表示曲线段本身, 也表示曲线段长度.

　　证明　如图 7-9 所示, 由 Steiner 问题的解[86]可知, 内点 C 在从顶点 P 出发的中垂线上, 从内点 C 出发到三个顶点的连线夹角均为 $2\pi/3$, 也就是

$$\angle ACP = \angle PCB = \angle ACB = 2\pi/3$$

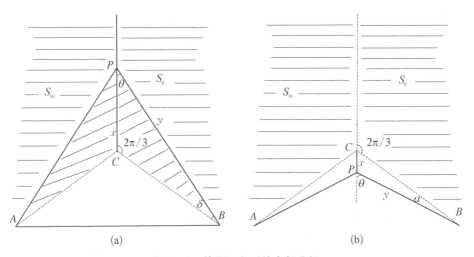

图 7-9　等腰三角形的内部分析
(a) 半顶角 $\theta < \pi/6$; (b) 半顶角 $\theta > \pi/6$

记

$$半顶角\ \angle CPB = \theta,\ \angle CBP = \delta,\ PC = x,\ PB = y$$

注意到 $PC + AC + BC$ 是极小值. 固定 $AC = 1$ 时, $\delta = \pi/3 - \theta$, 利用正弦定理

$$\frac{\sin(2\pi/3)}{y} = \frac{\sin\delta}{x} = \sin\theta$$

等腰三角形两腰长之和 $2y$ 与内点 C 到三个顶点距离之和 $(x + 1 + 1)$ 的差为

$$\eta(\theta) = 2y - (x+2) = \frac{\sqrt{3}}{\sin\theta} - \frac{\sin(\pi/3-\theta)}{\sin\theta} - 2, \ \theta \in [0, \pi/3]$$

通过分析一阶和二阶导数可得

$$\eta'(\theta) = \csc\theta\{\cot\theta[\cos(\pi/6+\theta) - \sqrt{3}] + \sin(\pi/6+\theta)\} < 0, \ \theta \in (0, \pi/3)$$

$$\eta''(\theta) = \frac{\sqrt{3}}{2}[3 - 2\cos\theta + \cos(2\theta)]\csc^2\theta > 0, \ \theta \in (0, \pi/3)$$

得出驻点,即极小点 $\theta^* = \pi/3$. 所以

$$\eta(\theta) \geqslant \eta(\theta^*) = 0, \ \forall\theta \in [0, \pi/3]$$

同样分析当 $\theta > \pi/3$ 时

$$\eta(\theta) = 2 - (x+2y) = 2 - \frac{1}{\sin\theta}[\sin(\theta-\pi/3) + \sqrt{3}] < 0, \ \theta \in (\pi/3, \pi/2)$$

这样就推导出,顶角 2θ 超过 $2\pi/3$ 时,内点 C 才会存在.证毕.

再看如图 7-8 所示的出发起点 P_1,向量 $\boldsymbol{T}_1$ 和 $\boldsymbol{T}_4$ 之间的夹角等于 $2\pi/3$;可以绘制一个圆心在点 P_1、半径为 r 的圆周,存在两个交点 $B \in L_1 \bigcap O_r(P_1)$ 和 $A \in L_4 \bigcap O_r(P_1)$.连接点 A 和 B,可以构造一个等腰三角形 $\triangle P_1 AB$,其中 $P_1 A = P_1 B$.

注意到顶角 $\angle AP_1B = \pi/3$.引理 7.1 显示垂直平分线上存在一个 C,使得三条线段之和 $P_1C + AC + BC < P_1A + P_1B = 2P_1A$.

用较短的线段 ACP_1 和 BCP_1 分别代替弧段或者曲线段 $\overset{\frown}{AP_1}$ 和 $\overset{\frown}{P_1B}$,这样,形成了面积更大的细胞的两边(的一部分).尽管这两条"新"的"曲线段"(折线段)在新的交接点有奇性,即在两个端点(线段的连接点) A 和 B 处,更短的曲线组 $\bigcup_{k\in I}L_k$ 围成了一个较大面积的细胞组.

从而证明了前文假设的这个**平行模型**不存在.

7.2　生长过程的数值模拟

根据 7.1 节的假设,以 7.1 节的分析为理论依据,现进行数值模拟.为了简化分析过程,在细胞生长过程中让两个(标准泡泡模型)细胞面积固定,余下的第三个细胞(可称为"新"细胞)面积是可以变化的,并依次如此设定第四个、第五个和第六个细胞等.

7.2.1　双泡泡模型

假设在固定面积细胞的边界上有一点 P, 此处为新细胞和已有细胞之间新边界的一个端点, 如图 7-10 所示, 将上弧、中弧和下弧的半径分别记为

$$r_u = r = \frac{\lambda}{1+\mu}, \ r_c = \frac{\lambda}{1+\mu+\kappa\mu}, \ r_b = R = \frac{\lambda}{\kappa\mu}$$

相应的圆心分别记为 O_u、O_c 和 O.

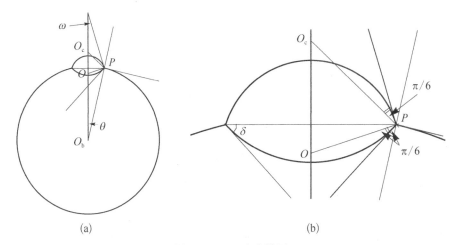

图 7-10　双泡泡模型

(a) 标准双泡泡模型; (b) 临近端点处的放大图像

通过几何分析发现, 在 P 点处上弧和中弧的切线恰好与以下圆圆心 O 为圆心、半径为 $R/2$ 的新半圆周相切. 如图 7-11(a) 所示, Q 点是圆 $O_{R/2}(O)$ 的一个切点. 于是, 得到如下定理:

定理 7.3　在标准双泡泡模型中, 上泡和下泡边界的两个公共端点都在圆心在大圆圆心处、半径为大圆半径一半的圆上, 分别有两个点处的切线过同一个端点.

标准双泡泡模型由两个细胞构成, 为讨论方便, 固定一个细胞, 这里指定下细胞面积固定(标准化面积为 π). 这样, 在讨论过程中, 两个细胞的面积比逐渐增大. 具体反映在图形上, 上细胞面积逐渐增加, 最终两者面积相等. 在上细胞面积增大的过程中, 会直接挤压下细胞的形状, 导致下细胞的半径 R 也适当相应增加.

上细胞对下细胞挤压的结果是切出下细胞的一片面积 S_c, 即如图 7-11(b) 所示的阴影部分. 这部分面积在下细胞的半径增加中得以补偿.

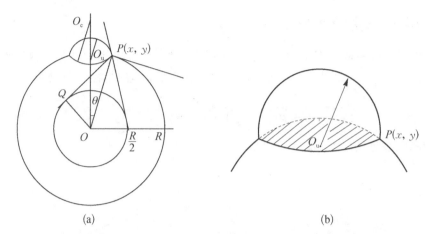

图 7 - 11　双泡泡模型成形分析

(a) 双泡泡模型的切线性质；(b) 阴影部分为下泡细胞被切掉的那部分面积 s_c

$$s_c[P(x,y)]$$

$$=2\int_0^x [\sqrt{R^2-\xi^2}-(y_c-\sqrt{r_c^2-\xi^2})]\mathrm{d}\xi$$

$$=x\sqrt{R^2-x^2}+R^2\arcsin\frac{x}{R}-2y_c x+x\sqrt{r_c^2-x^2}+r_c^2\arcsin\frac{x}{r_c} \quad (7-49)$$

大细胞（下细胞）面积固定值为 $\pi=\pi R^2-s_c[P(x,y)]$，这样，其半径

$$R=\sqrt{1+\frac{s_c[P(x,y)]}{\pi}}$$

现讨论半径 R 与点 $P(x,y)$ 的位置关系.

圆周 $x^2+y^2=R^2$ 上点 $P(x,y)$ 处的切向量（见图 7 - 11）为

$$\{y,-x\}=\{\sqrt{R^2-x^2},-x\}$$

不妨取指向向下.通过顺序逆时针旋转 $2\pi/3$ 和 $4\pi/3$ 得到另外两个切向量

$$\frac{1}{2}\{\sqrt{3}x-y,x+\sqrt{3}y\}（对应于上弧）$$

$$\frac{1}{2}\{-\sqrt{3}x-y,x-\sqrt{3}y\}（对应于中弧）$$

上（圆）弧的圆心位置在如下直线上：

$$l_{uc}:\left\{x+\frac{1}{2}t(x+\sqrt{3}y),\frac{1}{2}[-\sqrt{3}tx+(2+t)y]\right\},\quad t\in\mathbf{R}$$

根据双泡泡模型的特征,上弧的圆心在 y 轴上,得出参数 $t=\dfrac{-2x}{x_0+\sqrt{3}\,y}$,所以圆

心坐标为 $O_\mathrm{u}\left[0,\dfrac{\sqrt{3}R^2}{x+\sqrt{3}\,y}\right]$,半径 $r=r_\mathrm{u}=\dfrac{2Rx}{x+\sqrt{3}\,y}$.

不难通过类似分析得出中弧的圆心和半径为

$$O_\mathrm{c}(0,\,y_\mathrm{c})=O_\mathrm{c}\left[0,\,\dfrac{\sqrt{3}R^2}{-x+\sqrt{3}\,y}\right],\,r_\mathrm{c}=\dfrac{2Rx}{-x+\sqrt{3}\,y}$$

将这些数据代入式(7-49),得到

$$\pi=\pi R^2-xy-\dfrac{2\sqrt{3}R^2 x}{x-\sqrt{3}\,y}-\dfrac{x^2\sqrt{4R^2-(x-\sqrt{3}\,y)^2}}{-x+\sqrt{3}\,y}-R^2\arcsin\dfrac{x}{R}+$$

$$\dfrac{4R^2 x^2\arcsin\dfrac{x-\sqrt{3}\,y}{2R}}{(x-\sqrt{3}\,y)^2}\tag{7-50}$$

如图 7-12 所示为三条弧的交接点 P 的位置和半径之间的连续变化关系. 半径 R 和交接点 P 的 x 坐标之间的一一对应关系如图 7-12(a)所示.

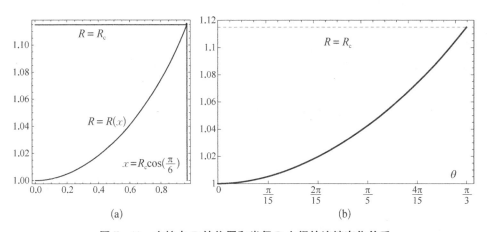

图 7-12　交接点 P 的位置和半径 R 之间的连续变化关系
(a) 交接点 P 与半径 R 之间的关系;(b) 半径 R 和夹角 θ 之间的单调性

借用 θ 表示 y 轴与向量 $\overrightarrow{OP}$ 之间的夹角,则式(7-50)变为

$$\pi=R^2\left\{\pi-\theta+\dfrac{[\sqrt{3}-\cos\theta\,\sin(\pi/3-\theta)]\sin\theta}{\sin(\pi/3-\theta)}\right.$$

$$+\left[\frac{(\theta-\pi/3)}{\sin^2(\pi/3-\theta)}-\frac{\cos(\pi/3-\theta)}{\sin(\pi/3-\theta)}\right]\sin^2\theta\Big\}$$

$$=:R^2\cdot\Theta_1(\theta).$$

式中,$\theta\in[0,\pi/3]$.图 7-12(b)显示出了半径 R 和夹角 θ 之间的单调性,于是,得出

$$R=\sqrt{\frac{\pi}{\Theta_1(\theta)}}\,,\theta\in[0,\pi/3]$$

特别地,当两个细胞面积相等(均为 π)时,半径

$$R=2\sqrt{\frac{3\pi}{3\sqrt{3}+8\pi}}\approx1.114\,9,\theta=\frac{\pi}{3}$$

至此,双泡泡细胞生长模型分析完毕.

7.2.2　三泡泡模型

下文的讨论都是基于在已有的细胞模型基础上"生长"出新的细胞,也就是在 n 个细胞模型的基础上讨论 $n+1$、$n+2$ 等模型.

不难有如下原则:

若有新细胞在已有的细胞外边界生长出来,则这个新细胞出现的地方一定是在已有细胞外边界的交接点处.

这是因为一个简单的道理,即长度为 $r\theta$、半径和圆心角分别为 r 和 θ 的扇形,比相同面积的半圆盘的半圆周长 $R\pi$ 短.虽然实际上,两者面积相等.

$$\frac{1}{2}r^2\theta=\frac{1}{2}R^2\pi$$

$$\Rightarrow\frac{r\theta}{R\pi}=\sqrt{\frac{\theta}{\pi}}\leqslant1,\theta\in(0,\pi]$$

这里讨论的三细胞模型是建立在双泡泡模型的基础上的.

如图 7-13 所示,假设双泡泡右边界交接点为 H,新的细胞将从此点逐渐生长.这里说的"生长"并非严格意义上的生长,只是借助这个生

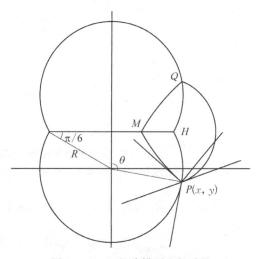

图 7-13　三细胞模型生长过程

物学上的名称来描述三细胞模型中第三个细胞的位置.

利用对称性,新细胞与原细胞之间外边界交点为 $P(x,y)$,这里以与下细胞相交为例,则 P 点的坐标满足 $x^2+y^2=R^2$. 同样,新细胞为挤压原细胞后"切割"出的一片面积为 S_u 的区域,在上细胞的相应位置也有同样现象.这样,原来两个细胞的半径 R 会变大,以保证其细胞本身的面积不变.

根据 7.1 节的讨论,新生长细胞,这里也称为"右细胞",有三条边界弧线,即右弧线 $\overset{\frown}{PQ}$、上弧线 $\overset{\frown}{QM}$ 和下弧线 $\overset{\frown}{PM}$. 右弧线 $\overset{\frown}{PQ}$ 的圆心为 $O_e(x_e, R/2)$,下弧线 $\overset{\frown}{PM}$ 圆心为 $O_{ue}(x_{ue}, y_{ue})$,上弧线 $\overset{\frown}{QM}$ 类似定义.再记 y 轴和向量 $\overrightarrow{OP}$ 之间的夹角为 θ.

三条边界弧线的切线在交点处 $P(x,y)$ 形成的三个夹角都是 $2\pi/3$,这样有

$$y=R\cos\theta,\ \theta\in[\pi/3,\ 2\pi/3] \tag{7-51}$$

$$x_e=\frac{R(2\sqrt{3}R-\sqrt{3}y-\sqrt{R^2-y^2})}{-2y+2\sqrt{3}\sqrt{R^2-y^2}},\ y_e=\frac{R}{2} \tag{7-52}$$

$$x_{ue}=\frac{R(2\sqrt{3}R-\sqrt{3}y-\sqrt{R^2-y^2})}{2(-R+y+\sqrt{3}\sqrt{R^2-y^2})},\ y_{ue}=\frac{R(-y+\sqrt{3}\sqrt{R^2-y^2})}{2(-R+y+\sqrt{3}\sqrt{R^2-y^2})} \tag{7-53}$$

$$r_e=\frac{R(R-2y)}{\sqrt{3(R^2-y^2)}-y},\ r_{ue}=\frac{R(R-2y)}{y-R+\sqrt{3(R^2-y^2)}} \tag{7-54}$$

于是,"切割"的面积 S_u 为

$$
\begin{aligned}
S_u &= \int_y^{R/2}\left[\sqrt{R^2-\eta^2}-x_{ue}+\sqrt{r_{ue}^2-(\eta-y_{ue})^2}\right]\mathrm{d}\eta \\
&= \frac{1}{2}\left[\eta\sqrt{R^2-\eta^2}+R^2\arctan\left[\frac{\eta}{\sqrt{R^2-\eta^2}}\right]\right]-x_{ue}\eta+ \\
&\quad \frac{1}{2}\left[(\eta-y_{ue})\sqrt{r_{ue}^2-(\eta-y_{ue})^2}+r_{ue}^2\arctan\frac{\eta-y_{ue}}{\sqrt{r_{ue}^2-(\eta-y_{ue})^2}}\right]\Bigg|_{\eta=y}^{\eta=R/2}
\end{aligned}
$$

将上述圆心坐标和半径代入后可得

$$S_u(R,\theta)=\frac{R^2\theta}{2}+\frac{R^2}{24}[3\sqrt{3}-4\pi-6\sin(2\theta)]$$

$$-\frac{R^2(1-2\cos\theta)^2}{(\cos\theta+\sqrt{3}\sin\theta-1)^2}\left[\frac{\sqrt{3}}{8}+\frac{\pi}{12}-\frac{1}{2}\arctan\frac{\Phi(\theta)}{\Psi(\theta)}-\frac{\Phi(\theta)\Psi(\theta)}{8}\right]$$

$$+\frac{R^2(2\cos\theta-1)(2\sqrt{3}-\sqrt{3}\cos\theta-\sin\theta)}{4(\sin\theta+\sqrt{3}\sin\theta-1)}$$

$$=:R^2\Theta_2(\theta) \tag{7-55}$$

其中

$$\Phi(\theta)=\cos\theta+\sqrt{3}\sin\theta,\ \Psi(\theta)=\sqrt{2+\cos(2\theta)-\sqrt{3}\sin(2\theta)}$$

上、下两细胞保持固定面积 π，也就是

$$\pi=\left(\frac{2\pi}{3}+\frac{\sqrt{3}}{4}\right)R^2-S_u(R,\theta)\Rightarrow R=R(\theta)=\sqrt{\frac{12\pi}{8\pi+3\sqrt{3}-12\Theta_2(\theta)}}$$

如图 7-14 所示为上下细胞的半径 R 和右侧新细胞面积变化之间的递增关系，而且

$$R\left(\frac{\pi}{3}\right)=2\sqrt{\frac{3\pi}{3\sqrt{3}+8\pi}}\approx 1.1149,\quad R\left(\frac{2\pi}{3}\right)=\sqrt{\frac{6\pi}{2\sqrt{3}+3\pi}}\approx 1.20932$$

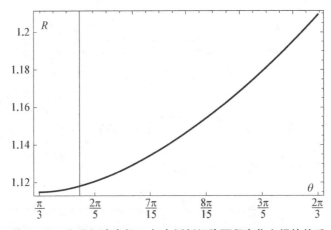

图 7-14　上下细胞半径 R 与右侧新细胞面积变化之间的关系

如图 7-15 所示的部分图片展示了右侧新细胞增加时整个细胞组的变化情况.

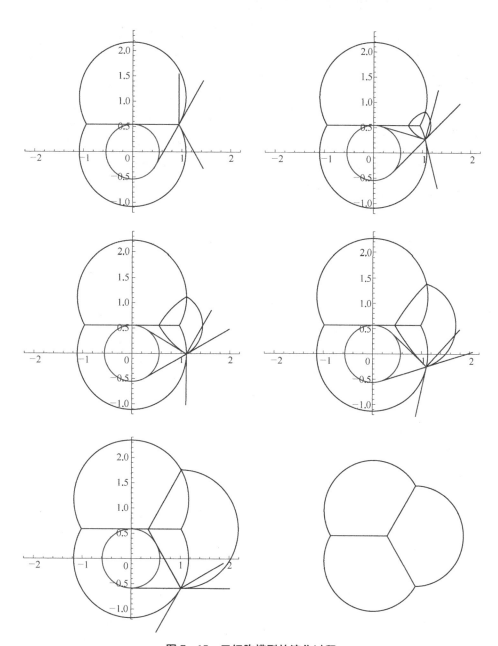

图 7-15　三细胞模型的演化过程

7.2.3　基于双泡泡的四细胞模型

为方便起见,这里从双泡泡模型出发讨论四细胞模型.这部分没有单独进行四细胞模型理论讨论,所涉及的理论基础可以借用三细胞模型分析.实际上四细胞的问题是相当复杂的,这里只是基于此做模拟.当然,也可以通过三细胞模型出发来模拟四细胞模型,这一问题留给有兴趣的读者探索.

参照 7.2.2 节,两个细胞分别从双泡泡细胞的两侧(腰)处,即细胞外边界的两个交接点处开始"生长".如图 7 - 16 所示,两个新细胞分别从左、右两侧产生.利用对称性,对新细胞的圆心和半径的讨论类似于式(7 - 51)至(7 - 54).固定原有的双细胞(上、下两细胞)面积为

$$\pi = \left(\frac{2\pi}{3} + \frac{\sqrt{3}}{4} \right) R^2 - 2S_u(=(0,0))(R,\theta)$$

$$\Rightarrow R_4 = R_4(\theta) = \sqrt{\frac{12\pi}{8\pi + 3\sqrt{3} - 24\Theta_2(\theta)}} \qquad (7-56)$$

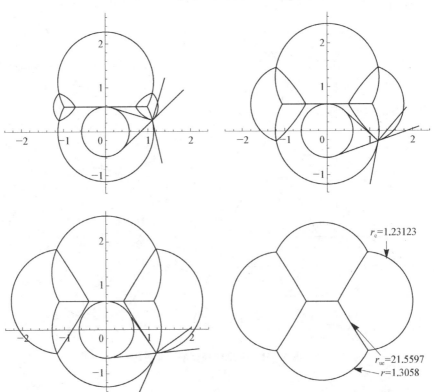

图 7 - 16　四泡泡细胞模型生成过程

右侧新细胞面积 S_{4e} 满足

$$\frac{1}{2}S_{4e}$$

$$= \int_{y}^{R/2}\left[x_e + \sqrt{r_e^2 - (\eta - y_e)^2} - x_{ue} + \sqrt{r_{ue}^2 - (\eta - y_{ue})^2}\right]\mathrm{d}\eta$$

$$= (x_e - x_{ue})\eta + \frac{1}{2}\left[(\eta - y_e)\sqrt{r_e^2 - (\eta - y_e)^2} + r_e^2 \arctan\frac{\eta - y_e}{\sqrt{r_e^2 - (\eta - y_e)^2}}\right] +$$

$$\frac{1}{2}\left[(\eta - y_{ue})\sqrt{r_{ue}^2 - (\eta - y_{ue})^2} + r_{ue}^2 \arctan\frac{\eta - y_{ue}}{\sqrt{r_{ue}^2 - (\eta - y_{ue})^2}}\right]\Bigg|_{\eta=y}^{\eta=R/2}$$

$$= \frac{(R-2y)^2}{24}\left\{\frac{6R(-2\sqrt{3}R + \sqrt{3}y + \sqrt{R^2 - y^2})}{3R^2 - 4y^2 + R[y - \eta(y)]} + \frac{3\sqrt{R^2 + 2y[y + \eta(y)]}}{-y + \eta(y)}\right\} -$$

$$\frac{(R-2y)^2}{24} \cdot \frac{(3\sqrt{3} + 2\pi)R^2 + 3[y + \eta(y)]\sqrt{R^2 + 2y[y - \eta(y)]}}{[-R + y + \eta(y)]^2} +$$

$$\frac{R^2(R-2y)^2}{2} \cdot \left\{\frac{\arctan\dfrac{y + \eta(y)}{\sqrt{R^2 + 2y[y - \eta(y)]}}}{[-R + y + \eta(y)]^2} + \frac{\arctan\dfrac{-y + \eta(y)}{\sqrt{R^2 + 2y[y + \eta(y)]}}}{[y - \eta(y)]^2}\right\}$$

$$= \frac{R^2(1 - 2\cos\theta)^2}{24} \cdot \left[\frac{6(2\sqrt{3} - \sqrt{3}\cos\theta - \sin\theta)}{3 + \cos\theta - 4\cos^2\theta - \sqrt{3}\sin\theta} + \right.$$

$$\frac{3\sqrt{2 + \cos(2\theta) + \sqrt{3}\sin(2\theta)}}{-\cos\theta + \sqrt{3}\sin\theta} -$$

$$\frac{3\sqrt{3} + 2\pi - 3(\cos\theta + \sqrt{3}\sin\theta)\sqrt{2 + \cos(2\theta) - \sqrt{3}\sin(2\theta)}}{(-1 + \cos\theta + \sqrt{3}\sin\theta)^2} +$$

$$\left.\frac{12\arctan\dfrac{\cos\theta + \sqrt{3}\sin\theta}{\sqrt{2 + \cos(2\theta) - \sqrt{3}\sin(2\theta)}}}{(-1 + \cos\theta + \sqrt{3}\sin\theta)^2}\right]$$

式中，$\eta(y) := \sqrt{3}\sqrt{R^2 - y^2}$.

将式(7 - 56)中的 $R = R_4$ 代入 S_{4e} 的表达式，有

$$\theta \approx 2.027\,252\,358\,092\,717,\ R_4 \approx 1.305\,798\,941\,917\,094\,1$$

使四泡泡模型的右细胞面积 $S_{4e}=S_{4e}(\theta)=\pi$. 从而也得出新细胞(右细胞)的外边界和内边界半径分别为

$$r_e \approx 1.231\ 23,\ r_{ue} \approx 21.559\ 7$$

这里需要注意的是,在每个细胞面积相等的三种细胞模型中,双泡泡和三泡泡细胞模型中细胞间的共用边界(中间的细胞膜)是直线段,但是四泡泡模型的情况不一样,不是所有细胞间的共用边界都是直线即有如下定理:

定理7.4　在由四个相等面积的细胞构成的四泡泡细胞模型中,四个细胞的共有边界不可能全为直线段.

证明　从几何上不难知道,假设四泡泡模型的所有内边界都为直线段,如图7-17所示,这意味着这四个细胞的半径都要相等.为讨论方便,这里假设半径 $R=1$. 需要注意的是,这也意味着四个细胞的面积不一定恰好等于 π,记 $\delta=2\pi/3$ (参见图7-17),所以左、右新细胞的面积

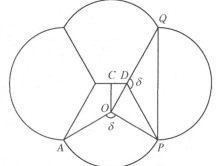

图7-17　共有边界为直线段的四泡泡细胞模型

$$S_e = \frac{\pi}{2} + \frac{\sqrt{3}}{3}$$

借助基于双泡泡模型的四细胞模型(见图7-16)的性质,得出上(下)细胞的面积

$$S_u = \frac{1}{3}\pi + \frac{\sqrt{3}}{3} + \frac{1}{4} \cdot \frac{\sqrt{3}}{3} = \frac{1}{12}(5\sqrt{3}+4\pi)$$

因此

$$S_u - S_e = \frac{1}{12}(5\sqrt{3}+4\pi) - \left(\frac{\pi}{2}+\frac{\sqrt{3}}{3}\right) = \frac{1}{12}(\sqrt{3}-2\pi) \approx -0.379\ 261 < 0$$

这与各细胞面积相等矛盾.

证毕.

7.2.4　基于三泡泡的五细胞模型

这里讨论的五细胞模型是基于三泡泡细胞模型的.为讨论方便,前文中的三细胞和四细胞模型和讨论过程中也有类似假设.

　　依据前文的分析(见图 7-15),生长出来的两个新细胞是从三泡泡细胞的两个外角点处产生的.因为有三个角点(也就是与外边界的交接点),所以两个新细胞的位置在这里有一定的随机性,但是根据对称性看,这种随机性不影响这里的讨论.

　　现在的五泡泡细胞模型如下:三个老细胞和两个新细胞,如图 7-18 所示,两个新细胞产生于右上角和右下角.

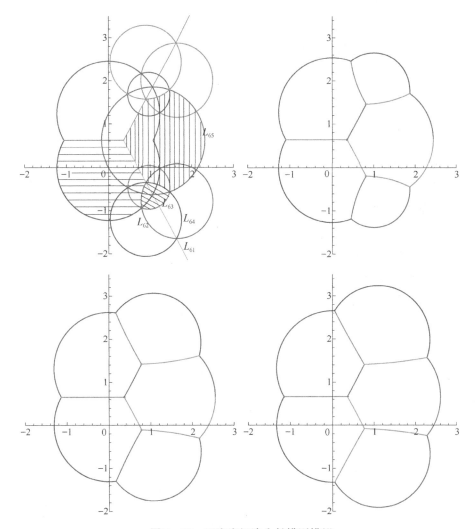

图 7-18　五泡泡细胞生长模型模拟

　　讨论过程中仍然假定老细胞的面积保持不变,即为 π.两个新细胞的面积对称地不断增加.

　　如图 7-18 所示,新产生的细胞会挤压相邻的两个老细胞,使得原来的直线段共用边界变为新的两段弧.同时,这个过程也会改变左边原来的两个细胞的弧长,但是,这两个老细胞始终会保持上下对称.

新细胞的面积记为 S_{se},引入如表 7-1 所示的记号.

表 7-1   基于三泡泡的五泡泡模型记号

弧 名 称	记号	半径	圆心
原右侧和原左下角细胞之间的共用边界	L_{61}	r	(X_1, Y_1)
新右下角细胞和原左下角细胞之间的共用边界	L_{62}	w	(X_2, Y_2)
新右下角细胞的外边界	L_{63}	—	(X_3, Y_3)
新右下角细胞与原右侧细胞之间的共用边界	L_{64}	—	(X_4, Y_4)
原右侧细胞的外边界	L_{65}	—	(X_5, Y_5)
原左下角细胞的外边界	R	—	$(0, 0)$

计算上,在前文四泡泡模型分析方法的基础上,按照顺序先确定右下角新细胞的三条边,也就是这个新细胞的左下角边界 L_{62}、右上角边界 L_{63} 和外边界 L_{64},由此再确定原右细胞变化后的外边界 L_{65}.如图 7-19 所示为三条半径 R、r 和 w 对应的变化情况.

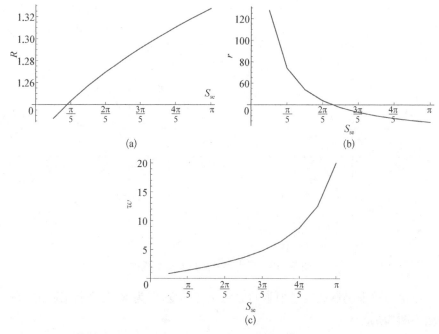

图 7-19   几条边界弧的半径 R(a)、r(b) 和 w(c) 与新细胞 S_{se} 面积之间的变化关系

当五个细胞面积都达到 π 时,对应的三个半径数值如下:

$$R \approx 1.327\ 48,\ r \approx 23.816\ 9,\ w \approx 19.976\ 1$$

此时的总长度,即所有边界长度和为 20.824 1.

具体地,各对应的圆心数据为

$$L_{61}: (X_1, Y_1) = (X_1(R, r), Y_1(R, r)) = \frac{1}{2}(-\sqrt{3(R^2+r^2)-2Rr},\ R-r)$$

$$L_{62}: (X_2, Y_2) = (X_2(R, r, w), Y_2(R, r, w))$$
$$= \left(\frac{1}{2X_1}[(R-r)(R+r+w)+X_1^2+Y_1^2-2Y_1Y_2],\ Y_2\right)$$

其中

$$Y_2 = Y_2(R, r, w)$$
$$= \frac{r^2R-3rR^2+2R^3+r^2w-2rRw+R^2w-\sqrt{S_{q2}(R, r, w)}}{4(r^2-rR+R^2)}$$

$$S_{q2}(R, r, w) = 9r^4R^2-6r^3R^3+9r^2R^4+6r^4Rw+2r^3R^2w+2r^2R^3w+6rR^4w$$
$$+9r^4w^2-12r^3Rw^2+22r^2R^2w^2-12rR^3w^2+9R^4w^2$$

$$L_{63}: (X_3, Y_3) = (X_3(R, r, w), Y_3(R, r, w)) = \left(X_3,\ \frac{X_3Y_2}{X_2}\right)$$

$$L_{64}: (X_4, Y_4) = (X_4(R, r, w), Y_4(R, r, w))$$
$$= \left[\frac{\left(Y_4-\dfrac{R}{2}\right)\left(X_3-\dfrac{X_1}{Y_1}\cdot\dfrac{R}{2}\right)}{Y_3-\dfrac{R}{2}}+\frac{X_1R}{2Y_1},\ Y_4\right]$$

其中

$$X_3 = X_3(R, r, w) = \frac{RX_2}{R+w}\sqrt{\frac{R^2+Rw+w^2}{X_2^2+Y_2^2}}$$

$$Y_4 = Y_4(R, r, w)$$
$$= \frac{R}{2}-\frac{2r\,|Y_1(R-2Y_3)|}{|r-R|}\sqrt{\frac{R^2+\dfrac{w^2(r-R)^2}{(r+w)^2}+\dfrac{Rw(r-R)}{(r+w)}}{4Y_1^2(R-2Y_3)^2+4(2X_3Y_1-RX_1)^2}}$$

另有

$$L_{63}: R_3 = \frac{Rw}{R+w}, \quad L_{64}: R_4 = \frac{rw}{r+w}$$

7.2.5   基于三泡泡的六细胞模型

平面上的四泡泡模型的完整证明还有待完成,可参见 Morgan 在 2009 年[6] 的介绍,多于四个泡泡的几何问题更是目前的公开问题.

这里,在前文三泡泡细胞模型的基础上来分析六细胞模型的成形过程,也就是在三泡泡的基础上从细胞外边产生新细胞形成一个六细胞模型,如图 7-20 所示.

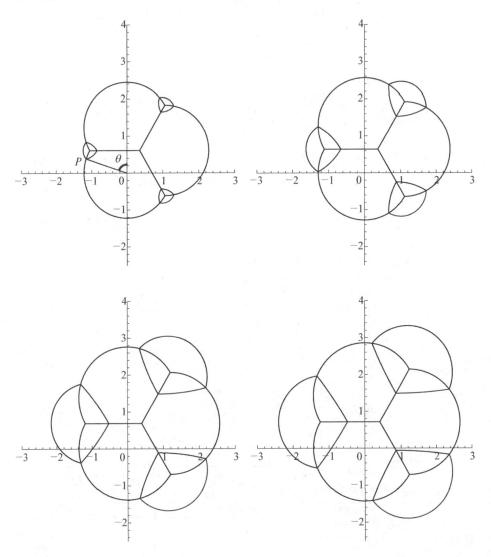

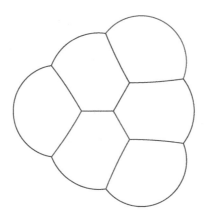

图 7-20　基于三泡泡的六细胞模型

　　这里的分析可以利用前文五泡泡模型的分析方式,并且注意到其具有对称性.这样,可以判定六细胞在形成过程中保持了原来三泡泡细胞模型的内部直线边界的(部分)形状.

　　借助式(7-55),如图 7-20 所示,可以得出三个原细胞的半径为

$$R_6(\theta) = \sqrt{\dfrac{6\pi}{\sqrt{2\sqrt{3} + 3\pi - 12 \cdot \Theta_2(\theta)}}}$$

式中,θ 是在 $P(x, y)$ 处的向量 $\overrightarrow{OP}$ 和 y 轴正向之间的夹角,而 O 是原来三细胞模型中左下角细胞的圆心,也是这里的原点.记号 $\Theta_2(\theta)$ 的含义参见式(7-55).

　　以图 7-20 中左侧的新细胞为例,其左侧外边界和右下角边界(与原三泡泡细胞下侧细胞之间的公共边界)圆心分别记为

$$(x_w, y_w), (x_{uw}, y_{uw})$$

其中

$$x_w(R, y) = \frac{R(2\sqrt{3}R - \sqrt{3}y - \sqrt{R^2 - y^2})}{2y - 2\sqrt{3(R^2 - y^2)}}, \ y_w(R, y) = \frac{R}{2},$$

$$x_{uw}(R, y) = \frac{R(2\sqrt{3}R - \sqrt{3}y - \sqrt{R^2 - y^2})}{2[R - y - \sqrt{3(R^2 - y^2)}]}, \ y_{uw}(R, y) = \frac{R[y - \sqrt{3(R^2 - y^2)}]}{2[R - y - \sqrt{3(R^2 - y^2)}]}$$

对应的半径分别为

$$r_w(R, y) = \frac{R(R - 2y)}{\sqrt{3(R^2 - y^2)} - y}, \quad r_{uw}(R, y) = \frac{R(R - 2y)}{\sqrt{3(R^2 - y^2)} + y - R}$$

新(左侧)细胞的右侧角点,也就是与原三细胞左侧上下两细胞的共同交点 $(x_{\text{cr}}, R/2)$,坐标

$$x_{\text{cr}}(R, y) = \frac{1}{2}\left[2x_{\text{uw}}(R, y) + \sqrt{4Ry_{\text{uw}}(R, y) - 4y_{\text{uw}}^2(R, y) + 4r_{\text{uw}}^2(R, y) - R^2}\right]$$

利用对称性,其他两个新细胞可以通过整体(六细胞)绕中心(不是在原点 O)旋转 $\pm 2\pi/3$ 后重合.当所有六个细胞面积都达到 π 时,三个原细胞的半径也有所增加,即

$$R_6(\theta) \approx 1.427\,13, \quad \theta \approx 1.952\,58$$

7.2.6 两种六细胞模型之比较

7.2.5 节讨论了基于三泡泡细胞模型的六细胞模型,如图 7-20 最后小图和图 7-21(a)所示的是六个标准面积为 π 的细胞,计算得出整体边界长度

$$l_{\text{total}} = 3 \cdot l_{\text{w(w)}} + 6 \cdot l_{\text{w(se)}} + 3 \cdot l_{\text{sw(sw)}} + 3 \cdot l_l \approx 28.192\,9 \quad (7-57)$$

其中,$l_{\text{w(w)}}$ 为左侧新细胞外(左)边界长度,$l_{\text{w(se)}}$ 为左侧新细胞右下边界长度,$l_{\text{sw(sw)}}$ 为原下细胞左下(外)边界长度,l_l 为三段内部直线边界之一的长度.

参考 Morgan 的文献[6],将如图 7-21(b)所示的六细胞模型称为 Morgan 六细胞模型.它的一个特点是存在中心细胞,即外边是五个一样的细胞围着中心的一个五(曲)边细胞.中心细胞与每一个外边的细胞都有一条共同的(曲线)边界.注意,这里特别强调中心细胞的曲线边界,实际上这些曲线边界是一样的弧段.

所有细胞面积相等(等于 π),那么,中心细胞的一条边界弧 $\overset{\frown}{BD}$ 对应的半径

$$r_{\text{in}} = \sqrt{\frac{6(5-\sqrt{5})\pi\sin\frac{\pi}{30}}{(5-\sqrt{5})\pi\csc\frac{\pi}{30} - 30\sqrt{10-2\sqrt{5}}}} \cdot \csc\frac{\pi}{30} \approx 6.305\,602\,308$$

对应的圆心角为 $\pi/15$.通过几何分析不难发现

$$\angle BOD = 2\angle BOC = 4\angle AOB = \frac{2\pi}{5}$$

以及外弧的半径

$$r_{\text{out}} = 6\sqrt{\frac{\pi}{11\pi + 30\sqrt{\frac{2}{5-\sqrt{5}}}\cos\frac{2\pi}{15}}} \approx 1.397\,97$$

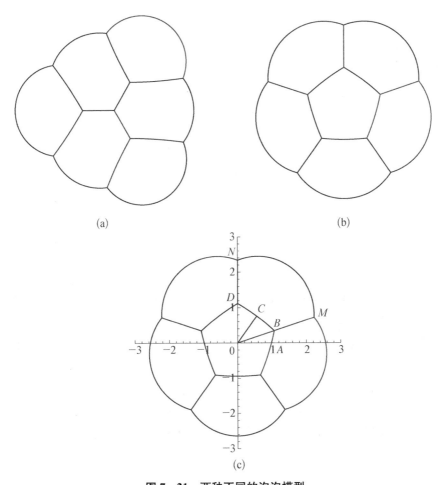

图 7 - 21　两种不同的泡泡模型

(a) 六泡泡；(b) Morgan 的六泡泡模型；(c) 角度分析

计算出直线段 $OD = OB$，长度

$$l = 4\sqrt{\dfrac{3\pi\sin\dfrac{\pi}{30}}{(5-\sqrt{5})\pi\csc\dfrac{\pi}{30} - 30\sqrt{10 - 2\sqrt{5}}}} \approx 1.121\,35$$

这样，就可以计算得出 Morgan 模型的全部细胞的边界总长度

$$l_{\text{mor}} = \text{直线边界 } l_1 + \text{内部细胞边界 } l_{\text{in}} + \text{外部边界 } l_{\text{out}}$$

$$= 5\left(\sqrt{\dfrac{8}{5-\sqrt{5}}} \cdot r_{\text{out}} \cdot \cos\dfrac{2\pi}{15} - l + \dfrac{1}{5}l_{\text{in}} + r_{\text{out}} \cdot \dfrac{11\pi}{15}\right)$$

$$\approx 27.963\ 6 \qquad\qquad (7-58)$$

其中，中心细胞的单边细胞长度

$$\frac{1}{5}l_{\text{in}} = \frac{1}{5} \cdot \sqrt{\frac{6\pi}{\pi - 3\sqrt{10(5+\sqrt{5})}\sin\frac{\pi}{30}}} \cdot \frac{\pi}{15}$$

对照这里基于三泡泡细胞模型的六细胞模型边界总长度［见式（7-57）］和 Morgan 模型的边界总长度［见式（7-58）］，两者的差别为

$$l_{\text{total}} - l_{\text{mor}} \approx 0.229\ 3 > 0$$

7.3　实验

在前文理论分析和数值模拟的基础上，再进行实验验算.本实验得益于上海大学化学系李健教授的支持.

实验使用肥皂泡来进行，实验方式是在水面上拼接这些泡泡模型.考虑到吹出来的泡泡都是三维空间的几何体，直接模拟二维泡泡难度很大，因此在泡泡与水的交界面，也就是水平面，将这个平面切割下来的形状视为平面泡泡的结构.实验中要求各泡泡体积相同，这是通过控制向泡泡中吹入的空气量来实现的.

实验结果如图 7-22 至 7-24 所示，其中，未对七泡泡模型进行理论分析和数值模拟.

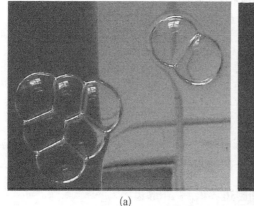

(a)　　　　　　　　　　　　　　　(b)

图 7-22　肥皂泡实验结果

（a）双泡泡和六泡泡；（b）三泡泡和 Morgan 六泡泡模型

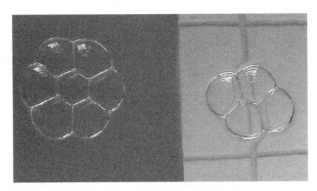

图 7-23　四泡泡和七泡泡

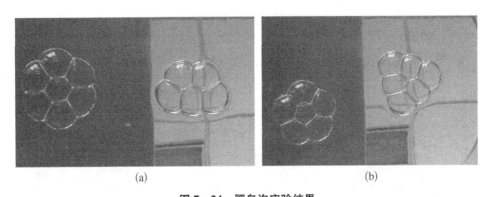

(a)　　　　　　　　　　　　　　　(b)

图 7-24　肥皂泡实验结果

(a) 五泡泡和七泡泡；(b) 六泡泡和 Morgan 六泡泡模型

　　由于张力的作用,泡泡群(如三泡泡、四泡泡)存在一个动态过程,即从不稳定自动滑向稳定泡泡群的过程.如图 7-25 所示.实验中,三个泡泡在不受外力作用的情况下从不稳定向稳定过渡,整个过程仅受泡泡自身边界膜张力的作用.四泡泡从不稳定到稳定的实验演化过程如图 7-26 所示.

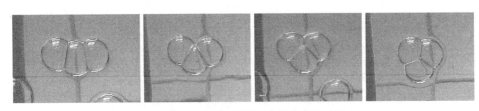

图 7-25　三泡泡从不稳定到稳定的过程

图 7-26　四泡泡从不稳定到稳定过程

7.4　盘星藻细胞模型数据比较

　　我们使用了 21 个盘星藻细胞群的数据进行分析,其中包含由四个细胞、八个细胞和十六个细胞组成的细胞群.图 7-27 至图 7-30 列出了其中 12 个盘星藻细胞群的图片,表 7-2 列出了其中 13 个的数据.本书中盘星藻的照片均来自上海海洋大学周志刚教授.

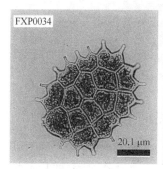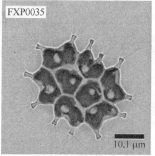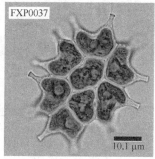

图 7-27　细胞群第一部分

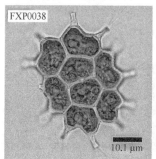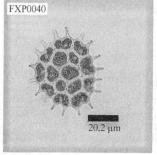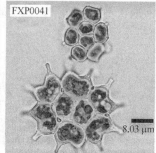

图 7-28　细胞群第二部分

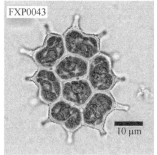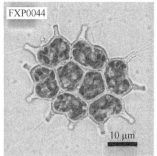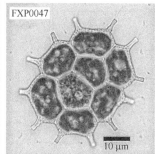

图 7‒29　细胞群第三部分

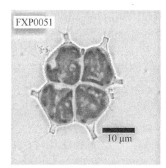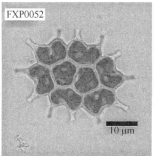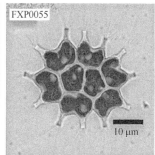

图 7‒30　细胞群第四部分

表 7‒2　盘星藻细胞膜间夹角数据

编　号	细胞数	夹角数	角度/(°)
FXP0034	15	58	120, 120, 125, 115, 115, 120, 125, 120, 120, 120, 130, 110, 120, 140, 110, 110, 110, 130, 120, 120, 130, 110, 105, 130, 125, 130, 95, 135, 125, 120, 115, 110, 130, 120, 120, 120, 120, 130, 110, 120, 120, 140, 100, 120, 110, 130, 100, 100, 160, 80, 140, 140, 120, 100, 140, 90, 130, 140
FXP0035	8	25	120, 100, 135, 125, 130, 140, 90, 130, 100, 130, 115, 115, 130, 130, 105, 125, 110, 140, 110, 130, 100, 130, 100, 145, 115
FXP0037	8	22	120, 135, 100, 125, 115, 95, 150, 120, 125, 115, 140, 110, 110, 145, 80, 135, 110, 120, 130, 160, 90, 110

编　号	细胞数	夹角数	角度/(°)
FXP0038	8	25	120, 120, 120, 120, 120, 110, 130, 130, 130, 100, 110, 110, 140, 115, 145, 100, 125, 115, 120, 110, 130, 120, 110, 120, 130
FXP0040	15	52	120, 120, 120, 120, 110, 110, 140, 150, 110, 100, 120, 115, 125, 140, 120, 100, 120, 115, 125, 115, 120, 125, 115, 130, 115, 85, 135, 140, 130, 125, 105, 110, 120, 130, 125, 110, 125, 110, 135, 115, 110, 120, 130, 110, 100, 150, 110, 110, 140, 120, 125, 115
FXP0041（上）	8	25	120, 130, 115, 115, 125, 95, 140, 130, 115, 115, 110, 140, 110, 110, 120, 130, 130, 120, 110, 130, 105, 125, 100, 125, 135
FXP0041（下）	8	22	120, 130, 135, 95, 140, 100, 120, 125, 115, 120, 115, 125, 120, 125, 115, 120, 105, 130, 125, 105, 130, 125
FXP0043	8	25	120, 105, 125, 130, 130, 100, 130, 125, 130, 105, 105, 105, 150, 115, 150, 95, 120, 115, 125, 115, 130, 115, 100, 125, 135
FXP0044	8	25	120, 125, 115, 120, 130, 125, 105, 140, 105, 115, 120, 105, 135, 115, 115, 130, 105, 145, 110, 125, 105, 130, 110, 125, 125
FXP0047	8	25	120, 125, 125, 110, 125, 105, 130, 140, 110, 110, 130, 125, 105, 120, 110, 130, 105, 115, 140, 105, 125, 130, 110, 120, 130
FXP0051	4	7	120, 100, 130, 130, 130, 105, 125
FXP0052	8	25	120, 120, 115, 125, 135, 125, 100, 150, 100, 110, 125, 115, 120, 115, 110, 135, 110, 145, 105, 125, 95, 140, 115, 120, 125
FXP0055	8	25	120, 125, 115, 120, 150, 115, 95, 125, 130, 105, 115, 115, 130, 125, 100, 135, 115, 100, 145, 100, 130, 130, 110, 120, 130

由表 7 - 2 可知盘星藻细胞膜间的平均夹角为 120°.分析后得到这 361 个数据的分布情况,如图 7 - 31 所示.

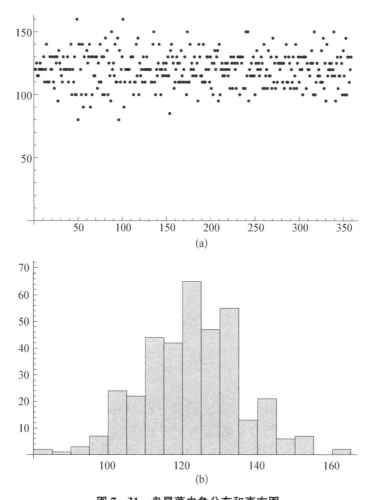

图 7-31 盘星藻内角分布和直方图

（a）盘星藻内角数据分布情况；（b）盘星藻内角数据直方图

第 8 章
带权泡泡模型

在第 7 章里已经对细胞的泡泡模型进行了理论分析、数值模拟和实验数据分析.近来的文献在研究其他类型的细胞(比如果蝇小眼的视锥细胞)时,就发现一种现象,即细胞的不同边界上的张力和黏性是有所差别的,具体体现在内部的 C -细胞[视锥细胞(cone cell)]之间和 C -细胞与外面的 P -细胞[色素细胞(pigment cell)]之间由于钙黏性蛋白的差异导致张力差异,直接的影响就是导致交接点处外边界之间的夹角与内外边界之间的夹角有所差异.本章将对这方面进行探索,特别探讨了不同张力对夹角差异的直接影响的数学描述.

8.1 背景介绍

本章将以三种绿藻细胞为出发点进行讨论.研究绿藻的重要意义之一在于绿藻被公认为是陆生植物(有胚植物)的近亲植物.Karol 等[96] 指出,陆生植物长期被认为与绿藻是近亲,尽管这种关系以及陆生植物的起源还有待进一步厘清.细胞生长模型也会因为绿藻的种类差别而有所差异,例如鞘毛藻和盘星藻的生长模式就不同,参见参考文献[97]至[98]及[112]至[114]以及本书前面的章节.鞘毛藻扁平体细胞是逐渐向外生长和不断分裂形成一个盘状细胞盘,外层细胞达到一个固定值的时候细胞开始分裂成新的两个细胞,这条分裂线的位置选择是遵循"分裂线长度最短原则"(或称 Errera 分裂律)的,参见 Wesley 较早期的成果[115].

区别于鞘毛藻不断伴随着分裂的生长,盘星藻则是从母体分裂出来之后便确定了形状,即细胞之间的排列方式已经确定,剩下的只是整个细胞逐渐生长而已,生长过程中不再发生细胞分裂[114-115].另一种绿藻——四星藻的生长情况类似于盘星藻,可参见 Ahlstrom 和 Tiffany 于 1934 年的成果[121] 及 Krienitz 和 Wachsmuth 近期的研究工作[126].

同样存在差别的是,鞘毛藻的分裂机理分析有了不少模型[98, 102, 104, 117-118],

而盘星藻的细胞成形机制则有待深入探索.与鞘毛藻有很大的不同,盘星藻看起来采取的是一种更为"优化"的方式,它区别于鞘毛藻的细胞增长方式是随着细胞不断向外扩张而选择在生长过程中进行固定规则的分裂,即分裂线最短.也就是说,盘星藻细胞(组)每个细胞的排列方式在从母体分裂出来成为孢子的时候就已经确定,后续不存在细胞在生长过程中的分裂问题.当它从孢子生长成为一个完全成熟的细胞(组)的时候,才会重复前面的过程,即产生新的孢子,再循环.这种生成繁殖模式提示我们可以参考泡泡模型来建立细胞模型.

第 7 章已经就泡泡模型引入分析盘星藻细胞群组成形分析的例子.对泡泡理论本身的研究参见 Morgan 的书籍[6],也可以参看一些参考文献,例如 Foisy 等[106]、Cox 等[107]以及 Wichiramala[108]等学者的研究工作.

在分析果蝇复眼小眼细胞成形机理的时候,Hayashi 和 Carthew[119]就采用了泡泡模型.后来,Käfer 等[120]认为细胞内膜的钙黏性蛋白作用差异会直接影响细胞的形状.

为方便理解本章内容,也可参见参考文献[111].

这里分析了参考文献[121]、[122]以及[123]等的实验数据,为后续的讨论奠定部分基础.

表 8-1　果蝇、盘星藻和四星藻细胞外角分布的均值、均方差和峰度

物　　种	均　　值	均方差	峰　　度	偏　　度
果　蝇	147.73	9.054	−0.274	−0.096
盘星藻	109.13	24.060	0.587	−0.554
四星藻	98.67	19.115	−0.589	0.086 5

分析发现,一个典型的现象是,盘星藻、四星藻以及果蝇这三种细胞的外边界之间的夹角(外角)与标准泡泡模型的描述有差距.这在果蝇小眼模型中可以认为是由两种钙黏性蛋白,即 E-钙黏性蛋白和 N-钙黏性蛋白之间的差异引起的(具体的分析参见 8.6 节).

三种细胞的数据分布如图 8-1 所示,由图 8-1 可以看出这三种细胞的集中度差别,尽管一个共有的特征是它们都服从正态分布,但是果蝇的集中度较高,而四星藻的数据显得较为分散.它们的均值、标准差和峰度值如表 8-1 所示.当然,细胞的鞭毛等因素会对外边界夹角造成影响,这一点从图 8-1 也可以看出.

本章将采用变分方法分析细胞膜(边界线)张力和黏性对外边界夹角大小的直接影响,并以方程表示出夹角大小与张力和黏性之间的关系.

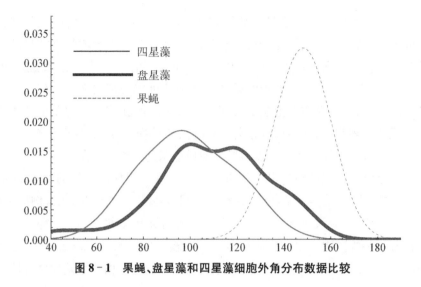

图 8 - 1　果蝇、盘星藻和四星藻细胞外角分布数据比较

8.2　带权细胞膜的泡泡细胞模型

"**共享原则**"假设：两个相邻的细胞将最大可能地共享一段边界，使得在它们的面积固定的条件下两个细胞的总边界长度（周长）最小，其中重复段仅计算一次长度.

显然，两个同心圆围成的细胞模型满足"共享原则"，如图 8 - 2 所示为两种满足"共享原则"的细胞模型.计算出总长度 l_c 比标准的泡泡模型总周长 l_b 更长.实际上，

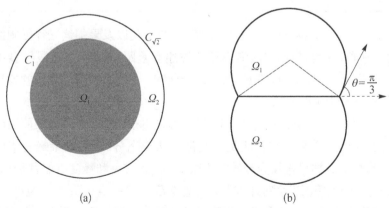

(a)　　　　　　　　　　　(b)

图 8 - 2　两种满足"共享原则"的细胞模型

（a）同心圆模型；（b）标准的泡泡模型

$$\frac{l_c}{l_b} = \frac{3(1+\sqrt{2})\sqrt{\pi(3\sqrt{3}+8\pi)}}{9+8\sqrt{3}\pi} \approx 1.345\,81$$

在下面的讨论过程中略去同心圆模型,以泡泡模型为参照进行研究.为方便称呼,后文将称细胞的外边界膜为"(外)边界",称细胞之间的细胞膜为"内膜".

在研究果蝇小眼细胞的过程中,Käfer 等[120]指出,细胞黏附力和细胞膜收缩力决定了细胞的形状.这里将深入讨论这两个因素的确切影响.在细胞成形分析中,认为细胞边界和内膜之间张力和黏性的差异将直接影响到外角角度的大小,因为这两种细胞膜所处的环境有很大差异.

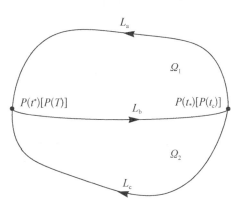

为简单起见,仅仅以双细胞为例进行讨论.

考虑两个细胞 Ω_1 和 Ω_2 组成的细胞群落(组),仍然使用 $|\Omega|$ 表示区域 Ω 的面积,如图 8-3 所示,分别记两条

图 8-3 总长度固定的双细胞泡泡模型

边界为 L_a 和 L_c,其外边界为 $L_a \bigcup L_c$,则有

$$L_a: \begin{cases} x = \varphi(t) \\ y = \psi(t) \end{cases}, t \in [0, t_*], L_c: \begin{cases} x = p(t) \\ y = q(t) \end{cases}, t \in [t_c, T] \quad (8-1)$$

内膜

$$L_b: \begin{cases} x = f(t) \\ y = g(t) \end{cases}, t \in [t_*, t_c] \quad (8-2)$$

具体地,以上细胞 Ω_1 为例,其边界(包括内膜)满足

$$L_a \bigcup L_b: P(0) = P\mid_{t=0} = P(t_*) = P\mid_{t=t_*} \xrightarrow{L_a} P(t^*)$$

$$= P\mid_{t=t^*} \xrightarrow{L_b} P(t_c) = P\mid_{t=t_c} \quad (8-3)$$

下细胞 Ω_2 的边界和内膜满足

$$L_b \bigcup L_c: P(t^*) = P\mid_{t=t^*} \xrightarrow{L_b} P(t_c) = P\mid_{t=t_c} \xrightarrow{L_c} P(T) = P\mid_{t=T}$$

$$(8-4)$$

这里,外边界的两个交接点记为

$$P(t^*) = P(T), \ P(t_*) = P(t_c)(=(0,\ 0)) \tag{8-5}$$

边界和膜的总长度

$$T = t_* + (t^* - t_*) + (t_c - t^*) + (T - t_c),\ t_* = 0$$

其中分段曲线长度分别为

$$|\ L_a\ | = t^* - t_*,\ |\ L_b\ | = t_c - t^*,\ |\ L_c\ | = T - t_c \tag{8-6}$$

8.2.1   模型方程

基于前述分析构造带有约束条件的目标函数,即拉格朗日泛函

$$J = \lambda_1 \big[(t^* - t_*) + (T - t_c) \big] + \lambda_2 (t_c - t^*) + \lambda_3 \big[(|\ \Omega_1\ | - A_{01})^2 + (|\ \Omega_2\ | - A_{02})^2 \big] \tag{8-7}$$

式中,A_{01} 和 A_{02} 为两个细胞(区域)Ω_1 和 Ω_2 的理想面积(目标面积).这里要寻找出一组曲线 $L_a \bigcup L_b \bigcup L_c$,使得面积差 $\big[(|\ \Omega_1\ | - A_{01})^2 + (|\ \Omega_2\ | - A_{02})^2 \big]$ 在边界和膜长的总长度 T 固定的条件下达到最小.参数 λ_1 和 λ_2 表达的是内膜和外边界在张力和黏性上的差别.

令式(8-7)除以 λ_3,得到一个简化版的目标函数

$$
\begin{aligned}
J &= J(\lambda,\ \mu;\ \varphi,\ \psi,\ f,\ g,\ p,\ q) \\
&= \lambda(t^* + T - t_c) + \mu(t_c - t^*) + (|\ \Omega_1\ | - A_{01})^2 + (|\ \Omega_2\ | - A_{02})^2 \\
&= \lambda \left\{ \int_0^{t^*} \sqrt{\varphi'^2(t) + \psi'^2(t)}\, \mathrm{d}t + \int_{t_c}^{T} \sqrt{p'^2(t) + q'^2(t)}\, \mathrm{d}t \right\} + \mu \int_{t^*}^{t_c} \sqrt{f'^2(t) + g'^2(t)}\, \mathrm{d}t \\
&\quad + \left\{ \frac{1}{2} \Big[\int_0^{t^*} [\varphi(t)\psi'(t) - \varphi'(t)\psi(t)]\mathrm{d}t + \int_{t^*}^{t_c} [f(t)g'(t) - f'(t)g(t)]\mathrm{d}t \Big] - A_{01} \right\}^2 \\
&\quad + \left\{ \frac{1}{2} \Big[\int_{t^*}^{t_c} [f'(t)g(t) - f(t)g'(t)]\mathrm{d}t + \int_{t_c}^{T} [p'(t)q(t) - p(t)q'(t)]\mathrm{d}t \Big] - A_{02} \right\}^2 .
\end{aligned}
\tag{8-8}
$$

式中,$\lambda = \lambda_1 / \lambda_3$,$\mu = \lambda_2 / \lambda_3$.常数 λ / μ 为边界和内膜之间的黏性张力比.通过交接点条件式(8-5),可以得出

$$P(t^*) = P(T): \begin{cases} \varphi(t^*) = f(t^*) = p(T) \\ \psi(t^*) = g(t^*) = q(T) \end{cases} \tag{8-9}$$

和

$$P(t_*) = P(t_c) = (0, 0) : \begin{cases} \varphi(0) = f(t_c) = p(t_c) = 0 \\ \psi(0) = g(t_c) = q(t_c) = 0 \end{cases} \tag{8-10}$$

引入摄动函数和其相应的边界交接点条件

$$\begin{cases} L_a: (\varphi_1(t), \psi_1(t)), \ t \in [0, t_*] \\ L_b: (f_1(t), g_1(t)), \ t \in [t^*, t_c] \\ L_c: (p_1(t), q_1(t)), \ t \in [t_c, T] \end{cases} \tag{8-11}$$

及

$$\begin{cases} P(0) = P(t_c): (\varphi_1(0), \psi_1(0)) = (f_1(t_c), g_1(t_c)) = (p_1(t_c), q_1(t_c)) = (0, 0) \\ P(t^*) = P(T): (\varphi_1(t^*), \psi_1(t^*)) = (f_1(t^*), g_1(t^*)) = (p_1(T), q_1(T)) \end{cases}$$
$$\tag{8-12}$$

这样,拉格朗日函数变为

$$J(\varepsilon) = J(\lambda, \mu, \varphi + \varepsilon\varphi_1, \psi + \varepsilon\psi_1, f + \varepsilon f_1, g + \varepsilon g_1, p + \varepsilon p_1, q + \varepsilon q_1) \tag{8-13}$$

这里需要注意的是,式(8-13)和(8—8)中的参数 t^* 和 t_c 都依赖于摄动变量 ε.

通过分析泛函(拉格朗日函数)的临界点 $\varepsilon = 0$ 处的情况(参见 8.5 节的分析和推导),有

$$\frac{\mathrm{d}}{\mathrm{d}\varepsilon} J(\varepsilon) \mid_{\varepsilon=0} = 0$$

此时导出三条曲线满足的方程为

$$\begin{cases} \lambda \dfrac{\mathrm{d}}{\mathrm{d}t} \dfrac{\{\varphi', \psi'\}}{\sqrt{\varphi'^2 + \psi'^2}} = C(A_{01})\{\psi', -\varphi'\}, \ t \in (0, t^*) \\[3mm] \mu \dfrac{\mathrm{d}}{\mathrm{d}t} \dfrac{\{f', g'\}}{\sqrt{f'^2 + g'^2}} = [C(A_{01}) + C(A_{02})]\{g', -f'\}, \ t \in (t^*, t_c) \\[3mm] \lambda \dfrac{\mathrm{d}}{\mathrm{d}t} \dfrac{\{p', q'\}}{\sqrt{p'^2 + q'^2}} = C(A_{02})\{q', -p'\}, \ t \in (t_c, T) \end{cases}$$
$$\tag{8-14}$$

式中

$$C(A_{01}) = \int_0^{t^*(0)} [\varphi(t)\psi'(t) - \varphi'(t)\psi(t)] dt$$

$$+ \int_{t^*(0)}^{t_c(0)} [f(t)g'(t) - f'(t)g(t)] dt - 2A_{01} \qquad (8-15)$$

$$C(A_{02}) = \int_{t^*(0)}^{t_c(0)} [f'(t)g(t) - f(t)g'(t)] dt$$

$$+ \int_{t_c(0)}^{T} [p'(t)q(t) - p(t)q'(t)] dt - 2A_{02} \qquad (8-16)$$

8.2.2　交接点的边界条件

现在看交接点 $P(t_*) = P(t_c) = (0, 0)$ 和 $P(t^*) = P(T)$ 处. 可以推导出式 (8-14) 的交接点连接条件为

$$0 = \{\varphi_1(0), \psi_1(0)\} \cdot \left[\frac{-\lambda\{\varphi'(0), \psi'(0)\}}{\sqrt{\varphi'^2(0) + \psi'^2(0)}} + \frac{\mu\{f'[t_c(0)], g'[t_c(0)]\}}{\sqrt{f'^2[t_c(0)] + g'^2[t_c(0)]}} \right.$$

$$\left. + \frac{-\lambda\{p'[t_c(0)], q'[t_c(0)]\}}{\sqrt{p'^2[t_c(0)] + q'^2[t_c(0)]}} \right]$$

$$+ \{p_1(T), q_1(T)\} \cdot \left[\frac{\lambda\{\varphi'[t^*(0)], \psi'[t^*(0)]\}}{\sqrt{\varphi'^2[t^*(0)] + \psi'^2[t^*(0)]}} \right.$$

$$\left. - \frac{\mu\{f'[t^*(0)], g'[t^*(0)]\}}{\sqrt{f'^2[t^*(0)] + g'^2[t^*(0)]}} + \frac{\lambda\{p'(T), q'(T)\}}{\sqrt{p'^2(T) + q'^2(T)}} \right] \qquad (8-17)$$

定义如下单位向量(见图 8-4):

$$\begin{cases} \boldsymbol{T}_{01} = \dfrac{\{\varphi'(0), \psi'(0)\}}{\sqrt{\varphi'^2(0) + \psi'^2(0)}}, \ \boldsymbol{T}_{11} = \dfrac{\{\varphi'[t^*(0)], \psi'[t^*(0)]\}}{\sqrt{\varphi'^2[t^*(0)] + \psi'^2[t^*(0)]}}, \\[3mm] \boldsymbol{T}_{02} = \dfrac{\{f'[t_c(0)], g'[t_c(0)]\}}{\sqrt{f'^2[t_c(0)] + g'^2[t_c(0)]}}, \ \boldsymbol{T}_{12} = \dfrac{\{f'[t^*(0)], g'[t^*(0)]\}}{\sqrt{f'^2[t^*(0)] + g'^2[t^*(0)]}}, \\[3mm] \boldsymbol{T}_{03} = \dfrac{\{p'[t_c(0)], q'[t_c(0)]\}}{\sqrt{p'^2[t_c(0)] + q'^2[t_c(0)]}}, \ \boldsymbol{T}_{13} = \dfrac{\{p'(T), q'(T)\}}{\sqrt{p'^2(T) + q'^2(T)}} \end{cases}$$

$$(8-18)$$

再结合向量 $\{\varphi_1(0), \psi_1(0)\}$ 和 $\{p_1(T), q_1(T)\}$ 的任意性, 式(8-17)形式变为

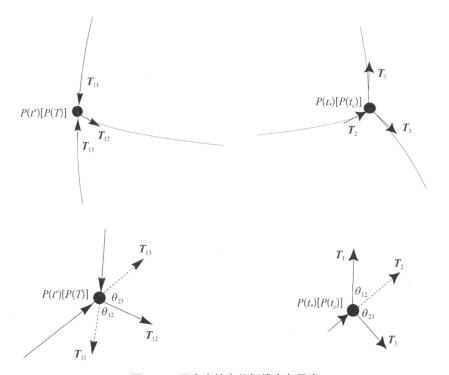

图 8－4　两个交接点处切线方向示意

$$\begin{cases} -\lambda \, \boldsymbol{T}_{01} + \mu \, \boldsymbol{T}_{02} - \lambda \, \boldsymbol{T}_{03} = 0 \\ \lambda \, \boldsymbol{T}_{11} - \mu \, \boldsymbol{T}_{12} + \lambda \, \boldsymbol{T}_{13} = 0 \end{cases} \tag{8-19}$$

因此,从式(8-19)得到

$$\begin{cases} \cos \theta_{12} = \cos \theta_{23} = \langle \boldsymbol{T}_{01}, \boldsymbol{T}_{02} \rangle = \langle \boldsymbol{T}_{11}, \boldsymbol{T}_{12} \rangle = \langle \boldsymbol{T}_{02}, \boldsymbol{T}_{03} \rangle \\ \qquad = \langle \boldsymbol{T}_{12}, \boldsymbol{T}_{13} \rangle = \dfrac{\mu}{2\lambda} \\ \cos \theta_{13} = \langle \boldsymbol{T}_{01}, \boldsymbol{T}_{03} \rangle = \langle \boldsymbol{T}_{11}, \boldsymbol{T}_{13} \rangle = -1 + \dfrac{\mu^2}{2\lambda^2} \end{cases} \tag{8-20}$$

式中,$\langle \boldsymbol{T}_1, \boldsymbol{T}_2 \rangle$ 为向量 $\boldsymbol{T}_1$ 和 $\boldsymbol{T}_2$ 的内积. θ_{ij} 则表示向量 $\boldsymbol{T}_{li}$、$\boldsymbol{T}_{lj}$($i, j = 1, 2, 3, l = 0, 1$)之间的夹角.

简单总结前面的分析,得到如下定理:

定理 8.1　一组由双细胞排列组成的细胞群,双细胞的内外单位长度上的张力黏性权重系数分别为 μ 和 λ,则这个细胞群构成一个带权的泡泡模型,其边界分别满足

$$\begin{cases} \text{外边界 } L_{o1}: \lambda \dfrac{\mathrm{d}}{\mathrm{d}t} \dfrac{\{\varphi', \psi'\}}{\sqrt{\varphi'^2 + \psi'^2}} = \kappa_1 \{\psi', -\varphi'\}, \ t \in (0, t^*) \\[3mm] \text{内膜 } L_{iw}: \mu \dfrac{\mathrm{d}}{\mathrm{d}t} \dfrac{\{f', g'\}}{\sqrt{f'^2 + g'^2}} = (\kappa_1 + \kappa_2)\{g', -f'\}, \ t \in (t^*, t_c) \\[3mm] \text{外边界 } L_{o2}: \lambda \dfrac{\mathrm{d}}{\mathrm{d}t} \dfrac{\{p', q'\}}{\sqrt{p'^2 + q'^2}} = \kappa_2 \{q', -p'\}, \ t \in (t_c, T) \end{cases}$$

$$(8-21)$$

在与内膜的交接点处,内膜 L_{iw} 与两条外边界 L_{o1} 和 L_{o2} 的夹角 2θ 满足

$$\cos \theta = \frac{\mu}{2\lambda}$$

式(8-20)中常数 λ 和 μ 决定了在 $P(0) = P(t_c)$ 点处出发的切向量 $\boldsymbol{T}_{01}$ 和 $\boldsymbol{T}_{03}$ 之间的夹角 θ_{13} 是一个锐角,而向量 $\boldsymbol{T}_{01}$ 则与到达点 $P(t_c)$ 的切向量成一个钝角 θ_{02}. 两条外边界与内膜之间有相同的夹角,即内膜在两条外边界夹角的平分线上,$\theta_{13} = 2\theta_{12} = 2\theta_{23}$ (见图 8-4).

特别地,当 $\lambda = \mu$ 时,式(8-20)表示在交接点处的两两曲线之间夹角都是 $2\pi/3$,如图 8-5 所示.

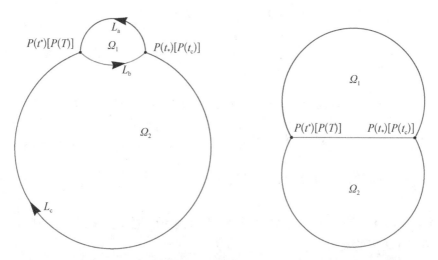

图 8-5　权重 $\lambda = \mu$ 时决定的细胞边界夹角情况(交接点处各条切线之间的夹角相等)和两个面积相等的泡泡细胞模型

关于参数 $\lambda = \mu$,参见式(8-7)和(8-8)的物理意义,可以通过果蝇小眼的 C-细胞和 P-细胞之间的关系来描述,也可参见文献[120]和文献[124].记 C-C

细胞之间的张力系数(内膜)为 μ,小于 C-P 细胞之间的张力系数(外边界上)λ,即 $\mu \ll \lambda$,其中,前者是两种蛋白(即 E 和 N-钙黏性蛋白)作用的效果,后者则仅是由 E-钙黏性蛋白作用产生的效果.此时夹角 $\theta = \theta_{12} = \arccos \dfrac{\mu}{2\lambda} \to \pi/2$. 就是说当 $\mu \to 0+$ 时,两条外边界之间的夹角趋于 π;反之,当 $\mu \to 2\lambda$(即单调增加到 2λ)时,θ 趋于 0.

8.3 数值模拟

如图 8-6 所示为在双泡泡模型中,张力差异对图像形状的影响.从左到右表示内膜黏性张力逐渐增大.

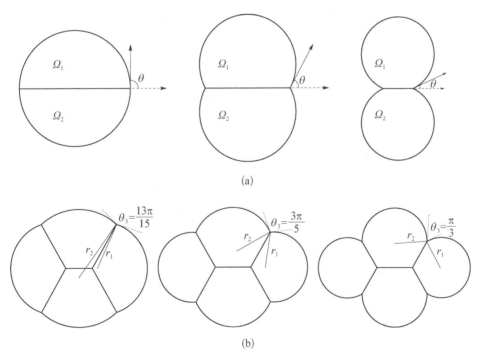

(a)

(b)

图 8-6 张力对细胞模型形状的影响,从左到右张力逐渐增大(黏性逐渐减小)

(a)双泡泡细胞模型;(b)四泡泡细胞模型

在模拟四细胞模型时,假设每个细胞的面积相等,都为 π,利用对称性记右细胞和上细胞的半径分别为 r_1 和 r_2. 再有

$$\Phi_1(\theta) := \sqrt{5\pi - 6\theta + 4\sqrt{3}\cos\theta\,\sin\left(\frac{\pi}{6} + \theta\right)}$$

$$\Phi_2(\theta) := (2\pi - 3\theta)\sec^2(\pi/6 - \theta) + 3\tan\left(\frac{\pi}{6} - \theta\right)$$

$$\Phi_2(\theta) := (2\pi - 3\theta)\sec^2(\pi/6 - \theta) + 3\tan\left(\frac{\pi}{6} - \theta\right)$$

$$\Phi_3(\theta) := \frac{3\left[3\sqrt{3}\cos\theta + 2(5\pi - 6\theta)\cos(\pi/3 + \theta) + \sqrt{3}\cos(3\theta) + 12\cos^2\theta\,\sin\theta\right]}{2\sin(\pi/3 + \theta)}$$

$$\Phi(\theta) := \frac{1}{\Phi_1(\theta)}\sqrt{\Phi_3(\theta) + (2\pi - 3\theta)\left[\Phi_1^2(\theta) + 2\sqrt{3}\sin^2\left(\frac{\pi}{6} + \theta\right)\right]\sec^2\left(\frac{\pi}{6} - \theta\right)}$$

$$s(\theta) := \frac{\sqrt{\pi}}{\Phi_1(\theta)\Phi_2(\theta)}\left[\left(\sqrt{2}(3\theta - 2\pi)\sec^2\left(\frac{\pi}{6} - \theta\right) - 3\sqrt{6}\right)\sin\left(\frac{\pi}{6} + \theta\right)\right.$$

$$\left. + \sqrt{3}\Phi_1(\theta)\Phi(\theta) - 3\sqrt{2}\times\sin\left(\frac{\pi}{6} + \theta\right)\tan\left(\frac{\pi}{6} - \theta\right)\right]$$

$$\theta_s(\theta) := \pi/2 - \theta$$

$$r_1(\theta) := \frac{\sqrt{6\pi}}{\sqrt{5\pi - 6\theta + 4\sqrt{3}\cos\theta \cdot \sin(\pi/6 + \theta)}}$$

$$\theta_1(\theta) := 2(5\pi/6 - \theta)\,(右细胞的圆心角)$$

$$x_1(\theta) := s(\theta) + \frac{2\sqrt{2\pi}\cos\theta}{\sqrt{5\pi - 6\theta + 4\sqrt{3}\cos\theta \cdot \sin(\pi/6 + \theta)}}$$

$$\rho(\theta) := \frac{2r_1(\theta)}{\sqrt{3}}\sin\left[2\pi/3 - \theta_s(\theta)\right]$$

故右细胞的面积

$$S_r = \frac{1}{2}r_1^2 \cdot 2(\theta_s + \pi/3) + 2 \cdot \frac{1}{2}\rho\sin\frac{\pi}{3} \cdot (x_1 - s)$$

其圆心为 $(x_1(\theta), 0)$. 上细胞的面积

$$S_u = \frac{1}{2}r_2^2\theta_2 + 2 \cdot \frac{1}{2}\left(y_2 + \rho\sin\frac{\pi}{3}\right)\left(s + \rho\sin\frac{\pi}{3}\right) - 2 \cdot \frac{1}{2}\rho\cos\frac{\pi}{3}\sin\frac{\pi}{3}$$

其圆心为 $(0, y_2(\theta))$. 这里

$$y_2(\theta) = \frac{\sqrt{3\pi}}{\Phi_1(\theta)\Phi_2(\theta)}\left[\sqrt{2}(2\pi - 3\theta)\sec^2\left(\frac{\pi}{6} - \theta\right)\sin\left(\frac{\pi}{6} + \theta\right) + \Phi_1(\theta)\Phi(\theta)\tan\left(\frac{\pi}{6} - \theta\right)\right]$$

$$\theta_2(\theta) = 4\pi/3 - 2\theta \ (\text{上细胞的圆心角})$$

$$r_2(\theta) = \frac{\sqrt{3\pi}\sec\left(\dfrac{\pi}{6}-\theta\right)\left[\Phi_1(\theta)\Phi(\theta) - 3\sqrt{2}\sin\left(\dfrac{\pi}{6}+\theta\right)\right]}{\Phi_1(\theta)\left[(2\pi-3\theta)\sec^2\left(\dfrac{\pi}{6}-\theta\right) + 3\tan\left(\dfrac{\pi}{6}-\theta\right)\right]}$$

短棘盘星藻或者四星藻细胞内膜和外边界之间的差异与果蝇小眼细胞有类似现象,当然,这里也要注意鞭毛对形状的影响.

值得说明的是,作为一种极端(即极限)情况,鞘毛藻细胞的分裂可以视为 $\lambda \gg \mu$,即从一个细胞分裂成两个细胞,参见文献[98]和[102].一个面积为 4π 的圆盘通过两条相互垂直的直径分裂成四个细胞,全部边长(含内膜)总长

$$l_d = 8 + 4\pi \approx 20.566\ 4$$

较四泡泡模型的总周长

$$l_{\text{total}} = \frac{18(\sqrt{3}-3)\pi + 8\sqrt{3}\pi^2 + (2\pi+3)\sqrt{6\pi(4\pi-3\sqrt{3})} - 108}{6\pi - 9\sqrt{3}} \approx 20.384$$

更长.这里

$$r_2 = \frac{9 - \sqrt{3(8\pi^2 - 6\sqrt{3}\pi)}}{3\sqrt{3} - 2\pi} \approx 2.563\ 55$$

8.4　结果分析

这里在讨论双泡泡的基础上,引入了带权泡泡模型来分析细胞成形机理. Hayashi 和 Carthew[119] 曾引入泡泡模型分析细胞模型,但是没有考虑细胞内膜与外边界在张力黏性上的差别.四个以及上泡泡模型的理论分析仍有待解决[6],带权的这类问题更是如此.

这里对带权模型进行分析,结合已有文献,例如 Chan 等[123] 的实验数据予以对照.通过对文献[123]数据的分析,发现其中外边界夹角的均值为 $147.73°$,Hilgenfeldt 等[125] 的数据分析结果表明均值介于区间 $(130°-9°, 130°+9°)$,其模拟结果为 $128°$.

具体的数据分析,即关于果蝇、盘星藻和四星藻等细胞的统计分析,数据的分布情况参见 8.6 节.

　　这里所采用的方法还可以用来讨论其他绿藻以及其他细胞的成形分析.

8.5　模型的导出

　　回看带权泡泡模型的推导,即式(8-14)和其边界条件式(8-17).将式(8-11)代入拉格朗日泛函式(8-13),得到

$$J(\varepsilon)$$
$$= J(\lambda,\ \mu;\ \varphi+\varepsilon\varphi_1,\ \psi+\varepsilon\psi_1,\ f+\varepsilon f_1,\ g+\varepsilon g_1,\ p+\varepsilon p_1,\ q+\varepsilon q_1)$$
$$= \lambda\left\{\left[\int_0^{t^*(\varepsilon)}\sqrt{[\varphi'(t)+\varepsilon\varphi_1'(t)]^2+[\psi'(t)+\varepsilon\psi_1'(t)]^2}\,\mathrm{d}t+\right.\right.$$
$$\int_{t_c(\varepsilon)}^{T}\sqrt{[p'(t)+\varepsilon p_1'(t)]^2+[q'(t)+\varepsilon q_1'(t)]^2}\,\mathrm{d}t\Bigg\}+$$
$$\mu\int_{t^*(\varepsilon)}^{t_c(\varepsilon)}\sqrt{[f'(t)+\varepsilon f_1'(t)]^2+[g'(t)+\varepsilon g_1'(t)]^2}\,\mathrm{d}t+$$
$$\left\{\frac{1}{2}\left[\int_0^{t^*(\varepsilon)}([\varphi(t)+\varepsilon\varphi_1(t)][\psi'(t)+\varepsilon\psi_1'(t)]-[\varphi'(t)+\varepsilon\varphi_1'(t)][\psi(t)+\varepsilon\psi_1(t)])\mathrm{d}t+\right.\right.$$
$$\left.\int_{t^*(\varepsilon)}^{t_c(\varepsilon)}([f(t)+\varepsilon f_1(t)][g'(t)+\varepsilon g_1'(t)]-[f'(t)+\varepsilon f_1'(t)][g(t)+\varepsilon g_1(t)])\mathrm{d}t\right]-A_{01}\Bigg\}+$$
$$\left\{\frac{1}{2}\left[\int_{t^*(\varepsilon)}^{t_c(\varepsilon)}([f'(t)+\varepsilon f_1'(t)][g(t)+\varepsilon g_1(t)]-[f(t)+\varepsilon f_1(t)][g'(t)+\varepsilon g_1'(t)])\mathrm{d}t+\right.\right.$$
$$\left.\int_{t_c(\varepsilon)}^{T}([p'(t)+\varepsilon p_1'(t)][q(t)+\varepsilon q_1(t)]-[p(t)+\varepsilon p_1(t)][q'(t)+\varepsilon q_1'(t)])\mathrm{d}t\right]-A_{02}\Bigg\}^2$$

$$(8-22)$$

泛函 J 关于摄动变量 ε 的导数

$$\frac{\mathrm{d}}{\mathrm{d}\varepsilon}J(\varepsilon)$$
$$= \lambda\left\{\int_0^{t^*(\varepsilon)}\frac{2[(\varphi'+\varepsilon\varphi_1')\varphi_1'+(\psi'+\varepsilon\psi_1')\psi_1']}{2\sqrt{(\varphi'+\varepsilon\varphi_1')^2+(\psi'+\varepsilon\psi_1')^2}}\mathrm{d}t+\right.$$
$$\sqrt{(\varphi'+\varepsilon\varphi_1')^2+(\psi'+\varepsilon\psi_1')^2}\ \bigg|_{t=t^*(\varepsilon)}\cdot\frac{\mathrm{d}t^*(\varepsilon)}{\mathrm{d}\varepsilon}+$$
$$\int_{t_c(\varepsilon)}^{T}\frac{2[(p'+\varepsilon p_1')p_1'+(q'+\varepsilon q_1')q_1']}{2\sqrt{(p'+\varepsilon p_1')^2+(q'+\varepsilon q_1')^2}}\mathrm{d}t-$$
$$\left.\sqrt{(p'+\varepsilon p_1')^2+(q'+\varepsilon q_1')^2}\ \bigg|_{t=t_c(\varepsilon)}\cdot\frac{\mathrm{d}t_c(\varepsilon)}{\mathrm{d}\varepsilon}\right\}+$$

$$\mu\left\{\int_{t^*(\varepsilon)}^{t_c(\varepsilon)}\frac{2[(f'+\varepsilon f_1')f_1'+(g'+\varepsilon g_1')g_1']}{2\sqrt{(f'+\varepsilon f_1')^2+(g'+\varepsilon g_1')^2}}dt+\right.$$

$$\sqrt{(f'+\varepsilon f_1')^2+(g'+\varepsilon g_1')^2}\bigg|_{t=t_c(\varepsilon)}\cdot\frac{dt_c(\varepsilon)}{d\varepsilon}-$$

$$\left.\sqrt{(f'+\varepsilon f_1')^2+(g'+\varepsilon g_1')^2}\bigg|_{t=t^*(\varepsilon)}\cdot\frac{dt^*(\varepsilon)}{d\varepsilon}\right\}+$$

$$\left\{\int_0^{t^*(\varepsilon)}([\varphi(t)+\varepsilon\varphi_1(t)][\psi'(t)+\varepsilon\psi_1'(t)]-[\varphi'(t)+\varepsilon\varphi_1'(t)][\psi(t)+\varepsilon\psi_1(t)])dt+\right.$$

$$\left.\int_{t^*(\varepsilon)}^{t_c(\varepsilon)}([f(t)+\varepsilon f_1(t)][g'(t)+\varepsilon g_1'(t)]-[f'(t)+\varepsilon f_1'(t)][g(t)+\varepsilon g_1(t)])dt-2A_{01}\right\}\cdot$$

$$\frac{1}{2}\left\{\int_0^{t^*(\varepsilon)}[\varphi\psi_1'+\varphi_1\psi'+2\varepsilon\varphi_1\psi_1'-\varphi'\psi_1-\varphi_1'\psi(t)-2\varepsilon\varphi_1'\psi_1]dt+\right.$$

$$\int_{t^*(\varepsilon)}^{t_c(\varepsilon)}(fg_1'+f_1g'+2\varepsilon f_1g_1'-f'g_1-f_1'g-2\varepsilon f_1'g_1)dt+$$

$$[(\varphi+\varepsilon\varphi_1)(\psi'+\varepsilon\psi_1')-(\varphi'+\varepsilon\varphi_1')(\psi+\varepsilon\psi_1)]\bigg|_{t=t^*(\varepsilon)}\cdot\frac{dt^*(\varepsilon)}{d\varepsilon}+$$

$$[(f+\varepsilon f_1)(g'+\varepsilon g_1')-(f'+\varepsilon f_1')(g+\varepsilon g_1)]\bigg|_{t_c(\varepsilon)}\cdot\frac{dt_c(\varepsilon)}{d\varepsilon}-$$

$$\left.[(f+\varepsilon f_1)(g'+\varepsilon g_1')-(f'+\varepsilon f_1')(g+\varepsilon g_1)]\bigg|_{t=t^*(\varepsilon)}\cdot\frac{dt^*(\varepsilon)}{d\varepsilon}\right\}+$$

$$\int_{t^*(\varepsilon)}^{t_c(\varepsilon)}[(f'(t)+\varepsilon f_1'(t)][g(t)+\varepsilon g_1(t)]-[f(t)+\varepsilon f_1(t)][g'(t)+\varepsilon g_1'(t)])dt+$$

$$\int_{t_c(\varepsilon)}^T([p'(t)+\varepsilon p_1'(t)][q(t)+\varepsilon q_1(t)]-[p(t)+\varepsilon p_1(t)][q'(t)+\varepsilon q_1'(t)])dt-$$

$$2A_{02}\cdot\frac{1}{2}\left\{\int_{t^*(\varepsilon)}^{t_c(\varepsilon)}(f'g_1+f_1'g+2\varepsilon f_1'\psi_1-fg_1'-f_1g'-2\varepsilon f_1g_1')dt+\right.$$

$$\int_{t_c(\varepsilon)}^T(p'q_1+p_1'q+2\varepsilon p_1'q-pq_1'-p_1q'-2\varepsilon p_1g_1')dt+$$

$$[(f'+\varepsilon f_1')(g+\varepsilon g_1)-(f+\varepsilon f_1)(g'+\varepsilon g_1')]\bigg|_{t=t_c(\varepsilon)}\cdot\frac{dt_c(\varepsilon)}{d\varepsilon}-$$

$$[(f'+\varepsilon f_1')(g+\varepsilon g_1)-(f+\varepsilon f_1)(g'+\varepsilon g_1')]\bigg|_{t=t^*(\varepsilon)}\cdot\frac{dt^*(\varepsilon)}{d\varepsilon}-$$

$$\left.[(p'+\varepsilon p_1')(q+\varepsilon q_1)-(p+\varepsilon p_1)(q'+\varepsilon q_1')]\bigg|_{t=t_c(\varepsilon)}\cdot\frac{dt_c(\varepsilon)}{d\varepsilon}\right\}$$

在临界点 $\varepsilon=0$ 处

$$\frac{\mathrm{d}}{\mathrm{d}\varepsilon}J(\varepsilon)\Big|_{\varepsilon=0}$$

$$=\lambda\left\{\int_0^{t^*(0)}\frac{\varphi'\varphi_1'+\psi'\psi_1'}{\sqrt{\varphi'^2+\psi'^2}}\mathrm{d}t+\int_{t_c(0)}^T\frac{p'p_1'+q'q_1'}{\sqrt{p'^2+q'^2}}\mathrm{d}t+\right.$$

$$\sqrt{\varphi'^2+\psi'^2}\Big|_{t=t^*(0)}\cdot\frac{\mathrm{d}t^*(\varepsilon)}{\mathrm{d}\varepsilon}\Big|_{\varepsilon=0}-\sqrt{p'^2+q'^2}\Big|_{t=t_c(0)}\cdot\frac{\mathrm{d}t_c(\varepsilon)}{\mathrm{d}\varepsilon}\Big|_{\varepsilon=0}\bigg\}+$$

$$\mu\left\{\int_{t^*(0)}^{t_c(0)}\frac{f'f_1'+g'g_1'}{\sqrt{f'^2+g'^2}}\mathrm{d}t+\sqrt{f'^2+g'^2}\Big|_{t=t_c(0)}\cdot\frac{\mathrm{d}t_c(\varepsilon)}{\mathrm{d}\varepsilon}\Big|_{\varepsilon=0}-\right.$$

$$\sqrt{f'^2+g'^2}\Big|_{t=t^*(0)}\cdot\frac{\mathrm{d}t^*(\varepsilon)}{\mathrm{d}\varepsilon}\Big|_{\varepsilon=0}\bigg\}+$$

$$\left\{\int_0^{t^*(0)}[\varphi(t)\psi'(t)-\varphi'(t)\psi(t)]\mathrm{d}t+\int_{t^*(0)}^{t_c(0)}[f(t)g'(t)-f'(t)g(t)]\mathrm{d}t-2A_{01}\right\}\times$$

$$\frac{1}{2}\left\{\int_0^{t^*(0)}[\varphi\psi_1'+\varphi_1\psi'-\varphi'\psi_1-\varphi_1'\psi(t)]\mathrm{d}t+\right.$$

$$\int_{t^*(0)}^{t_c(0)}(fg_1'+f_1g'-f'g_1-f_1'g)\mathrm{d}t+$$

$$(\varphi\psi'-\varphi'\psi)\Big|_{t=t^*(0)}\cdot\frac{\mathrm{d}t^*(\varepsilon)}{\mathrm{d}\varepsilon}\Big|_{\varepsilon=0}+$$

$$(fg'-f'g)\Big|_{t_c(0)}\cdot\frac{\mathrm{d}t_c(\varepsilon)}{\mathrm{d}\varepsilon}\Big|_{\varepsilon=0}-(fg'-f'g)\Big|_{t=t^*(0)}\cdot\frac{\mathrm{d}t^*(\varepsilon)}{\mathrm{d}\varepsilon}\Big|_{\varepsilon=0}\bigg]+$$

$$\int_{t^*(0)}^{t_c(0)}[f'(t)g(t)-f(t)g'(t)]\mathrm{d}t+\int_{t_c(0)}^T[p'(t)q(t)-p(t)q'(t)]\mathrm{d}t\bigg\}-$$

$$2A_{02}\cdot\frac{1}{2}\left[\int_{t^*(0)}^{t_c(0)}(f'g_1+f_1'g-fg_1'-f_1g')\mathrm{d}t+\int_{t_c(0)}^T(p'q_1+p_1'q-pq_1'-p_1q')\mathrm{d}t+\right.$$

$$(f'g-fg')\Big|_{t=t_c(0)}\cdot\frac{\mathrm{d}t_c(\varepsilon)}{\mathrm{d}\varepsilon}\Big|_{\varepsilon=0}-(f'g-fg')\Big|_{t=t^*(0)}\cdot\frac{\mathrm{d}t^*(\varepsilon)}{\mathrm{d}\varepsilon}\Big|_{\varepsilon=0}-$$

$$(p'q-pq')\Big|_{t=t_c(0)}\cdot\frac{\mathrm{d}t_c(\varepsilon)}{\mathrm{d}\varepsilon}\Big|_{\varepsilon=0}\bigg]$$

进行代数运算,分部积分之后得到

$$\frac{\mathrm{d}}{\mathrm{d}\varepsilon}J(\varepsilon)\Big|_{\varepsilon=0}$$

$$=\lambda\left\{\frac{\varphi'\varphi_1+\psi'\psi_1}{\sqrt{\varphi'^2+\psi'^2}}\Big|_{t=0}^{t=t^*(0)}+\frac{p'p_1+q'q_1}{\sqrt{p'^2+q'^2}}\Big|_{t=t_c(0)}^{t=T}-\right.$$

$$\int_0^{t^*(0)}\{\varphi_1,\psi_1\}\cdot\frac{\mathrm{d}}{\mathrm{d}t}\frac{\{\varphi',\psi'\}}{\sqrt{\varphi'^2+\psi'^2}}\mathrm{d}t-\int_{t_c(0)}^T\{p_1,q_1\}\cdot\frac{\mathrm{d}}{\mathrm{d}t}\frac{\{p',q'\}}{\sqrt{p'^2+q'^2}}\mathrm{d}t+$$

$$\sqrt{\varphi'^2 + \psi'^2}\Big|_{t=t^*(0)} \cdot \frac{\mathrm{d}t^*(\varepsilon)}{\mathrm{d}\varepsilon}\Big|_{\varepsilon=0} - \sqrt{p'^2 + q'^2}\Big|_{t=t_c(0)} \cdot \frac{\mathrm{d}t_c(\varepsilon)}{\mathrm{d}\varepsilon}\Big|_{\varepsilon=0}\Big) +$$

$$\mu\Bigg(\frac{f'f_1 + g'g_1}{\sqrt{f'^2 + g'^2}}\Big|_{t=t^*(0)}^{t=t_c(0)} - \int_{t^*(0)}^{t_c(0)} \{f_1, g_1\} \cdot \frac{\mathrm{d}}{\mathrm{d}t} \frac{\{f', g'\}}{\sqrt{f'^2 + g'^2}}\mathrm{d}t +$$

$$\sqrt{f'^2 + g'^2}\Big|_{t=t_c(0)} \cdot \frac{\mathrm{d}t_c(\varepsilon)}{\mathrm{d}\varepsilon}\Big|_{\varepsilon=0} - \sqrt{f'^2 + g'^2}\Big|_{t=t^*(0)} \cdot \frac{\mathrm{d}t^*(\varepsilon)}{\mathrm{d}\varepsilon}\Big|_{\varepsilon=0}\Bigg) +$$

$$\Bigg\{\int_0^{t^*(0)} [\varphi(t)\psi'(t) - \varphi'(t)\psi(t)]\mathrm{d}t + \int_{t^*(0)}^{t_c(0)} [f(t)g'(t) - f'(t)g(t)]\mathrm{d}t - 2A_{01}\Bigg\} \times$$

$$\frac{1}{2}\Bigg[(\varphi\psi_1 - \varphi_1\psi)\Big|_{t=0}^{t=t^*(0)} + \int_0^{t^*(0)} (2\varphi_1\psi' - 2\varphi'\psi_1)\mathrm{d}t +$$

$$(fg_1 - f_1g)\Big|_{t^*(0)}^{t_c(0)} + \int_{t^*(0)}^{t_c(0)} (2f_1g' - 2f'g_1)\mathrm{d}t +$$

$$(\varphi\psi' - \varphi'\psi)\Big|_{t=t^*(0)} \cdot \frac{\mathrm{d}t^*(\varepsilon)}{\mathrm{d}\varepsilon}\Big|_{\varepsilon=0} + (fg' - f'g)\Big|_{t_c(0)} \cdot \frac{\mathrm{d}t_c(\varepsilon)}{\mathrm{d}\varepsilon}\Big|_{\varepsilon=0} -$$

$$(fg' - f'g)\Big|_{t=t^*(0)} \cdot \frac{\mathrm{d}t^*(\varepsilon)}{\mathrm{d}\varepsilon}\Big|_{\varepsilon=0}\Bigg] +$$

$$\Bigg\{\int_{t^*(0)}^{t_c(0)} [f'(t)g(t) - f(t)g'(t)]\mathrm{d}t + \int_{t_c(0)}^T [p'(t)q(t) - p(t)q'(t)]\mathrm{d}t - 2A_{02}\Bigg\} \times$$

$$\frac{1}{2}\Bigg[(f_1g - fg_1)\Big|_{t^*(0)}^{t_c(0)} - \int_{t^*(0)}^{t_c(0)} (2f'g_1 - 2f_1g')\mathrm{d}t +$$

$$(p_1q - pq_1)\Big|_{t_c(0)}^T - \int_{t_c(0)}^T (2p'q_1 - 2p_1q')\mathrm{d}t +$$

$$(f'g - fg')\Big|_{t=t_c(0)} \cdot \frac{\mathrm{d}t_c(\varepsilon)}{\mathrm{d}\varepsilon}\Big|_{\varepsilon=0} - (f'g - fg')\Big|_{t=t^*(0)} \cdot \frac{\mathrm{d}t^*(\varepsilon)}{\mathrm{d}\varepsilon}\Big|_{\varepsilon=0} -$$

$$(p'q - pq')\Big|_{t=t_c(0)} \cdot \frac{\mathrm{d}t_c(\varepsilon)}{\mathrm{d}\varepsilon}\Big|_{\varepsilon=0}\Bigg]$$

现在分别讨论带有积分的项和在交接点处的边界条件. 首先看积分项

$$0 = \lambda\Bigg(-\int_0^{t^*(0)} \{\varphi_1, \psi_1\} \cdot \frac{\mathrm{d}}{\mathrm{d}t} \frac{\{\varphi', \psi'\}}{\sqrt{\varphi'^2 + \psi'^2}}\mathrm{d}t - \int_{t_c(0)}^T \{p_1, q_1\} \cdot \frac{\mathrm{d}}{\mathrm{d}t} \frac{\{p', q'\}}{\sqrt{p'^2 + q'^2}}\mathrm{d}t\Bigg)$$

$$+ \mu\Bigg(-\int_{t^*(0)}^{t_c(0)} \{f_1, g_1\} \cdot \frac{\mathrm{d}}{\mathrm{d}t} \frac{\{f', g'\}}{\sqrt{f'^2 + g'^2}}\mathrm{d}t\Bigg)$$

$$+ \Bigg\{\int_0^{t^*(0)} [\varphi(t)\psi'(t) - \varphi'(t)\psi(t)]\mathrm{d}t + \int_{t^*(0)}^{t_c(0)} [f(t)g'(t) - f'(t)g(t)]\mathrm{d}t - 2A_{01}\Bigg\}$$

$$\times \frac{1}{2} \Big[\int_0^{t^{*(0)}} (2\varphi_1 \psi' - 2\varphi' \psi_1) \mathrm{d}t + \int_{t^{*(0)}}^{t_c^{(0)}} (2f_1 g' - 2f' g_1) \mathrm{d}t \Big]$$

$$+ \Big\{ \int_{t^{*(0)}}^{t_c^{(0)}} [f'(t)g(t) - f(t)g'(t)] \mathrm{d}t + \int_{t_c^{(0)}}^{T} [p'(t)q(t) - p(t)q'(t)] \mathrm{d}t - 2A_{02} \Big\}$$

$$\times \frac{1}{2} \Big[-\int_{t^{*(0)}}^{t_c^{(0)}} (2f' g_1 - 2f_1 g') \mathrm{d}t - \int_{t_c^{(0)}}^{T} (2p' q_1 - 2p_1 q') \mathrm{d}t \Big] \qquad (8-23)$$

为了表达方便,引入记号

$$C(A_{01}) = \int_0^{t^{*(0)}} [\varphi(t)\psi'(t) - \varphi'(t)\psi(t)] \mathrm{d}t +$$

$$\int_{t^{*(0)}}^{t_c^{(0)}} [f(t)g'(t) - f'(t)g(t)] \mathrm{d}t - 2A_{01} \qquad (8-24)$$

$$C(A_{02}) = \int_{t^{*(0)}}^{t_c^{(0)}} [f'(t)g(t) - f(t)g'(t)] \mathrm{d}t +$$

$$\int_{t_c^{(0)}}^{T} [p'(t)q(t) - p(t)q'(t)] \mathrm{d}t - 2A_{02} \qquad (8-25)$$

这样,式(8-23)中的积分项演化为

$$0 = \lambda \left(-\int_0^{t^{*(0)}} \{\varphi_1, \psi_1\} \cdot \frac{\mathrm{d}}{\mathrm{d}t} \frac{\{\varphi', \psi'\}}{\sqrt{\varphi'^2 + \psi'^2}} \mathrm{d}t - \int_{t_c^{(0)}}^{T} \{p_1, q_1\} \cdot \frac{\mathrm{d}}{\mathrm{d}t} \frac{\{p', q'\}}{\sqrt{p'^2 + q'^2}} \mathrm{d}t \right)$$

$$- \mu \int_{t^{*(0)}}^{t_c^{(0)}} \{f_1, g_1\} \cdot \frac{\mathrm{d}}{\mathrm{d}t} \frac{\{f', g'\}}{\sqrt{f'^2 + g'^2}} \mathrm{d}t$$

$$+ C(A_{01}) \cdot \Big[\int_0^{t^{*(0)}} (\varphi_1 \psi' - \varphi' \psi_1) \mathrm{d}t + \int_{t^{*(0)}}^{t_c^{(0)}} (f_1 g' - f' g_1) \mathrm{d}t \Big]$$

$$+ C(A_{02}) \cdot \Big[-\int_{t^{*(0)}}^{t_c^{(0)}} (f' g_1 - f_1 g') \mathrm{d}t - \int_{t_c^{(0)}}^{T} (p' q_1 - p_1 q') \mathrm{d}t \Big]$$

$$= \int_0^{t^{*(0)}} \{\varphi_1, \psi_1\} \cdot \Big[C(A_{01})\{\psi', -\varphi'\} - \lambda \frac{\mathrm{d}}{\mathrm{d}t} \frac{\{\varphi', \psi'\}}{\sqrt{\varphi'^2 + \psi'^2}} \Big] \mathrm{d}t$$

$$+ \int_{t_c^{(0)}}^{T} \{p_1, q_1\} \cdot \Big[C(A_{02})\{q', -p'\} - \lambda \frac{\mathrm{d}}{\mathrm{d}t} \frac{\{p', q'\}}{\sqrt{p'^2 + q'^2}} \Big] \mathrm{d}t$$

$$+ \int_{t^{*(0)}}^{t_c^{(0)}} \{f_1, g_1\} \cdot \Big\{ [C(A_{01}) + C(A_{02})]\{g', -f'\} - \mu \frac{\mathrm{d}}{\mathrm{d}t} \frac{\{f', g'\}}{\sqrt{f'^2 + g'^2}} \Big\} \mathrm{d}t$$

$$(8-26)$$

根据摄动函数的任意性推导出式(8-14),即

$$\begin{cases} \lambda \dfrac{\mathrm{d}}{\mathrm{d}t} \dfrac{\{\varphi', \psi'\}}{\sqrt{\varphi'^2 + \psi'^2}} = C(A_{01})\{\psi', -\varphi'\}, \ t \in (0, t^*) \\[3mm] \mu \dfrac{\mathrm{d}}{\mathrm{d}t} \dfrac{\{f', g'\}}{\sqrt{f'^2 + g'^2}} = [C(A_{01}) + C(A_{02})]\{g', -f'\}, \ t \in (t^*, t_{\mathrm{c}}) \\[3mm] \lambda \dfrac{\mathrm{d}}{\mathrm{d}t} \dfrac{\{p', q'\}}{\sqrt{p'^2 + q'^2}} = C(A_{02})\{q', -p'\}, \ t \in (t_{\mathrm{c}}, T) \end{cases}$$

$$(8-27)$$

不难得出，圆周曲线是满足式(8-27)的.

再者，当参数 $\lambda = \mu$ 时，式(8-27)中的第一、第三个方程和式(8-27)中第二个方程右端的系数正好相等. 这显示出三条细胞边界(含内膜)曲率之间的关系.

转而看交接点处的条件

$$0 = \lambda \left[\frac{\varphi'\varphi_1 + \psi'\psi_1}{\sqrt{\varphi'^2 + \psi'^2}} \bigg|_{t=0}^{t=t^*(0)} + \frac{p'p_1 + q'q_1}{\sqrt{p'^2 + q'^2}} \bigg|_{t=t_{\mathrm{c}}(0)}^{t=T} + \right.$$

$$\left. \sqrt{\varphi'^2 + \psi'^2} \bigg|_{t=t^*(0)} \cdot \frac{\mathrm{d}t^*(\varepsilon)}{\mathrm{d}\varepsilon} \bigg|_{\varepsilon=0} - \sqrt{p'^2 + q'^2} \bigg|_{t=t_{\mathrm{c}}(0)} \cdot \frac{\mathrm{d}t_{\mathrm{c}}(\varepsilon)}{\mathrm{d}\varepsilon} \bigg|_{\varepsilon=0} \right] +$$

$$\mu \left[\frac{f'f_1 + g'g_1}{\sqrt{f'^2 + g'^2}} \bigg|_{t=t^*(0)}^{t=t_{\mathrm{c}}(0)} + \right.$$

$$\left. \sqrt{f'^2 + g'^2} \bigg|_{t=t_{\mathrm{c}}(0)} \cdot \frac{\mathrm{d}t_{\mathrm{c}}(\varepsilon)}{\mathrm{d}\varepsilon} \bigg|_{\varepsilon=0} - \sqrt{f'^2 + g'^2} \bigg|_{t=t^*(0)} \cdot \frac{\mathrm{d}t^*(\varepsilon)}{\mathrm{d}\varepsilon} \bigg|_{\varepsilon=0} \right] +$$

$$C(A_{01}) \cdot \frac{1}{2} \left[(\varphi\psi_1 - \varphi_1\psi) \bigg|_{t=0}^{t=t^*(0)} + (fg_1 - f_1g) \bigg|_{t^*(0)}^{t_{\mathrm{c}}(0)} + \right.$$

$$(\varphi\psi' - \varphi'\psi) \bigg|_{t=t^*(0)} \cdot \frac{\mathrm{d}t^*(\varepsilon)}{\mathrm{d}\varepsilon} \bigg|_{\varepsilon=0} + (fg' - f'g) \bigg|_{t_{\mathrm{c}}(0)} \cdot \frac{\mathrm{d}t_{\mathrm{c}}(\varepsilon)}{\mathrm{d}\varepsilon} \bigg|_{\varepsilon=0} -$$

$$\left. (fg' - f'g) \bigg|_{t=t^*(0)} \cdot \frac{\mathrm{d}t^*(\varepsilon)}{\mathrm{d}\varepsilon} \bigg|_{\varepsilon=0} \right] +$$

$$C(A_{02}) \cdot \frac{1}{2} \left[(f_1g - fg_1) \bigg|_{t^*(0)}^{t_{\mathrm{c}}(0)} + (p_1q - pq_1) \bigg|_{t_{\mathrm{c}}(0)}^{T} + \right.$$

$$(f'g - fg') \bigg|_{t=t_{\mathrm{c}}(0)} \cdot \frac{\mathrm{d}t_{\mathrm{c}}(\varepsilon)}{\mathrm{d}\varepsilon} \bigg|_{\varepsilon=0} - (f'g - fg') \bigg|_{t=t^*(0)} \cdot \frac{\mathrm{d}t^*(\varepsilon)}{\mathrm{d}\varepsilon} \bigg|_{\varepsilon=0} -$$

$$\left. (p'q - pq') \bigg|_{t=t_{\mathrm{c}}(0)} \cdot \frac{\mathrm{d}t_{\mathrm{c}}(\varepsilon)}{\mathrm{d}\varepsilon} \bigg|_{\varepsilon=0} \right]$$

$$(8-28)$$

具体地,每一个交接点处有

$$
0 = \{\varphi_1, \psi_1\} \cdot \left[\frac{-\lambda\{\varphi', \psi'\}}{\sqrt{\varphi'^2 + \psi'^2}} + \frac{C(A_{01})}{2}\{\psi, -\varphi\} \right]\Big|_{t=0} +
$$

$$
\left[\{\varphi_1, \psi_1\} \cdot \left[\frac{\lambda\{\varphi', \psi'\}}{\sqrt{\varphi'^2 + \psi'^2}} + \frac{C(A_{01})}{2}\{-\psi, \varphi\} \right] + \right.
$$

$$
\{f_1, g_1\} \cdot \left[-\frac{\mu\{f', g'\}}{\sqrt{f'^2 + g'^2}} + \frac{C(A_{01}) - C(A_{02})}{2}\{g, -f\} \right] +
$$

$$
\frac{\mathrm{d}t^*(\varepsilon)}{\mathrm{d}\varepsilon}\Big|_{\varepsilon=0} \cdot \{\lambda\sqrt{\varphi'^2 + \psi'^2} - \mu\sqrt{f'^2 + g'^2} +
$$

$$
\left. \frac{C(A_{01})}{2}[(\varphi\psi' - \varphi'\psi) - (fg' - f'g)] + \frac{C(A_{02})}{2}(fg' - f'g)\} \right]\Big|_{t=t^*(0)} +
$$

$$
\left[\{p_1, q_1\} \cdot \left[-\frac{\lambda\{p', q'\}}{\sqrt{p'^2 + q'^2}} + \frac{C(A_{02})}{2}\{-q, p\} \right] + \right.
$$

$$
\{f_1, g_1\} \cdot \left[\frac{\mu\{f', g'\}}{\sqrt{f'^2 + g'^2}} + \frac{-C(A_{01}) + C(A_{02})}{2}\{g, -f\} \right] +
$$

$$
\frac{\mathrm{d}t_c(\varepsilon)}{\mathrm{d}\varepsilon}\Big|_{\varepsilon=0} \cdot \{-\lambda\sqrt{p'^2 + q'^2} + \mu\sqrt{f'^2 + g'^2} +
$$

$$
\left. \frac{C(A_{01})}{2}(fg' - f'g) + \frac{C(A_{02})}{2}[(f'g - fg') - (p'q - pq')]\} \right]\Big|_{t=t_c(0)} +
$$

$$
\{p_1, q_1\} \cdot \left[\frac{\lambda\{p', q'\}}{\sqrt{p'^2 + q'^2}} + \frac{C(A_{02})}{2}\{q, -p\} \right]\Big|_{t=T} \tag{8-29}
$$

根据交接点处的条件式(8-10)和(8-12),在交接点 $t = t^*(\varepsilon)$ 处满足

$$
\{\varphi(t^*(\varepsilon)) + \varepsilon\varphi_1(t^*(\varepsilon)), \psi(t^*(\varepsilon)) + \varepsilon\psi_1(t^*(\varepsilon))\}
$$

$$
= \{f(t^*(\varepsilon)) + \varepsilon f_1(t^*(\varepsilon)), g(t^*(\varepsilon)) + \varepsilon g_1(t^*(\varepsilon))\}
$$

$$
= \{p(T) + \varepsilon p_1(T), q(T) + \varepsilon q_1(T)\}
$$

计算关于 ε 的导数,得到交接点 $t = t^*(0)$ $(t = T)$ 处

$$
\{\varphi'(t)t^{*'}(\varepsilon) + \varphi_1(t) + \varepsilon\varphi_1'(t)t^{*'}(\varepsilon), \psi'(t) + \psi_1(t) + \varepsilon\psi_1'(t)t^{*'}(\varepsilon)\}
$$

$$
= \{f'(t)t^{*'}(\varepsilon) + f_1(t) + \varepsilon f_1'(t)t^{*'}(\varepsilon), g'(t) + g_1(t) + \varepsilon g_1'(t)t^{*'}(\varepsilon)\}
$$

$$
= \{p_1(T), q_1(T)\} \tag{8-30}
$$

类似于式(8-30)的情况,同样可以使用式(8-10)和(8-12)分析在点 $t =$

$t_c(0)$ $\left[t = t_*(0) = 0\right]$ 处的条件.得出式(8-29)的六条切向量满足的方程,分别记为

$$\{\varphi_1, \psi_1\} \cdot \frac{-\lambda\{\varphi', \psi'\}}{\sqrt{\varphi'^2 + \psi'^2}}\bigg|_{t=0} +$$

$$\left[\{\varphi_1, \psi_1\} \cdot \frac{\lambda\{\varphi', \psi'\}}{\sqrt{\varphi'^2 + \psi'^2}} + \{f_1, g_1\} \cdot \frac{-\mu\{f', g'\}}{\sqrt{f'^2 + g'^2}}\right]\bigg|_{t=t^*(0)} +$$

$$\left[\{p_1, q_1\} \cdot \frac{-\lambda\{p', q'\}}{\sqrt{p'^2 + q'^2}} + \{f_1, g_1\} \cdot \frac{\mu\{f', g'\}}{\sqrt{f'^2 + g'^2}}\right]\bigg|_{t=t_c(0)} +$$

$$\{p_1, q_1\} \cdot \frac{\lambda\{p', q'\}}{\sqrt{p'^2 + q'^2}}\bigg|_{t=T}$$

$$= \{\varphi_1, \psi_1\} \cdot \frac{-\lambda\{\varphi', \psi'\}}{\sqrt{\varphi'^2 + \psi'^2}}\bigg|_{t=0} +$$

$$\left[\{p_1(T) - \varphi'(t^*(0))t^{*\prime}(\varepsilon), q_1(T) - \psi'(t^*(0))t^{*\prime}(\varepsilon)\} \cdot \frac{\lambda\{\varphi'(t^*(0)), \psi'(t^*(0))\}}{\sqrt{\varphi'^2(t^*(0)) + \psi'^2(t^*(0))}} + \right.$$

$$\left.\{p_1(T) - f'(t^*(0))t^{*\prime}(\varepsilon), q_1(T) - g'(t^*(0))t^{*\prime}(\varepsilon)\} \cdot \frac{-\mu\{f'(t^*(0)), g'(t^*(0))\}}{\sqrt{f'^2(t^*(0)) + g'^2(t^*(0))}}\right]\bigg|_{\varepsilon=0} +$$

$$v\left[\{\varphi_1(0) - p'(t_c(0))t_c'(\varepsilon), \psi_1(0) - q'(t_c(0))t_c'(\varepsilon)\} \cdot \frac{-\lambda\{p'(t_c(0)), q'(t_c(0))\}}{\sqrt{p'^2(t_c(0)) + q'^2(t_c(0))}} + \right.$$

$$\left.\{\varphi_1(0) - f'(t_c(0))t_c'(\varepsilon), \psi_1(0) - g'(t_c(0))t_c'(\varepsilon)\} \cdot \frac{\mu\{f'(t_c(0)), g'(t_c(0))\}}{\sqrt{f'^2(t_c(0)) + g'^2(t_c(0))}}\right]\bigg|_{\varepsilon=0} +$$

$$\{p_1(T), q_1(T)\} \cdot \frac{\lambda\{p'(T), q'(T)\}}{\sqrt{p'^2(T) + q'^2(T)}}$$

$$= \{\varphi_1(0), \psi_1(0)\} \cdot \frac{-\lambda\{\varphi'(0), \psi'(0)\}}{\sqrt{\varphi'^2(0) + \psi'^2(0)}} +$$

$$\{p_1(T), q_1(T)\} \cdot \left[\frac{\lambda\{\varphi'(t^*(0)), \psi'(t^*(0))\}}{\sqrt{\varphi'^2(t^*(0)) + \psi'^2(t^*(0))}} - \frac{\mu\{f'(t^*(0)), g'(t^*(0))\}}{\sqrt{f'^2(t^*(0)) + g'^2(t^*(0))}}\right] +$$

$$\left[-\lambda\sqrt{\varphi'^2(t^*(0)) + \psi'^2(t^*(0))} + \mu\sqrt{f'^2(t^*(0)) + g'^2(t^*(0))}\right] \cdot t^{*\prime}(\varepsilon)\bigg|_{\varepsilon=0} +$$

$$\{\varphi_1(0), \psi_1(0)\} \cdot \left[\frac{-\lambda\{p'(t_c(0)), q'(t_c(0))\}}{\sqrt{p'^2(t_c(0)) + q'^2(t_c(0))}} + \frac{\mu\{f'(t_c(0)), g'(t_c(0))\}}{\sqrt{f'^2(t_c(0)) + g'^2(t_c(0))}}\right] +$$

$$\left\{\lambda\sqrt{p'^2(t_c(0)) + q'^2(t_c(0))} - \mu\sqrt{f'^2(t_c(0)) + g'^2(t_c(0))}\right\} \cdot t_c'(\varepsilon)\bigg|_{\varepsilon=0} +$$

$$\{p_1(T), q_1(T)\} \cdot \frac{\lambda\{p'(T), q'(T)\}}{\sqrt{p'^2(T)+q'^2(T)}} \tag{8-31}$$

接下来分析交接点处式(8-29)的系数 $C(A_{01})$ 和 $C(A_{02})$，即满足

$$\{\varphi_1, \psi_1\} \cdot \left[\frac{C(A_{01})}{2}\{\psi, -\varphi\}\right]\Big|_{t=0} +$$

$$\left(\{\varphi_1, \psi_1\} \cdot \left[\frac{C(A_{01})}{2}\{-\psi, \varphi\}\right] + \{f_1, g_1\} \cdot \left[\frac{C(A_{01})-C(A_{02})}{2}\{g, -f\}\right] + \right.$$

$$\left. \frac{\mathrm{d}t^*(\varepsilon)}{\mathrm{d}\varepsilon}\Big|_{\varepsilon=0} \cdot \left\{\frac{C(A_{01})}{2}[(\varphi\psi'-\varphi'\psi)-(fg'-f'g)] + \frac{C(A_{02})}{2}(fg'-f'g)\right\}\right)\Big|_{t=t^*(0)} +$$

$$\left(\{p_1, q_1\} \cdot \left\{\frac{C(A_{02})}{2}\{-q, p\} + \{f_1, g_1\} \cdot \left[\frac{-C(A_{01})+C(A_{02})}{2}\{g, -f\}\right] + \right.\right.$$

$$\left.\left. \frac{\mathrm{d}t_c(\varepsilon)}{\mathrm{d}\varepsilon}\Big|_{\varepsilon=0} \cdot \left[\frac{C(A_{01})}{2}(fg'-f'g) + \frac{C(A_{02})}{2}[(f'g-fg')-(p'q-pq')]\right]\right\}\right)\Big|_{t=t_c(0)} +$$

$$\{p_1, q_1\} \cdot \left[\frac{C(A_{02})}{2}\{q, -p\}\right]\Big|_{t=T}$$

$$= \{\varphi_1, \psi_1\} \cdot \left[\frac{C(A_{01})}{2}\{\psi, -\varphi\}\right]\Big|_{t=0} +$$

$$\left\{\{\varphi_1, \psi_1\} \cdot \left[\frac{C(A_{01})}{2}\{-\psi, \varphi\}\right] + \{f_1, g_1\} \cdot \left[\frac{C(A_{01})-C(A_{02})}{2}\{g, -f\}\right] + \right.$$

$$\frac{C(A_{01})}{2}\{\varphi[q_1(T)-\psi_1]-[p_1(T)-\varphi_1]\psi\} +$$

$$\left. \frac{C(A_{02})-C(A_{01})}{2}[f(q_1(T)-g_1]-[p_1(T)-f_1)g]\right\}\Big|_{t=t^*(0)} +$$

$$\left(\{p_1, q_1\} \cdot \left[\frac{C(A_{02})}{2}\{-q, p\}\right] + \{f_1, g_1\} \cdot \left[\frac{-C(A_{01})+C(A_{02})}{2}\{g, -f\}\right] + \right.$$

$$\left(\frac{C(A_{01})-C(A_{02})}{2}\{f[\psi_1(0)-g_1]-[\varphi_1(0)-f_1]g\} - \right.$$

$$\left.\left. \frac{C(A_{02})}{2}\{[\varphi_1(0)-p_1]q-p[\psi_1(0)-q_1]\}\right)\right)\Big|_{t=t_c(0)} +$$

$$\{p_1, q_1\} \cdot \left[\frac{C(A_{02})}{2}\{q, -p\}\right]\Big|_{t=T}$$

$$= \{\varphi_1, \psi_1\} \cdot \left[\frac{C(A_{01})}{2}\{\psi, -\varphi\}\right]\Big|_{t=0} +$$

$$\left(\{f_1, g_1\} \bullet \left[\frac{C(A_{01}) - C(A_{02})}{2} \{g, -f\} \right] + \right.$$

$$\left[\frac{C(A_{01})}{2} [\varphi \bullet q_1(T) - p_1(T) \bullet \psi] + \right.$$

$$\left. \left. \frac{C(A_{02}) - C(A_{01})}{2} \{f[q_1(T) - g_1] - [p_1(T) - f_1]g\} \right] \right) \Bigg|_{t=t^*(0)} +$$

$$\left(\{f_1, g_1\} \bullet \left[\frac{-C(A_{01}) + C(A_{02})}{2} \{g, -f\} \right] + \right.$$

$$\left(\frac{C(A_{01}) - C(A_{02})}{2} \{f[\psi_1(0) - g_1] - [\varphi_1(0) - f_1]g\} - \right.$$

$$\left. \left. \frac{C(A_{02})}{2} [\varphi_1(0) \bullet q - p \bullet \psi_1(0)] \right) \right) \Bigg|_{t=t_c(0)} +$$

$$\{p_1, q_1\} \bullet \left[\frac{C(A_{02})}{2} \{q, -p\} \right] \Bigg|_{t=T}$$

$$= \{\varphi_1, \psi_1\} \bullet \left[\frac{C(A_{01})}{2} \{\psi, -\varphi\} \right] \Bigg|_{t=0} + \left(\{f_1, g_1\} \bullet \left[\frac{C(A_{01}) - C(A_{02})}{2} \{g, -f\} \right] + \right.$$

$$\left. \left(\frac{C(A_{02})}{2} \{f[q_1(T) - g_1] - [p_1(T) - f_1]g\} + \frac{C(A_{01})}{2} (fg_1 - f_1 g) \right) \right) \Bigg|_{t=t^*(0)} +$$

$$\left(\{f_1, g_1\} \bullet \left[\frac{-C(A_{01}) + C(A_{02})}{2} \{g, -f\} \right] + \right.$$

$$\left(\frac{C(A_{01}) - C(A_{02})}{2} \{f[\psi_1(0) - g_1] - [\varphi_1(0) - f_1]g\} - \right.$$

$$\left. \left. \frac{C(A_{02})}{2} [\varphi_1(0) \bullet q - p \bullet \psi_1(0)] \right) \right) \Bigg|_{t=t_c(0)} +$$

$$\{p_1, q_1\} \bullet \left[\frac{C(A_{02})}{2} \{q, -p\} \right] \Bigg|_{t=T}$$

$$= \{\varphi_1, \psi_1\} \bullet \left[\frac{C(A_{01})}{2} \{\psi, -\varphi\} \right] \Bigg|_{t=0} +$$

$$\left(\{f_1, g_1\} \bullet \left[\frac{-C(A_{02})}{2} \{g, -f\} \right] + \right.$$

$$\left. \left(\frac{C(A_{02})}{2} \{f[q_1(T) - g_1] - [p_1(T) - f_1]g\} \right) \right) \Bigg|_{t=t^*(0)} +$$

$$\left(\left\{ \frac{C(A_{01}) - C(A_{02})}{2} [f \bullet \psi_1(0) - \varphi_1(0) \bullet g] - \right. \right.$$

$$\left. \left. \frac{C(A_{02})}{2} [\varphi_1(0) \bullet q - p \bullet \psi_1(0)] \right\} \right) \Bigg|_{t=t_c(0)} +$$

$$\{p_1, q_1\} \cdot \left[\frac{C(A_{02})}{2} \{q, -p\} \right] \Big|_{t=T}$$

$$= \{\varphi_1, \psi_1\} \cdot \left[\frac{C(A_{01})}{2} \{\psi, -\varphi\} \right] \Big|_{t=0} + \frac{C(A_{01})}{2} \{\varphi_1(0), \psi_1(0)\} \cdot \{-g, f\} \Big|_{t=t_c(0)}$$

$$= 0 \tag{8-32}$$

式(8-32)意味着式(8-29)中包含 $C(A_{01})$ 和 $C(A_{02})$ 的这些项等于0.再结合式(8-32)和(8-29),得出式(8-27)满足

$$\{\varphi_1(0), \psi_1(0)\} \cdot \left[\frac{-\lambda\{\varphi'(0), \psi'(0)\}}{\sqrt{\varphi'^2(0) + \psi'^2(0)}} + \frac{\mu\{f'(t_c(0)), g'(t_c(0))\}}{\sqrt{f'^2(t_c(0)) + g'^2(t_c(0))}} + \right.$$

$$\left. \frac{-\lambda\{p'(t_c(0)), q'(t_c(0))\}}{\sqrt{p'^2(t_c(0)) + q'^2(t_c(0))}} \right] +$$

$$\{p_1(T), q_1(T)\} \times \left[\frac{\lambda\{\varphi'(t^*(0)), \psi'(t^*(0))\}}{\sqrt{\varphi'^2(t^*(0)) + \psi'^2(t^*(0))}} - \right.$$

$$\left. \frac{\mu\{f'(t^*(0)), g'(t^*(0))\}}{\sqrt{f'^2(t^*(0)) + g'^2(t^*(0))}} + \frac{\lambda\{p'(T), q'(T)\}}{\sqrt{p'^2(T) + q'^2(T)}} \right]$$

$$= 0 \tag{8-33}$$

记单位向量

$$\begin{cases} \boldsymbol{T}_{01} = \dfrac{\{\varphi'(0), \psi'(0)\}}{\sqrt{\varphi'^2(0) + \psi'^2(0)}}, \ \boldsymbol{T}_{11} = \dfrac{\{\varphi'(t^*(0)), \psi'(t^*(0))\}}{\sqrt{\varphi'^2(t^*(0)) + \psi'^2(t^*(0))}}, \\[4mm] \boldsymbol{T}_{02} = \dfrac{\{f'(t_c(0)), g'(t_c(0))\}}{\sqrt{f'^2(t_c(0)) + g'^2(t_c(0))}}, \ \boldsymbol{T}_{12} = \dfrac{\{f'(t^*(0)), g'(t^*(0))\}}{\sqrt{f'^2(t^*(0)) + g'^2(t^*(0))}}, \\[4mm] \boldsymbol{T}_{03} = \dfrac{\{p'(t_c(0)), q'(t_c(0))\}}{\sqrt{p'^2(t_c(0)) + q'^2(t_c(0))}}, \ \boldsymbol{T}_{13} = \dfrac{\{p'(T), q'(T)\}}{\sqrt{p'^2(T) + q'^2(T)}} \end{cases} \tag{8-34}$$

利用向量 $\{\varphi_1(0), \psi_1(0)\}$ 和 $\{p_1(T), q_1(T)\}$ 的任意性,可将式(8-33)转化成

$$\begin{cases} -\lambda \boldsymbol{T}_{01} + \mu \boldsymbol{T}_{02} - \lambda \boldsymbol{T}_{03} = 0 \\ \lambda \boldsymbol{T}_{11} - \mu \boldsymbol{T}_{12} + \lambda \boldsymbol{T}_{13} = 0 \end{cases} \tag{8-35}$$

求解式(8-35),立即得出

$$
\begin{cases}
\cos\theta_{12} = \cos\theta_{23} = \langle \boldsymbol{T}_{01}, \boldsymbol{T}_{02} \rangle = \langle \boldsymbol{T}_{11}, \boldsymbol{T}_{12} \rangle = \langle \boldsymbol{T}_{02}, \boldsymbol{T}_{03} \rangle \\
\qquad = \langle \boldsymbol{T}_{12}, \boldsymbol{T}_{13} \rangle = \dfrac{\mu}{2\lambda} \\
\cos\theta_{13} = \langle \boldsymbol{T}_{01}, \boldsymbol{T}_{03} \rangle = \langle \boldsymbol{T}_{11}, \boldsymbol{T}_{13} \rangle = -1 + \dfrac{\mu^2}{2\lambda^2}
\end{cases}
\tag{8-36}
$$

8.6 具体的实验数据对照分析

这里选取一些具体的实验数据作为分析对象,包括斑马鱼原肠胚细胞、果蝇小眼细胞以及两种绿藻(即盘星藻和四星藻)细胞的实验数据.

8.6.1 斑马鱼原肠胚的细胞分类

Maître 等[122]认为细胞之间的接触表面积(对于平面模型而言就是相接触的线长度)取决于接触面或线上的细胞黏附力和皮质张力之间的平衡,即

$$
\cos(\theta) = \gamma_i / (2\gamma_{cm})
$$

也就是说,斑马鱼原肠胚细胞中膜间接触夹角 θ 取决于细胞黏性 ω 与两个皮质张力系数:细胞-培养基之间张力系数 γ_{cm} 和细胞-细胞之间张力系数 γ_{cc},其中 $\gamma_i = 2\gamma_{cc} - \omega$. 通过分析该文的数据,发现 $\arccos\dfrac{\gamma_i}{2\gamma_{cm}}$ 和其相应的实验数据之间存在误差,而且后者往往比前者(即理论值)小,如表 8-2 所示.表中记录了三个时间点(即 60 s、300 s 和 600 s)时的实验值 θ,不难看出这些值一般都低于理论分析值(即列出的水平直线).三个接触角 θ 描述的分别是同型外胚层-外胚层(homotypic ectoderm-ecto)、中胚层-中层(mesoderm-meso)和内胚层(endoderm-endo)对应的数值,连字符"-"后的单词表示缩写.

8.6.2 果蝇小眼视锥细胞成形分析

Chan 等[124]2017 年通过分析黏性和接触界面,以获取这两个因素与 N-钙黏性蛋白在细胞成形过程中的关系.他们通过张力最小能量泛函设计了一个二维模型(模型也可见 Káfer 等[120]和 Hilgenfeldt 等[125]的研究).

如图 8-7 和表 8-3 所示为 Chan 等[123]于 2017 年的实验数据统计分析,这里发现接触角 $\theta = \theta_3 = 147.73°$ 这个结果与文献建议的理论结果 $\theta_3 = 130°$ 有明显的差距.数据中的接触角 $\theta = \theta_3$ 分布在区间 $[121.16°, 171.18°]$ 内,总体呈正态

表 8-2 三个时间点记录的实验值 θ 分布情况

分布.有意思的是其 95％的置信区间为（146.51°，148.95°），与 Chan 等[123]的理论结果建议的置信区间（121°，139°）（$\theta_3 = 130° \pm 9°$）有差异.

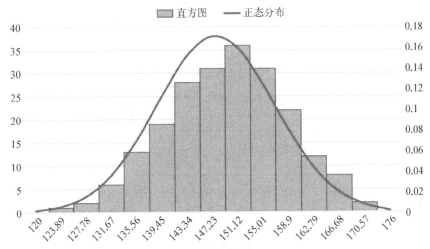

图 8-7　果蝇小眼细胞接触角的分布情况

表 8-3　果蝇小眼分布情况

序号	分　组	频率	概　率	正　态	误　差
1	(0，120]	0	0.000 000	0.001 607	−0.001 607
2	(120，123.89]	1	0.004 717	0.005 432	−0.000 715
3	(123.89，127.78]	2	0.009 434	0.015 276	−0.005 842
4	(127.78，131.67]	6	0.028 302	0.035 748	−0.007 446
5	(131.67，135.56]	13	0.061 321	0.069 618	−0.008 297
6	(135.56，139.45]	19	0.089 623	0.112 821	−0.023 198
7	(139.45，143.34]	28	0.132 075	0.152 148	−0.020 073
8	(143.34，147.23]	31	0.146 226	0.170 746	−0.024 520
9	(147.23，151.12]	36	0.169 811	0.159 456	0.010 355
10	(151.12，155.01]	31	0.146 226	0.123 919	0.022 307
11	(155.01，158.9]	22	0.103 774	0.080 139	0.023 635
12	(158.9，162.79]	12	0.056 604	0.043 127	0.013 477
13	(162.79，166.68]	8	0.037 736	0.019 314	0.018 422
14	(166.68，170.57]	2	0.009 434	0.007 198	0.002 236
15	(170.57，176]	0	0.000 000	0.001 335	−0.001 335

注："正态"表示相应的正态分布理论图像.

8.6.3 盘星藻的数据分析

利用文献[111]中关于盘星藻的测量数据(也可以见图 8-8),绘制出相应的分布图、直方图,以及对应的标准正态分布图比较,具体如表 8-4 和图 8-9 所示.

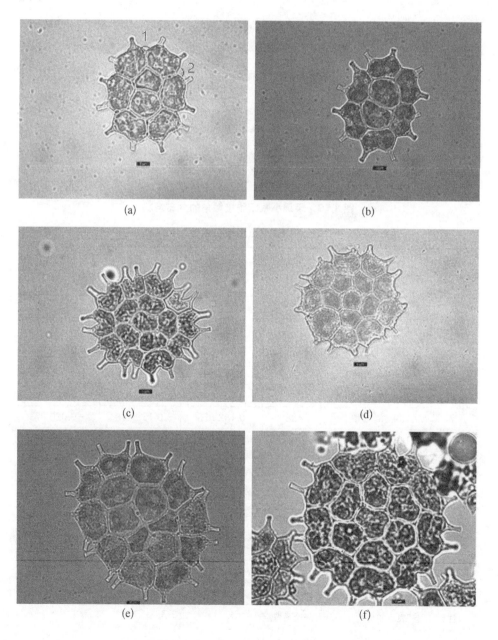

(a)

(b)

(c)

(d)

(e)

(f)

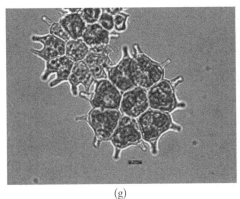
(g)

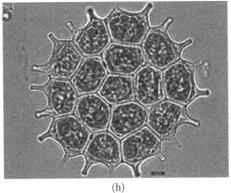
(h)

图 8-8　部分盘星藻图片

(a) image0140；(b) image0119；(c) image0121；(d) image0123；
(e) image0124；(f) image0130；(g) image0136；(h) image0137

表 8-4　外角 θ 大小数值的分布情况以及和正态分布的比较

序号	角度/(°)	组	频数	频 率	正态分布值	差 别
1	35	(0，35]	0	0	0.001 534 488	−0.001 53
2	45	(35，45]	1	0.014 925	0.004 975 289	0.009 95
3	55	(45，55]	1	0.014 925	0.013 607 338	0.001 318
4	65	(55，65]	1	0.014 925	0.031 392 641	−0.016 47
5	75	(65，75]	1	0.014 925	0.061 091 721	−0.046 17
6	85	(75，85]	5	0.074 627	0.100 285 172	−0.025 66
7	95	(85，95]	7	0.104 478	0.138 864 402	−0.034 39
8	105	(95，105]	14	0.208 955	0.162 197 807	0.046 757
9	115	(105，115]	5	0.074 627	0.159 808 132	−0.085 18
10	125	(115，125]	17	0.253 731	0.132 816 679	0.120 915
11	135	(125，135]	5	0.074 627	0.093 112 117	−0.018 49
12	145	(135，145]	7	0.104 478	0.055 062 97	0.049 415
13	155	(145，155]	3	0.044 776	0.027 467 107	0.017 309
14	165	(155，165]	0	0	0.011 557 557	−0.011 56

注：盘星藻细胞外角 θ 指的是细胞外边界交点处的外角.

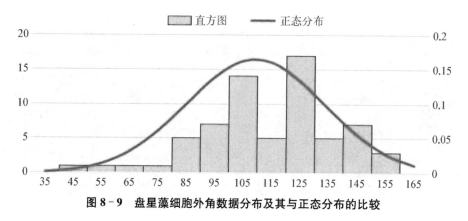

图 8 - 9　盘星藻细胞外角数据分布及其与正态分布的比较

　　以上顶角起始顺时针方向标记为外角数据,以图 8 - 8 中(a)为例.所获取的 67 个角的数据中最小值和最大值分别为 37.07° 和 152.93°,均值(即数学期望)为 109.13°.

　　统计分析显示 95% 置信区间为(105.467°, 112.80°),均值 109.13°小于 $2\pi/3$.

8.6.4　四星藻细胞数据分析

　　这里采取的是文献[121]和[126]的图像.角顺序选取同样是以顶角起始顺时针计数.这 100 个角的最小值和最大值分别是 56.31° 和 144.46°,均值为 98.67°.具体数据如表 8 - 5、表 8 - 6 以及图 8 - 10 所示.其中表 8 - 5 中的记号[A]、[K]和[I]表示数据来源,分别为 Ahlstrom 和 Tiffany[121]、Krienitz 和 Wachsmuth[126]的文章和网络资源数据.

表 8 - 5　25 幅四星藻图的 104 个外角数据

[I] Tetrl	[I] Tetr2	[I] Tetr3	[I] Tetr4	[I] Tetr5	[I] Tetr6	[I] Tetr7
101.31	113.02	123.11	124.08	99.22	117.76	127.94
116.83	100.96	120.26	109.94	70.03	92.12	128.29
117.38	97.00	111.80	128.88	112.22	83.28	97.27
122.28	133.67	122.66	128.79	76.14	89.82	77.04
[K] Fig.b	[K] Fig.c	[K] Fig.d	[A] Fig.1	[A] Fig.2	[A] Fig.3	[A] Fig.4
119.29	111.93	102.09	110.376 4	99.162 35	116.565 1	85.426 08
84.95	116.57	97.48	64.440 03	90	98.972 63	90
116.57	135.00	137.29	83.659 81	90	88.667 78	75.963 76
100.01	104.54	109.46	144.462 3	82.874 98	68.198 59	88.152 39

[A] Fig.5	[A] Fig.6	[A] Fig.7	[A] Fig.8	[A] Fig.10	[A] Fig.12	[A] Fig.14
81.027 37	96.546 29	94.573 92	90	64.440 03	70.346 18	59.036 2
75.963 76	90	107.102 7	56.309 93	105.255 1	120.963 8	101.309 9
75.963 76	101.309 9	79.508 52	71.565 05	81.027 37	78.690 07	98.130 1
129.093 9	85.601 29	82.234 83	72.897 27	75.963 76	90	101.888 7

[A] Fig.15	[A] Fig.16	[A] Fig.19	[A] Fig.20	—	—	—
90	120.323 6	69.304 55	93.366 46	—	—	—
99.462 32	91.789 91	79.508 52	98.130 1	—	—	—
98.130 1	90	99.188 84	98.130 1	—	—	—
106.587 3	110.224 9	75.963 76	94.398 71	—	—	—

表 8-6　四星藻细胞外角数据分布

序号	角度/(°)	组	频数	频　率	正态分布	差　别
1	55	(0, 55]	0	0	0.001 567 356	−0.001 57
2	62.5	(55, 62.5]	2.00	0.019 230 769	0.003 528 326	0.015 702
3	70	(62.5, 70]	4.00	0.038 461 538	0.006 819 568	0.031 642
4	77.5	(70, 77.5]	11.00	0.105 769 231	0.011 317 024	0.094 452
5	85	(77.5, 85]	10.00	0.096 153 846	0.016 124 818	0.080 029
6	92.5	(85, 92.5]	15.00	0.144 230 769	0.019 726 254	0.124 505
7	100	(92.5, 100]	16.00	0.153 846 154	0.020 719 612	0.133 127
8	107.5	(100, 107.5]	12.00	0.115 384 615	0.018 685 546	0.096 699
9	115	(107.5, 115]	10.00	0.096 153 846	0.014 468 29	0.081 686
10	122.5	(115, 122.5]	11.00	0.105 769 231	0.009 618 687	0.096 151
11	130	(122.5, 130]	9.00	0.086 538 462	0.005 490 369	0.081 048
12	137.5	(130, 137.5]	3.00	0.028 846 154	0.002 690 757	0.026 155
13	145	(137.5, 145]	1.00	0.009 615 385	0.001 132 23	0.008 483
14	152.5	(145, 152.5]	0.00	0	0.000 409 055	−0.000 41

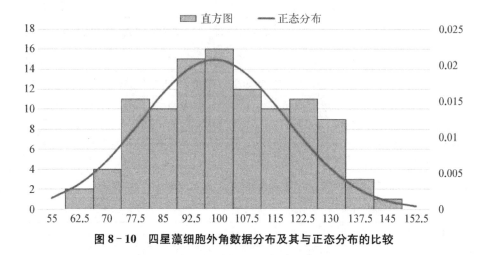

图 8 - 10   四星藻细胞外角数据分布及其与正态分布的比较

注意：以四星藻为例，外细胞数据测量时是按照顺时针方向，从最顶端细胞的右侧角开始.测量方式如图 8 - 11 所示.

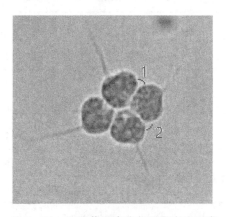

图 8 - 11   四星藻细胞外角测量方式示意

附录 1
高导热材料部分填充图

　　这里列举部分填充图.是针对不同导热系数比,在填充率为 10%、取周围 4 个点计算平均值的情况下模拟计算的结果.计算结果源自参考文献[29]和[30]. 下列各图对应的导热系数比为 2～300,不同级差.

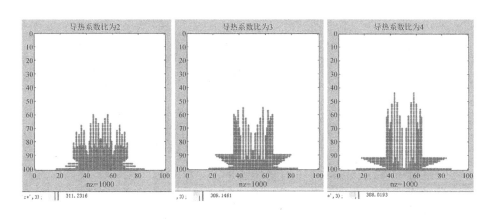

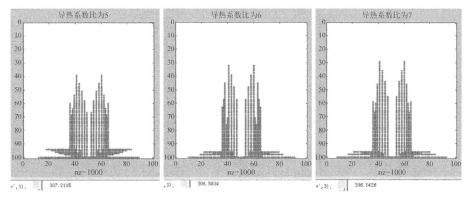

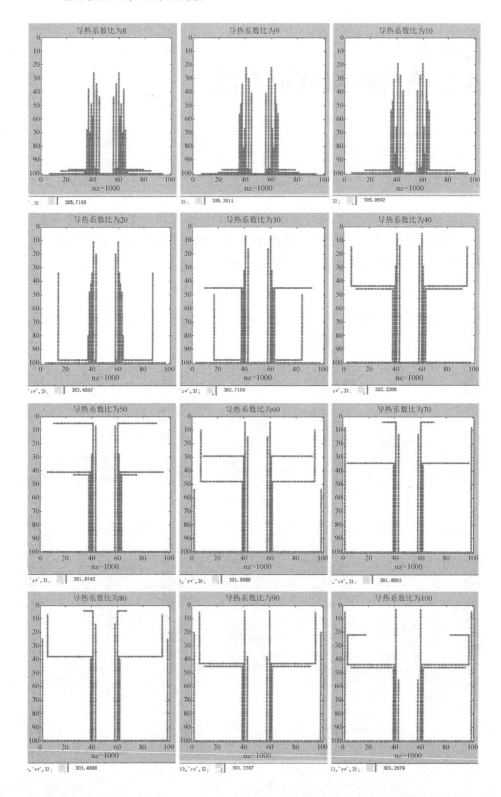

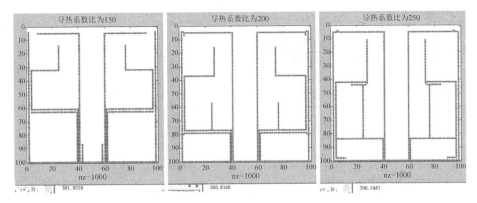

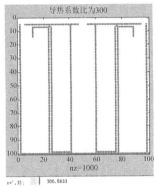

附录 2
生长分裂过程图列

下列各图是整个细胞分裂过程模拟计算图(这里只列了一部分).动态演示是基于此生成的,可以参见文献[104].

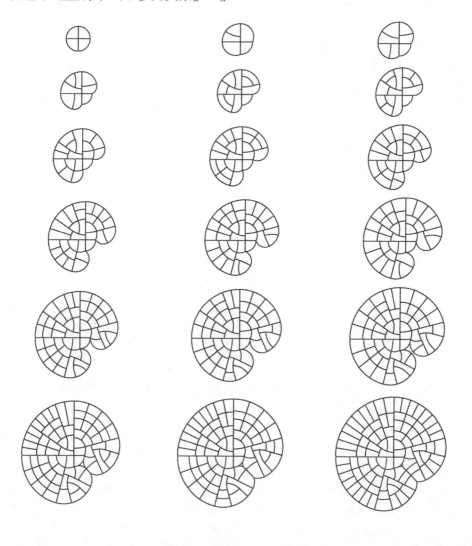

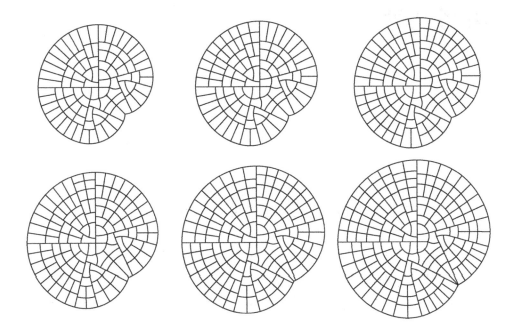

参考文献

［1］刘世伟.参数方程的作图［J］.华中师范学院学报,1980,4：85－94.

［2］黄力民.高等数学问题与思考［M］.武汉：华中理工大学出版社,1993,67－71.

［3］陈泰伦,彭卫丽.由参数方程所确定的函数的作图方法讨论［J］.陕西科技大学学报,2003,21(5)：19－21.

［4］王远弟,盛万成.微积分教学中参数方程的几个例子［J］.高等数学研究,2010,13(6)：8－10.

［5］YOSIDA K. Functional analysis［M］. 6th ed. Beijing：World Book Inc,2018.

［6］MORGAN F. Geometric measure theory, a beginner's guide［M］. 4th ed. London：Academic Press,2009.

［7］老大中.变分法基础：第三版［M］.北京：国防工业出版社,2015.

［8］钱伟长.变分法及有限元［M］.北京：科学出版社,1980.

［9］卢惠丽.偏微分方程在图像处理中的应用——图像放大［D］.上海：上海大学,2008.

［10］卢惠丽,王远弟,李思沂.基于各向同性和各向异性扩散图像放大［J］.上海大学学报,2008,14(4)：383－389.

［11］AUNG W. Cooling technology for electronic equipment［M］. New York：Hemisphere,1988.

［12］程新广,夏再忠,李志信,等.导热优化：热耗散与最优导热系数场［J］.工程热物理学报,2002,23(6)：715－717.

［13］PETERSON G P, ORTEGA A. Thermal control of electronic equipment and devices［J］. Advances in Heat Transfer, 1990,20：181－314.

［14］CHU R C, SIMONS R E. Cooling technology for high performance computers：IBM Sponsored University research［M］. Dordrecht：Kluwer

Academic Publishers，1994：97－122.

[15] BEJAN A. Constructal-theory network of conducting paths for cooling a heat generating volume[J]. Heat Mass Transfer，1997，40(4)：779-816.

[16] BEJAN A. Shape and structure，from engineering to nature[M]. New York：Cambridge University Press，2000.

[17] 周圣兵,陈林根,孙丰瑞.构形理论：广义热力学优化的新方向之一[J].热科学与技术,2004,3(4)：283－292.

[18] 陈林根.构形理论及其应用的研究进展[J].中国科学：技术科学,2012,42(5)：505－514.

[19] LEDEZMA G A, BEHAN A, ERRERA MR. Constructal tree networks for heat transfer[J]. Journal of Applied Physics，1997，82(1)：89-100.

[20] DAN N, BEJAN A. Constructal tree networks for the time-dependent dis-charge of a finitesize volume to one point[J]. Journal of Applied Physics，1998，84(6)：3042-3050.

[21] XIA Z Z, LI Z X, GUO Z Y. Heat conduction optimization：high-conductivity constructs based on the principle biological evolution[C]. International Heat Transfer Conference 12，2002，2：27-32.

[22] 程新广,李志信,过增元.基于仿生优化的高效导热通道的构造[J].中国科学(E 辑),2003,33(3)：251－256.

[23] 王爱华,任建勋,梁新刚.等热流条件下相变导热仿生优化[J].宇航学报,2005,26(2)：239－243.

[24] 程新广,李志信,过增元.基于最小热量传递势容耗散原理的导热优化[J].工程热物理学报,2003,24(1)：94－96.

[25] XU X H, LIANG X G, REN J X. Optimization of heat conduction using combinatorial optimization algorithms[J]. International Journal of Heat and Mass Transfer，2007，50：1675-1682.

[26] 陈维桓.极小曲面[M].大连：大连理工大学出版社,2011.

[27] PLATEAU J. Statique experimentale et theoretique des liquides [M]. Paris：Gathier-Villars，1873.

[28] 谷超豪,李大潜,陈恕行,等.数学物理方程：第三版[M].北京：高等教育出版社,2012.

[29] 张俊顶.基于极小曲面的元器件散射优化模型[D].上海：上海大学,2017.

[30] 张俊顶,王远弟,张鹏,等.基于极小曲面的"体点"散射优化模拟[J].应用数

学与计算数学学报,2018,32(4):995-1010.

[31] 章毓晋.图像工程:第 2 版[M].北京:清华大学出版社,2007.

[32] 胡金杰,王远弟.视频监控系统中运动目标的阴影消除[J].应用数学与计算数学学报,2010,24(1):77-85.

[33] 魏阳杰.复杂阴影背景下的 USV 自动水域边界检测[J].中国科学:技术科学,2018,48(1):101-109.

[34] YOU Y L, KAVEH M. Fourth-order partial differential equations for noise removal [J]. IEEE Transactions On Image Processing. 2000, 9(10): 1723-1730.

[35] CECCARELLI M, De SIMONE V, MURLIi A. Well-posed anisotropic diffusion for image denoising[J]. IEE Proceedings-Vision, Image and Signal Processing, 2002, 149(4): 244-252.

[36] 杨朝霞,逯峰,李岳生.变正则参数方法在带噪图像保边缘恢复中的应用[J].计算机辅助设计与图形学学报,2003,15(4):406-409.

[37] SEGALL C A, ACTON S T. Morphological anisotropic diffusion[C]. International Conference on Image Processing, IEEE Computer Society, 1997, 348-351.

[38] WANG W Y. Anisotropicdiffusion filtering based gray-value morphological operator processed[J]. Journal of Fudan University, 2004, 43(5): 884-888.

[39] 黄玉,王远弟.基于灰度值数学形态学算子的中值曲率驱动方程去噪模型[J].上海大学学报,2006,12(5):488-492,499.

[40] 张宣,陈刚.基于偏微分方程的图像处理[M].北京:高等教育出版社,2004.

[41] WEICKERT J. Coherence-enhancing diffusion of colour images[J]. Image and Vision Computing, 1999, 17(3-4): 201-212.

[42] SOLO V. Automatic stopping criterion for anisotropic diffusion[C]. IEEE ICASSP, 2001, 6, (7-11): 3929-3932.

[43] BARCELOS C A Z, BOAVENTURA M, SILVA E. A well balanced flow equation for noise removal and edge detection [J]. IEEE Transactions on Image Processing, 2003, 12(7): 751-762.

[44] MRÁZEK P, NAVARA M. Selection of optimal stopping time for nonlinear diffusion filtering[J]. 3rd International Conference on Scale-Space and Morphology held in conjunction with the 8th International

Conference on Computer Vision. 2003，52(2 - 3)：189 - 203.

[45] 李世飞，董福安，伍友利.偏微分方程图像平滑模型的一种最优停止准则[J].计算机仿真，2005，22(11)：181 - 183，204.

[46] 李世飞，董福安，伍友利，等.各向异性扩散滤波器的迭代停止准则[J].空军工程大学学报，2005，6(5)：70 - 72.

[47] 郭圣文.一种基于结构张量的图像特征检测与增强方法[J].中国医学物理学杂志，2006，23(2)：89 - 92.

[48] 郭圣文，吴效明，周静.各向异性扩散的迭代停止时间问题研究[J].生物医学工程学杂志，2006，23(6)：1191 - 1194.

[49] 曹蹊渺.基于互信息的图像配准算法研究[D].北京：北京交通大学，2007.

[50] 李毅，王远弟.基于核密度估计的图像平滑的最优停止[J].上海大学学报，2011，17(1)：103 - 110.

[51] CHAN T F, SHEN J. Image processing and analysis：variational，PDE，wavelet，and stochastic methods[M]. USA：SIAM, 2005.

[52] OSHER S, SETHIAN J A. Fronts propagating with curvature-dependent speed：algorithms based on Hamilton-Jacobi formulations[J]. Journal of Computational Physi-cs, 1988, 79(1)：12 - 49.

[53] MUMFORD D, SHAH J. Optimal approximations by piecewise smooth functions and associated variational problems[J]. Communications on Pure and Applied Mathematics, 1989, 42：577 - 685.

[54] AMBROSIO L, TORTORELLI V M. Approximation of functional depending on jumps by elliptic functional via V-convergence[J]. Communications on Pure and Applied Mathematics, 1990, 43：999 - 1036.

[55] AMBROSIO L, TORTORELLI VM. On the approximation of free discontinuity problems [J]. Bollettino della Unione Mathematica Italiana B, 1992, B(7), 6：105 - 123.

[56] TEBOUL S, BLANC-FERAUD L, AUBERT G, et al. Variational approach for edge-preserving regularization using coupled PDE's[J]. IEEE Transactions on Image Processing, 1998, 7(3)：387 - 397.

[57] CHANT FVESE L A. Active contours without edges[J]. IEEE Transactions On Image Processing, 2001, 10：266 - 277.

[58] CHAN T F, VESE L A. A level set algorithm for minimizing the Mumford - Shah functional in image processing[C]. Proceedings of the

1st IEEE Workshop on "Variational and Level Set Methods in Computer Vision", 2001: 161-168.

[59] OTSU N. A threshold selection method from gray-level histograms[J]. IEEE Transactions on Systems, Man and Cybernetics. 1979, 9(1): 62-66.

[60] 王志良,孟秀艳.人脸工程学[M].北京:机械工业出版社,2008.

[61] 黄福珍,苏剑波,席裕庚.基于几何活动模型的人脸轮廓提取方法[J].中国图象图形学报,2003,8(5): 546-550.

[62] 刘青.人脸轮廓提取和眼球的自动定位[D].上海:上海大学,2010.

[63] 朱宁,吴静,王忠谦.图像放大的偏微分方程方法[J].计算机辅助设计与图形学学报,2005,17(9): 1941-1945.

[64] BELAMIDI A, GUICHARD F. A partial differential equation approach to image zoom [C]. International Conference on Image Processing, IEEE, 2004, 149(4): 649-652.

[65] 孙志忠.偏微分方程数值解法[M].北京:科学出版社,2005: 28-33.

[66] 张旭,陈树越.各向异性扩散方程在数字图像中去噪的应用[J].中北大学学报,2006,27(1): 45-48.

[67] PERONA P, MALIK J. Scale-space and edge detection using anisotropic diffusion[J]. IEEE Transactions on Pattern Analysis and Machine Intelligence, 1990, 12(7): 629-639.

[68] 王树根,郑精灵.基于纹理匹配的影像缺损信息填充方法[J].测绘通报,2004, (12): 21-23.

[69] BERTALMIO M, SAPIRO G, CASELLES V, et al. Image inpainting [C]. Proceedings of ACM SIGGRAPH 2000. New York: ACM Press, 2000: 417-424.

[70] CHAN T F, SHEN J H. Non-texture inpainting by curvature-driven diffusions[J]. Journal of Visual Communication and Image Represenation, 2001, 12(4): 436-449.

[71] CHAN T F, KANG S H, SHEN J H. Euler's elastica and curvature based inpainting[J]. SIAM Journal on Applied Mathematics, 2002, 63 (2): 564-592.

[72] TSAI A, YEZZIJ A, WILLSKY A S. Curve evolution implementation of the Mumford-Shah functional for image segmentation, denoising interpolation and magnification[J]. IEEE Transactions on Image Processing, 2001, 10

(8)：1169 - 1186.

[73] ESEDOGLU S, SHEN J H. Digital inpainting based on the Mumford-Shah-Euler image model[J]. European Journal of Applied Mathematics, 2002, 13(4)：353 - 370.

[74] BERTALMIO M, VDSE L, SAPIRO G, et al. Simultaneous texture and structure image inpainting[J]. IEEE Transactions on Image Processing, 2003, 12(8)：882 - 889.

[75] EFROS A A, LEUNG T K. Texture synthesis by non-parametric sampling[C]. Proceedings of the IEEE Computer Society International Conference on Computer Vision, Washington DC, 1999, 2：1033 - 1038.

[76] 陈陪迎.基于偏微分方程的图像修复[D].上海：上海大学,2009.

[77] RUDIN L, OSHER S, FATERNI E. Nonlinear total variation based noise removal algorithms[J]. Physical D, 1992, 60(1 - 4)：259 - 268.

[78] CHAN T F, SHEN J H. Mathematical models for local non-texture inpainting[J]. SIAM Journal on Applied Mathematics, 2001, 62(3)：1019 - 1043.

[79] CHEN P Y, WANG Y D. Fourth-order partial differential equations for image inpainting[C]. International Conference on Audio, Language and Image Processing, 2008, 1713 - 1717.

[80] CHENPY, WANG Y D. A new fourth-order equation model for image inpainting[C]. FSKD 2009. IEEE Press, 2009：320 - 324.

[81] 晁锐,张科,李言俊.一种基于小波变换的图像融合算法[J].电子学报 2004, 32(5)：750 - 754.

[82] 蒲恬,方庆,倪国强.基于对比度的多分辨图像融合[J].电子学报, 2000,28 (12)：116 - 118.

[83] WIENER N. The shortest line dividing an area in a given ratio[J]. Proceedings of the Cambridge Philological Society, 1914, 18：56 - 58.

[84] GOLDBERG M. Elementary Problems：E2185 [J]. The American Mathematical Monthly, 1969, 76(7)：825 - 825.

[85] GOLDBERG M. Minimal curve for fixed area [J]. The American Mathematical Monthly, 1970, 77(5)：531.

[86] 柯朗,罗宾.什么是数学[M].左平,张饴慈,译.上海：复旦大学出版社, 2012.

［87］ KONHAUSER J D E, VELLWMAN D, WAGON S. Which way did the bicycle go? ... and other intriguing mathematical mysteries［M］. USA: Mathematical Association of America, 1996.

［88］ Joss R R. Abstract 705 - D1［J］. Notices of the American Mathematical Society, 1973, 20(4): A - 461.

［89］ KLAMKIN M S. Minimal curve for fixed area［J］. The American Mathematics Monthly, 1974, 81: 903 - 904.

［90］ CROFT H T, FALCONER K J, GUY R K. A26 - Dividing up a piece of land by a short fence［M］. New York: Springer-Verlag, 1991: 37 - 38.

［91］ KLAMKIN M S. Book reviews［J］. SIAM Review, 1992, 34(2): 335 - 338.

［92］ GRAHAM L E, WILCOX L W. Algae［M］. Upper Saddle River: Prentice Hall, 2000.

［93］ 黎尚豪,毕列爵.中国淡水藻志:第 5 卷［M］.北京:科学出版社,1998: 82 - 86.

［94］ GRAHAM L E. Coleochaete and the origin of land plants［J］. American Journal of Botany, 1984, 71(4): 603 - 608.

［95］ 蒋悟生,张芬棣.陆生植物生活史的起源［J］.植物杂志,1988, 3: 47 - 49.

［96］ KAROL K G, MCCOURT R M, CIMINO M T, et al. The closest living relatives of land plants［J］. Science, 2001, 294(14): 2351 - 2353.

［97］ DUPUY L, MACKENZIE J, HASELOFF J. Coordination of plant cell division and expansion in a simple morphogenetic system［J］. Proceedings of the National Academy of Sciences of the United States of America, 2010, 107(6): 2711 - 2716.

［98］ BESSON S, DUMAIS J. Universal rule for the symmetric division of plant cells［J］. Proceedings of the National Academy of Sciences of the United States of America, 2011, 108(15): 6294 - 6299.

［99］ 石本磊,王远弟.细胞生长的图像演化建模［J］.计算机仿真,2012, 29(12): 307 - 311.

［100］ SMITH L G. Plant cell division: building walls in the right places［J］. Nature Reviews Molecular Cell Biology, 2001, 2: 33 - 39.

［101］ WRIGHT A, SMITH L. Division plane orientation in plant cells ［M］.

Berlin: Springer, 2008, 33 - 57.

[102] WANG Y D, DOU M Y, ZHOU Z G. The fencing problem and Coleochaete cell division[J]. Journal of Mathematical Math. Biology. 2015, 70(4): 893 - 912.

[103] MIORI C, PERI C, GOMIS S S. On fencing problems[J]. Journal of Mathematical Analysis and Applications, 2004, 300(2): 464 - 476.

[104] WANG Y D, CONG J Y. An improved model of non-uniform Coleochaete cell division[J]. Journal of Computational Biology, 2016, 23 (8): 693 - 709.

[105] 曾凯.藻类细胞分裂的数学机理：基于鞘毛藻的讨论[D].上海：上海大学,2018.

[106] FOISY J, ALFARO M, BROCK J, et al. The standard double soap bubble in R^2 uniquely minimizes perimeter [J]. Pacific Journal of Mathematics, 1993, 159(1): 47 - 59.

[107] COX C, HARRISON L, HUTCHINGS M, et al. The shortest enclosure of three connected areas in R^2 [J]. Real Annal of Exchange, 1994, 20: 313 - 335.

[108] WICHIRAMALA W. Proof of the planar triple bubble conjecture[J]. Journal Für Die Reine Und Angewandte Mathematik, 2004, 567: 1 - 49.

[109] WANG Y D, YAN N J, ZHOU Z G, et al. Bubble model analysis on the cell formation of a green alga [J]. International Journal of Biomathermatics, 2020, 13(5): 2050032.

[110] 颜南军.基于微分方程的二维细胞增长模型[D].上海：上海大学,2015.

[111] WANG Y D, WEN Q M, ZHOU Z G, et al. Cell modeling based on bubbles with weighted membranes [J]. Journal of Computational Biology. 2019, 26(3): 1 - 25.

[112] HAIG D. Coleochaete and the origin of sporophytes [J]. American Journal of Botany, 2015, 102(3): 417 - 422.

[113] RUHFEL B R, GITZENDANNER M A, Soltis PS, Soltis DE, Burleigh JG. From algae to angiosperms inferring the phylogeny of green plants (Viridiplantae) from 360 plastid genomes [J]. BMC Evolutionary Biology, 2014, 14(1): 23.

[114] MILLINGTON W F, CHUBB G T, SEED T M. Cell shape in the alga

Pediastrum (Hydrodictyaceae; Chlorophyta)[J]. Protoplasma, 1981, 105(3-4): 169-176.

[115] WESLEY O C. Asexual reproduction in Coleochaete [J]. Botanical Gazette, 1928, 86(1): 1-31.

[116] GAWLIK S R, MILLINGTON W F. Pattern formation and the fine structure of the developing cell wall in colonies of Pediastrum boryanum [J]. American Journal of Botany, 1969, 56(9): 1084-1093.

[117] 杨积高.鞘毛藻属和陆生植物的起源[J].植物学报,1986,4(1-2): 114-116.

[118] TIMME R E, DELWICHE C F. Uncovering the evolutionary origin of plant molecular processes: comparison of *Coleochaete* (Coleochaetales) and *Spirugyra* (Zygnematales) transcriptomes[J]. BMC Plant Biology, 2010, 10: 96.

[119] HAYASHI T, CARTHEW R W. Surface mechanics mediate pattern formation in the developing retina[J]. Nature, 2004, 431: 647-652.

[120] KÄFER J K, HAYASHI T, MAREÉ A F M, et al. Cell adhesion and cortex contractility determine cell patterning in the Drosophila retina[J]. Proceedings of the National Academy of Sciences of the United States of America, 2007, 104(47): 18549-18554.

[121] AHLSTROM E H, TIFFANY L H. The algal genus tetrastrum [J]. American Journal of Botany, 1934, 21(8): 499-507.

[122] MAÎSTRE J-L, BERTHOUMIEUX H, KRENS S, et al. Adhesion functions in cell sorting by mechanically coupling the cortices of adhering cells[J]. Science, 2012, 338(6104): 253-256.

[123] CHAN H Y, SHIVAKUMAR P C, CLÉMENT R, et al. Patterned cortical tension mediated by N-cadherin controls cell geometric order in the Drosophila eye[J]. eLife, 2017, 6: e22796.

[124] GEMP I M, CARTHEW R W, HILGENFELDT S. Cadherin-dependent cell morphology in an epithelium: constructing a quantitative dynamical model[J]. Plos Computational Biology, 2011, 7(7): e1002115.

[125] HILGENFELDT S, ERISKEN S, CARTHEW R W. Physical modeling of cell geometric order in an epithelial tissue[J]. PNAS, 2008,105(3): 907-911.

[126] KRIENITZ L, WACHSMUTH G. Zur variabilität der zellwandornamentierung in der gattung *Tetrastrum* Chodat (Chlorophyceae, Chlorellales) und einige taxonomische schlubfolgerungen[J]. Archiv Für Protistenkunde, 1991, 139(1 - 4): 39 - 51.

索　引